Galileo 科學大圖鑑系列

VISUAL BOOK OF THE BRAIN

腦大圖鑑

人人出版

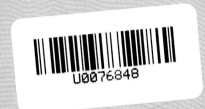

前言

我們之所以會覺得工作結束後的啤酒或其他飲料特別好喝，
其實是因為「腦」在作用。

腦會從過去的經驗中，事先預測喝下飲料時的「好喝程度」。
當「實際感受到的好喝程度」比「預測的好喝程度」大很多時，我們就會獲得快感。
另一方面，在「需要努力才能完成的」工作或其他事結束之後，腦會降低預測的水準，
進而產生更大的差異，最後「進一步提升好喝程度」。

若仔細研究腦，會發現有許多神奇的事。
譬如是由腦判斷味覺，而不是由舌頭。
藉由腦在背後運作，繼而產生「好吃」這種想法，並說出「好吃」這個詞。

另外，也是由腦記憶這些事物，
或產生「明天開始加油吧」這類心情。
如果說腦與我們所有行動，以及生活中的所有事物都有關也不為過。

本書是以腦為主題的伽利略大圖鑑系列。
其中不只會介紹腦的結構、基本運作方式，
也會提到記憶的機制、睡眠（腦的休息）、腦的疾病、天才與一般人的差異、決策方式與偏好等許多與腦有關的話題。

歡迎您透過本書，認識腦中的「神奇世界」。
如果本書能提升您對腦的興趣與理解，那就太棒了。

VISUAL BOOK OF THE BRAIN 腦大圖鑑

1 腦與身體

2 記憶、思考

3 睡眠

4 腦的運作、疾病

5 腦與心的關係

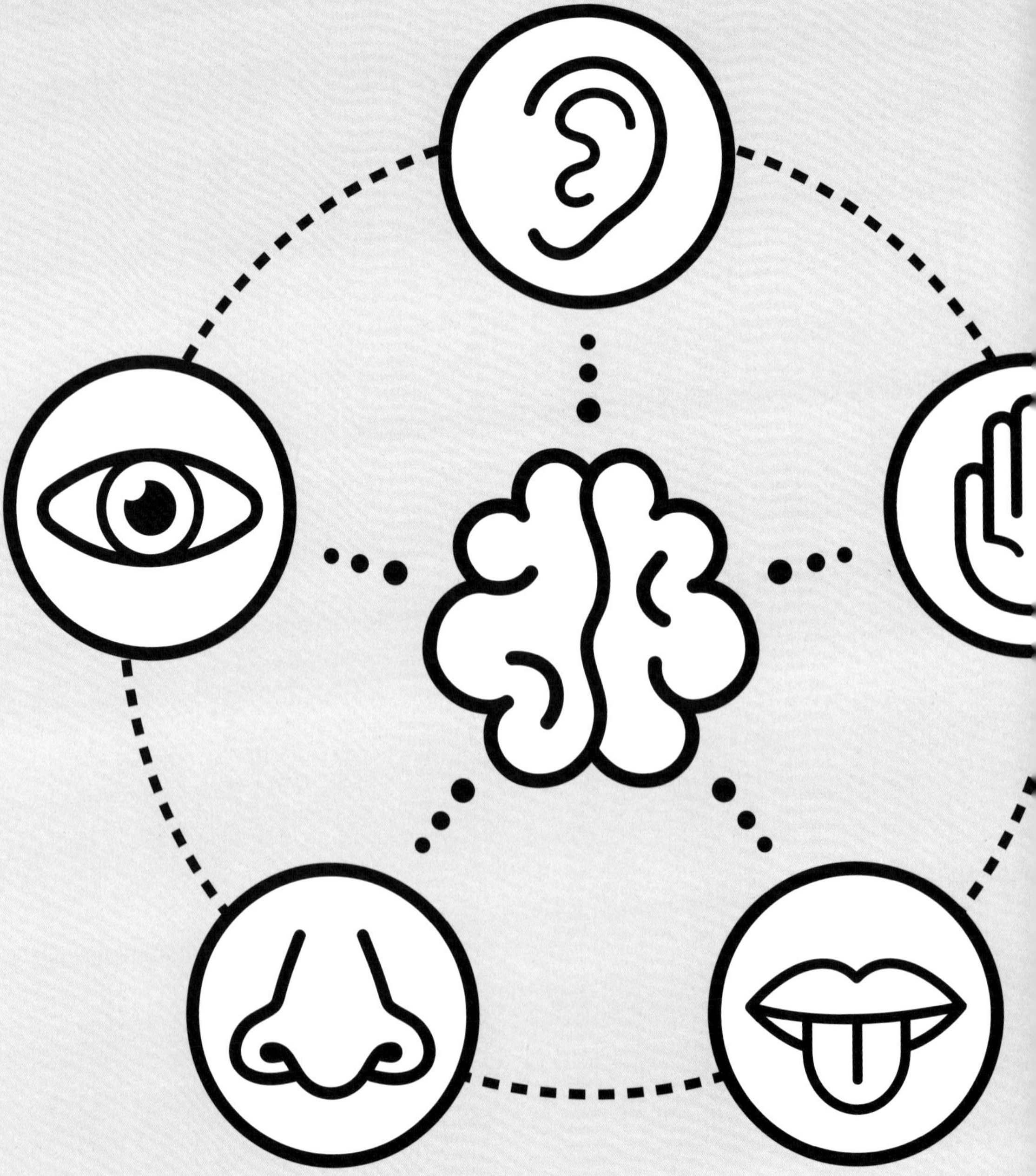

1
腦與身體
Brain and body

像宇宙般浩瀚的腦內網路

銀河系中有1000億顆以上的恆星。試想這些恆星間有線路彼此互相連接通訊，會用非常快的速度、頻繁地傳遞訊息。由這些通訊線路組成的網路，能迅速處理大量資訊，使銀河系內1000億顆以上的恆星成為一個個體。

這聽起來是個難以想像的浩瀚宇宙。事實上，我們的腦就具有類似的結構。「神經元」（neuron）是一種神經細胞，腦中約有1000億個神經元，形成一個網路。在不同狀況與不同目的下，腦的各區域會進行必要的資訊交換，以發揮各種功能。

腦並非在特殊情況下才會運作，無論走路、記憶、表現喜怒哀樂、甚至平常無意識的動作等等，都與腦的功能有關。

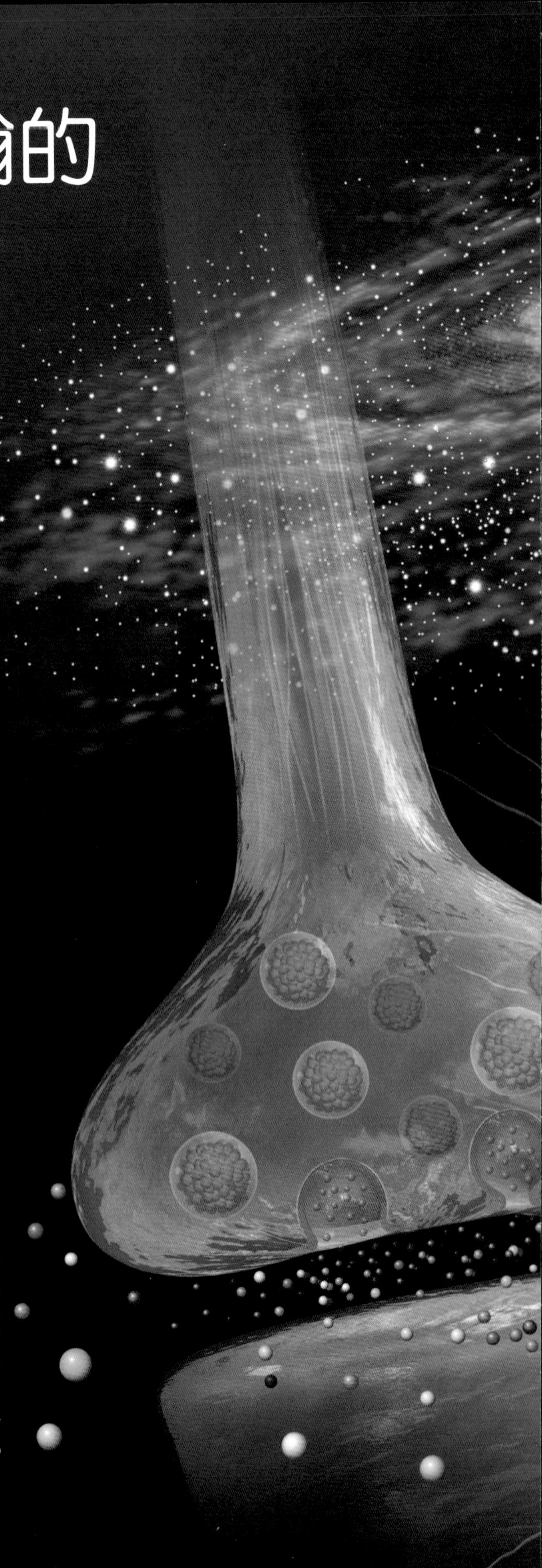

隨著生物的演化，腦也越來越發達

約5億4200萬年前，某些脊椎動物的祖先（編註：脊索動物）發展出名為神經管（neural tube）的原始腦※。脊椎動物演化出哺乳類、原始靈長類、人類的過程中，腦越來越大，並演化出了多種功能。也就是說，隨著生物的演化，我們的腦也越來越發達。

※編註：原始腦又稱爬蟲腦（reptilian complex，現稱基底核），與古哺乳動物腦（paleomammalian complex，現稱邊緣系統）、新哺乳動物腦（neomammalian complex，現稱新皮質）合稱「三重腦」（triune brain）。

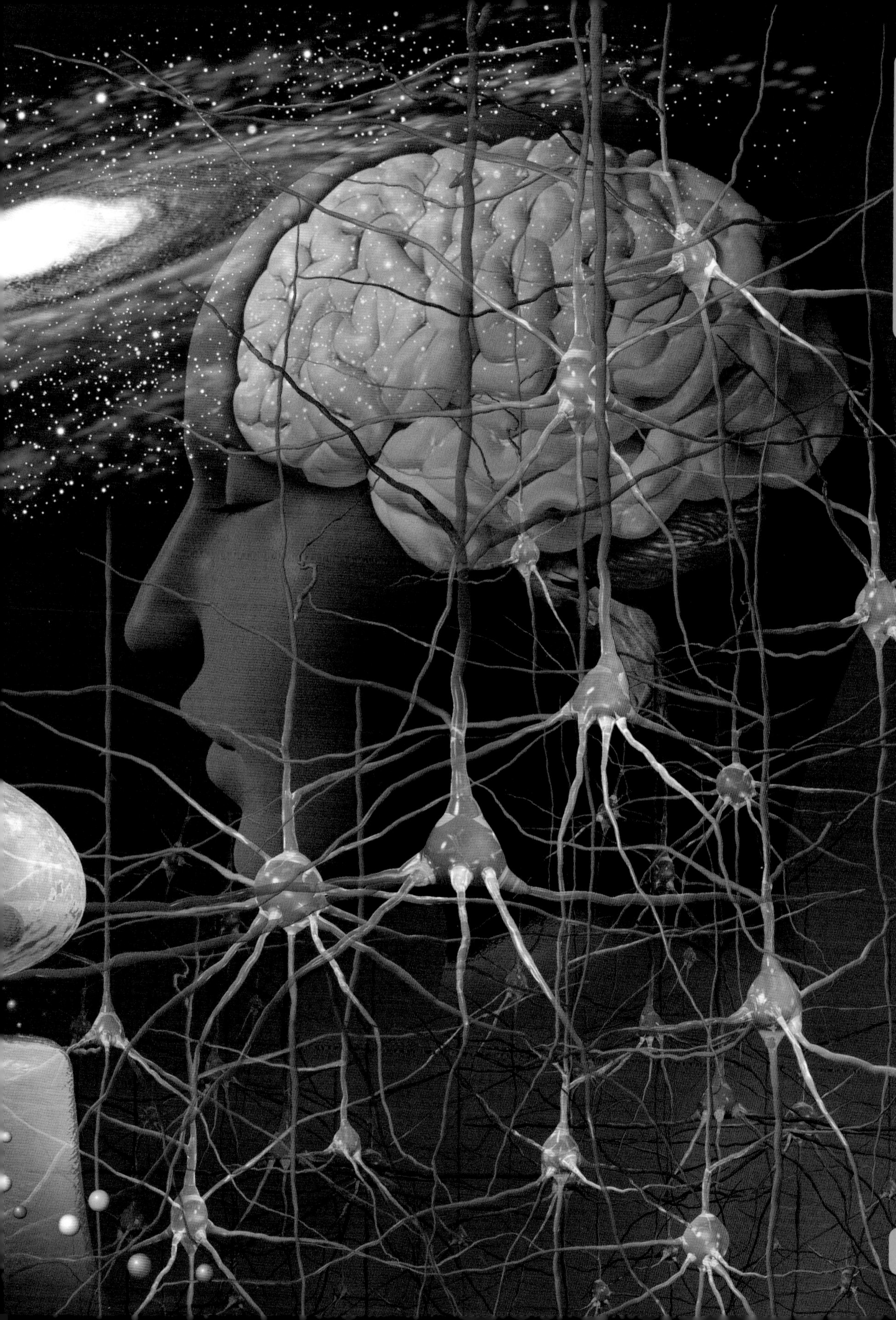

維持生命、運動、精神活動的「腦」

成年男性腦的重量平均約為1400克，僅佔體重的2%，然而心臟每跳動一次，就有約15%的血液送至腦。另外，腦可消耗掉20%的葡萄糖，這是體內活動的能量來源。

雖然都叫作「腦」（brain），但可分為許多區域。「大腦」（cerebrum）佔了人腦的大部分區域，可說是控制語言、思考、感覺、記憶等智力活動的中樞器官。

「小腦」（cerebellum）損傷時，通常會無法好好走路。因為小腦可依循特定節奏，發出指令控制兩腳肌肉交互收縮。

「間腦」（interbrain）負責與消化、吸收、排泄有關的各個器官。「延腦」（medulla oblongata）則可控制呼吸與血液循環。若是間腦或延腦受損，可能會危及性命。

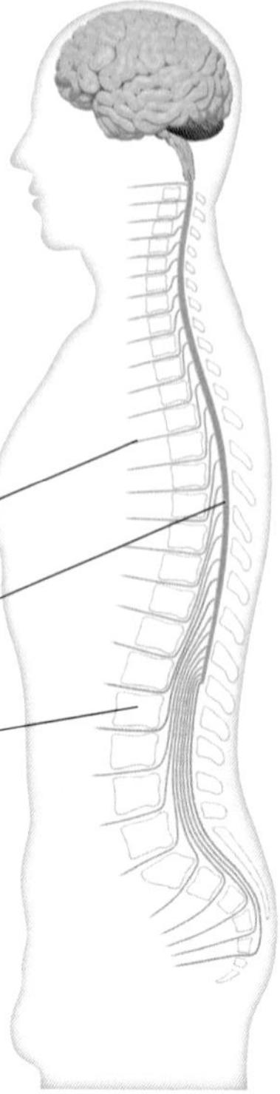

脊髓
從腦延伸到脊椎骨內部的神經，可以代替腦處理部分感覺器官的資訊，還可控制身體的部分運動，與腦同屬於「中樞神經」。

人腦結構

插圖為右大腦半球。腦在顱骨內，浸在「腦脊髓液」這種無色透明液體內。

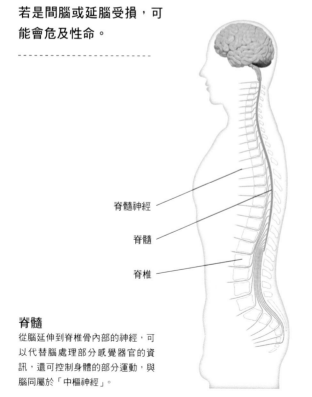

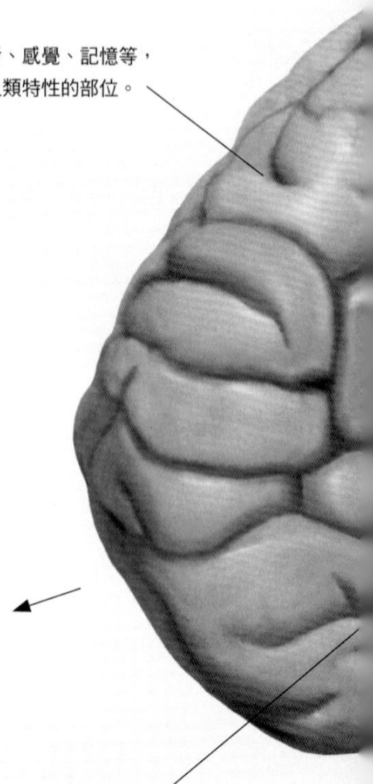

大腦
控制語言、思考、感覺、記憶等，是讓人類擁有人類特性的部位。

胼胝體
連接左右大腦半球的神經束。
＊插圖為其剖面

腦幹
包括間腦、中腦、橋腦、延腦等。

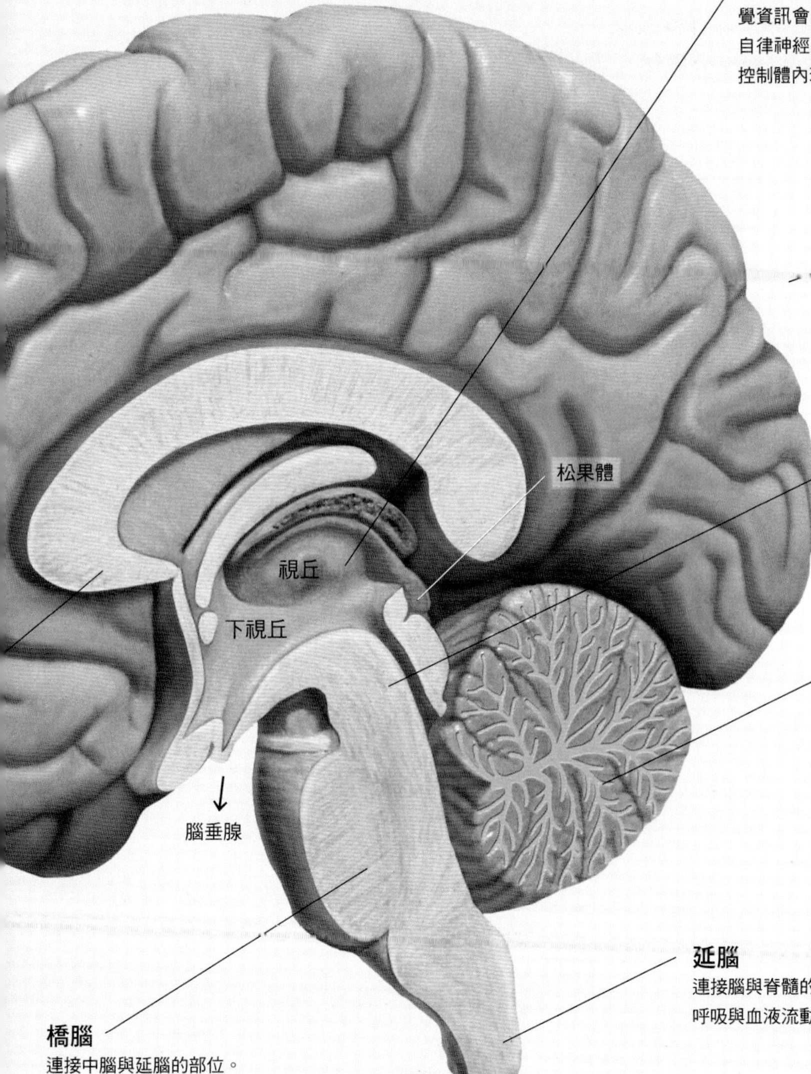
間腦
包含「視丘」與「下視丘」。嗅覺以外之各種感覺資訊會匯集於視丘，再傳遞至大腦。下視丘為自律神經系統與內分泌系統（激素）的中樞，可控制體內環境平衡。
後
松果體
視丘
下視丘
腦垂腺
中腦
視覺或聽覺資訊的必經之處，亦與運動的控制有關。
小腦
控制手腳運動（步行）並維持姿勢，與平衡感等運動的控制有關。
延腦
連接腦與脊髓的部位，可調節呼吸與血液流動。
橋腦
連接中腦與延腦的部位。

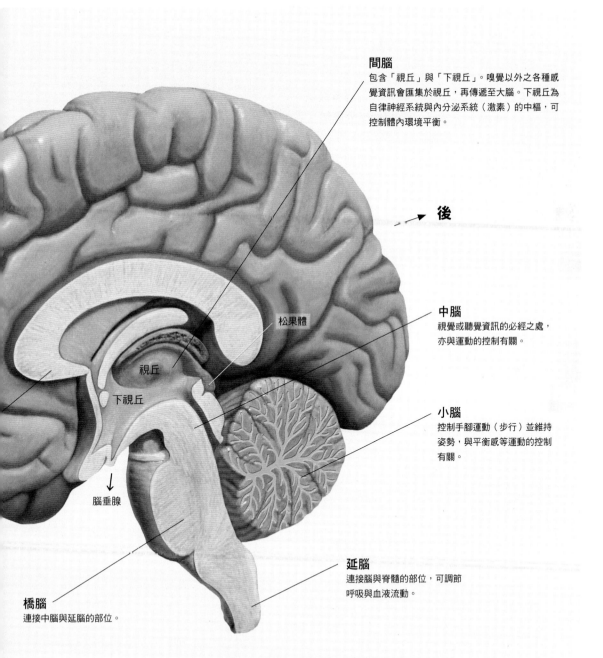

覆蓋腦表面的皺褶「大腦皮質」

大腦的表面覆蓋著密集的神經細胞，構成皺褶狀的「大腦皮質」（cerebral cortex，灰質）。就像是把一大片毯子摺疊擠壓在空間有限的顱骨內側，所以才會形成皺褶。大腦皮質大致上可以分成四個區域，分別是額葉、頂葉、顳葉、枕葉，每個葉

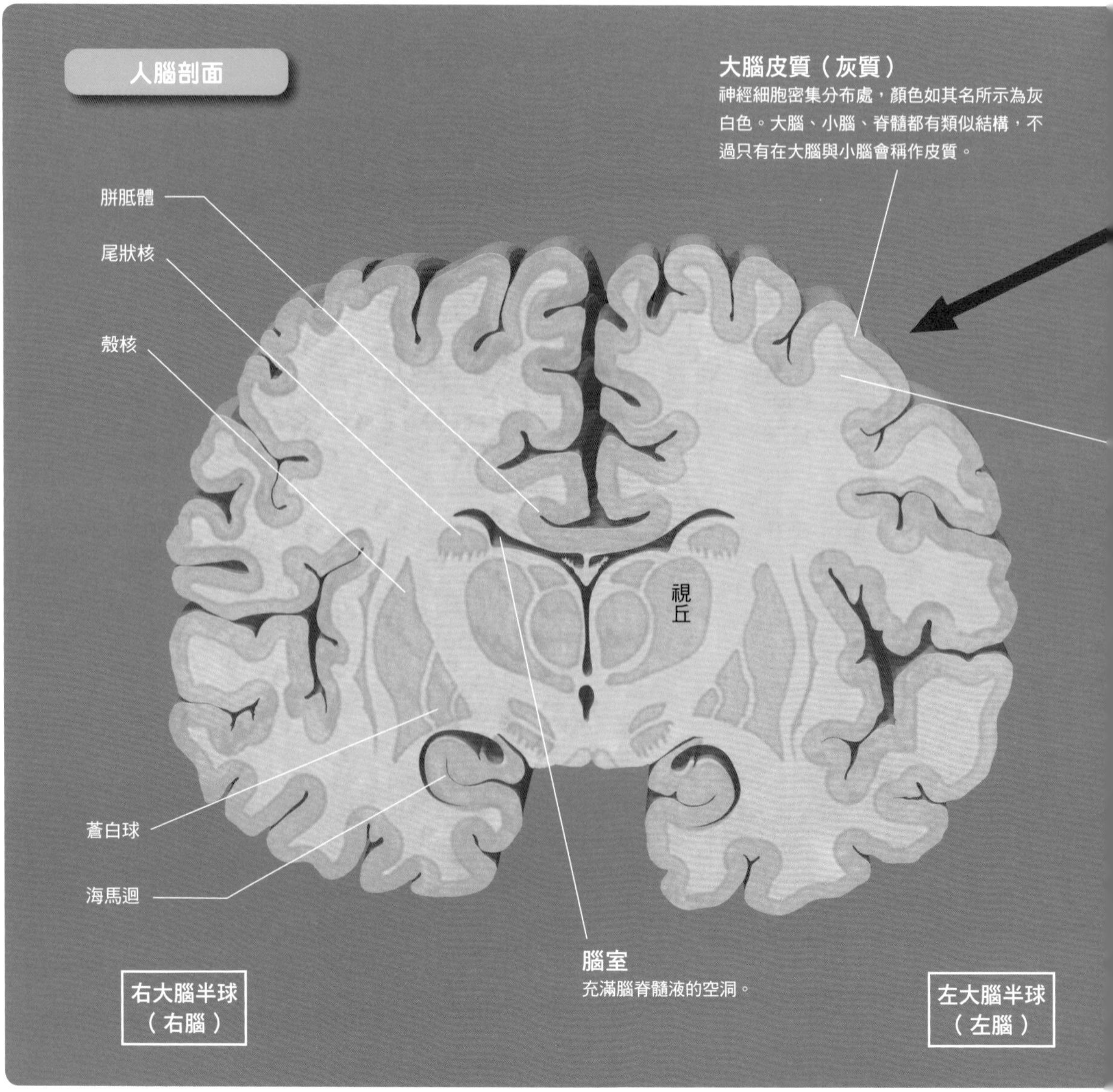

（lobe）都有不同的功能。

在日常生活中，可以看到許多宣稱「對腦有益」的食品或成分。譬如一般認為可以讓人變聰明的DHA，就是一種魚類體內富含的脂肪酸，而「GABA」（γ-胺基丁酸）則是一種可減輕壓力的胺基酸。一般來說，由口腔攝取的物質無法直接抵達腦部。因為腦部微血管與一般微血管的結構不同，有血腦障壁（blood-brain barrier）會控制物質出入。也就是說，目前沒有證據可以證明這些成分能抵達腦，並發揮它們聲稱的效果。

＊血腦障壁可調節循環系統和中樞神經系統之間溶質和化學物質的轉移，保護大腦免受血液中有害或不必要物質的影響。

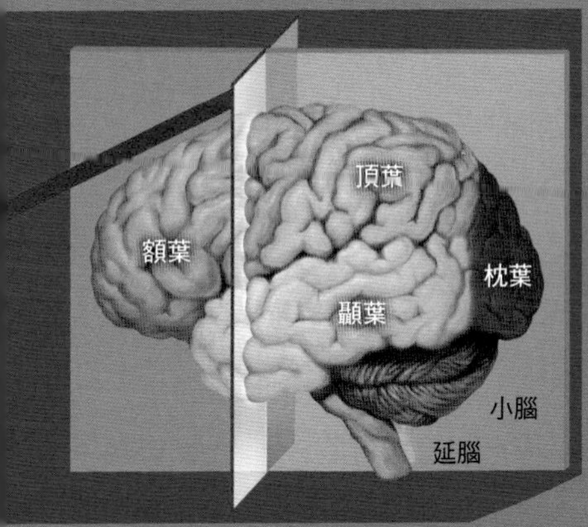

（←）腦表面
「葉」為解剖學用語，指內臟的一個區域。

大腦髓質（白質）
位於大腦內側，呈白色狀，由神經細胞伸出的「軸突」集束形成。軸突就像「纜線」一樣，是可從右半球、左半球的腦表面或腦中心，一直延伸到遠處的神經細胞。

大腦中心處（左大腦半球）

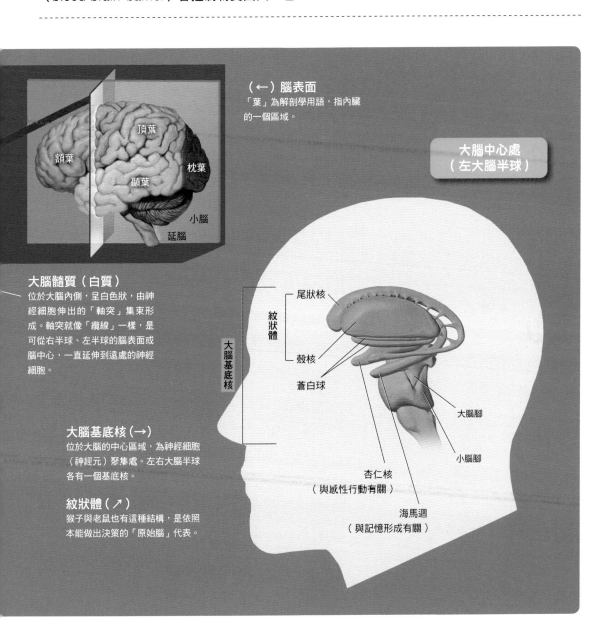

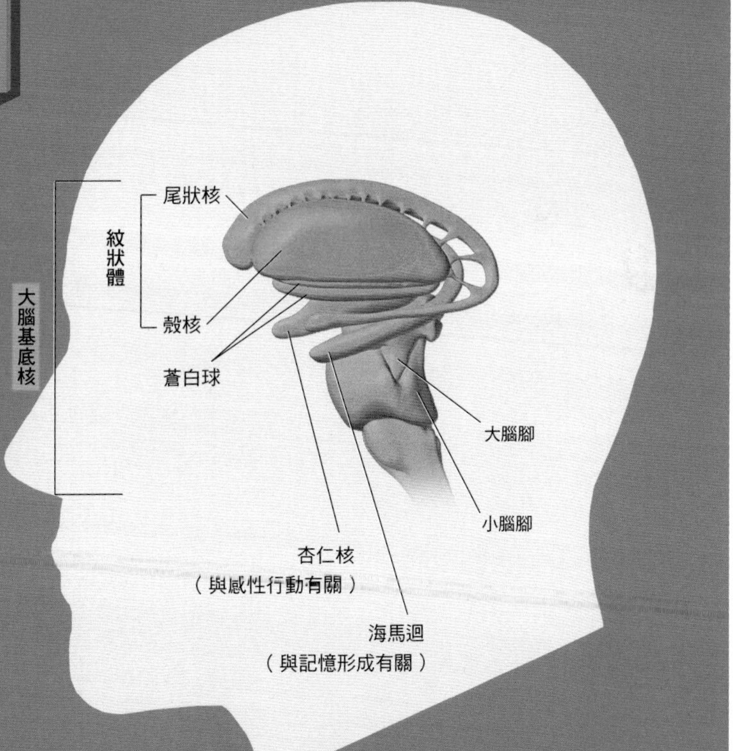

大腦基底核（→）
位於大腦的中心區域，為神經細胞（神經元）聚集處。左右大腦半球各有一個基底核。

紋狀體（↗）
猴子與老鼠也有這種結構，是依照本能做出決策的「原始腦」代表。

透過電訊號與化學物質傳遞資訊

腦的神經細胞（神經元）可分為含細胞核的「細胞體」（soma），與從細胞體延伸出來的「樹突」（dendrites）及「軸突」（axon）。

當「訊號」傳送到腦時，腦的神經元會由樹突接收資訊。等訊號通過細胞體與軸突之後，會在軸突末端傳遞給下一個神經元。

訊號在神經元內會以電訊號的形式傳遞，在神經元之間則會透過化學物質（神經傳導物）傳遞。因為兩個神經元的連接處存在小小的縫隙，電訊號無法直接跳過這個縫隙。

各個神經元之間的連接處，稱作「突觸」（synapse）。送出訊號的神經元，會從軸突末端釋出神經傳導物至突觸，接著神經傳導物便附著到接收訊號之神經元的樹突「受體」（receptor）上，使該神經元內產生電訊號。

構成腦的細胞

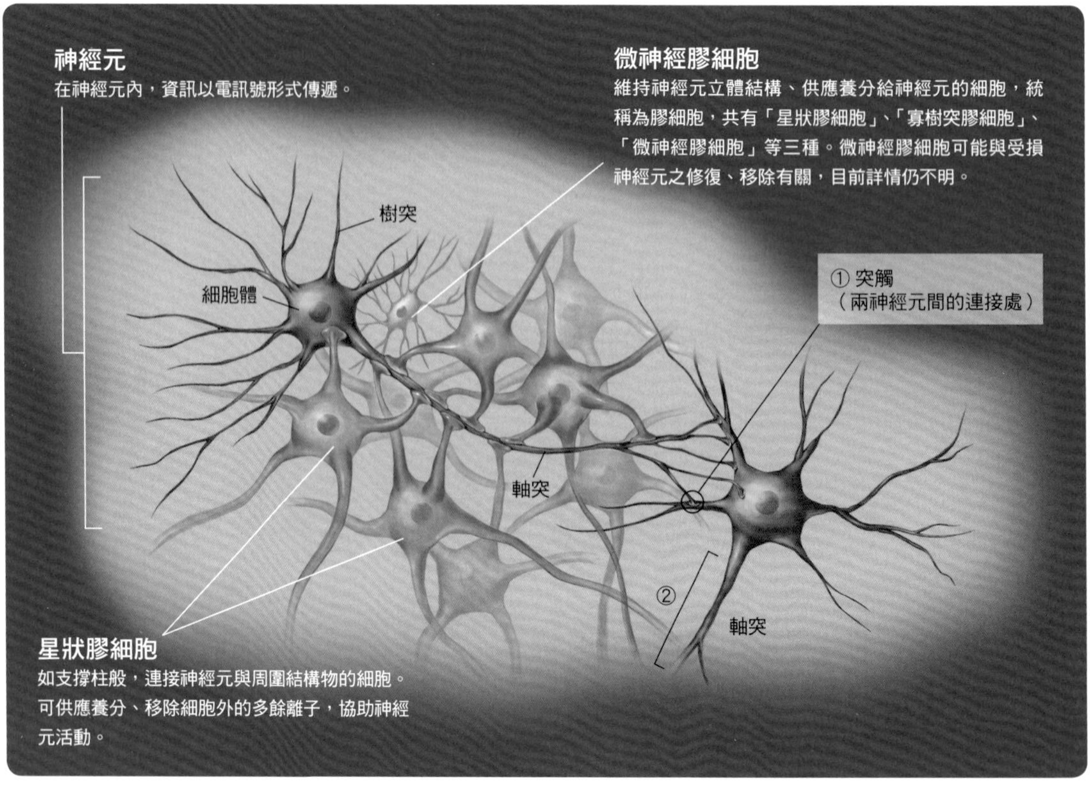
神經元
在神經元內，資訊以電訊號形式傳遞。
微神經膠細胞
維持神經元立體結構、供應養分給神經元的細胞，統稱為膠細胞，共有「星狀膠細胞」、「寡樹突膠細胞」、「微神經膠細胞」等三種。微神經膠細胞可能與受損神經元之修復、移除有關，目前詳情仍不明。
樹突
細胞體
① 突觸
（兩神經元間的連接處）
軸突
②
軸突
星狀膠細胞
如支撐柱般，連接神經元與周圍結構物的細胞。可供應養分、移除細胞外的多餘離子，協助神經元活動。

① 突觸

電訊號來到軸突末端後，會促進末端釋放出神經傳導物至突觸間隙。神經傳導物附著到受體後，受體會改變構型，形成「洞」（通道）。然後神經元外的鈉離子，便會透過這個洞流入神經元內（樹突）。鈉離子帶有電荷，故會使細胞膜產生電訊號。

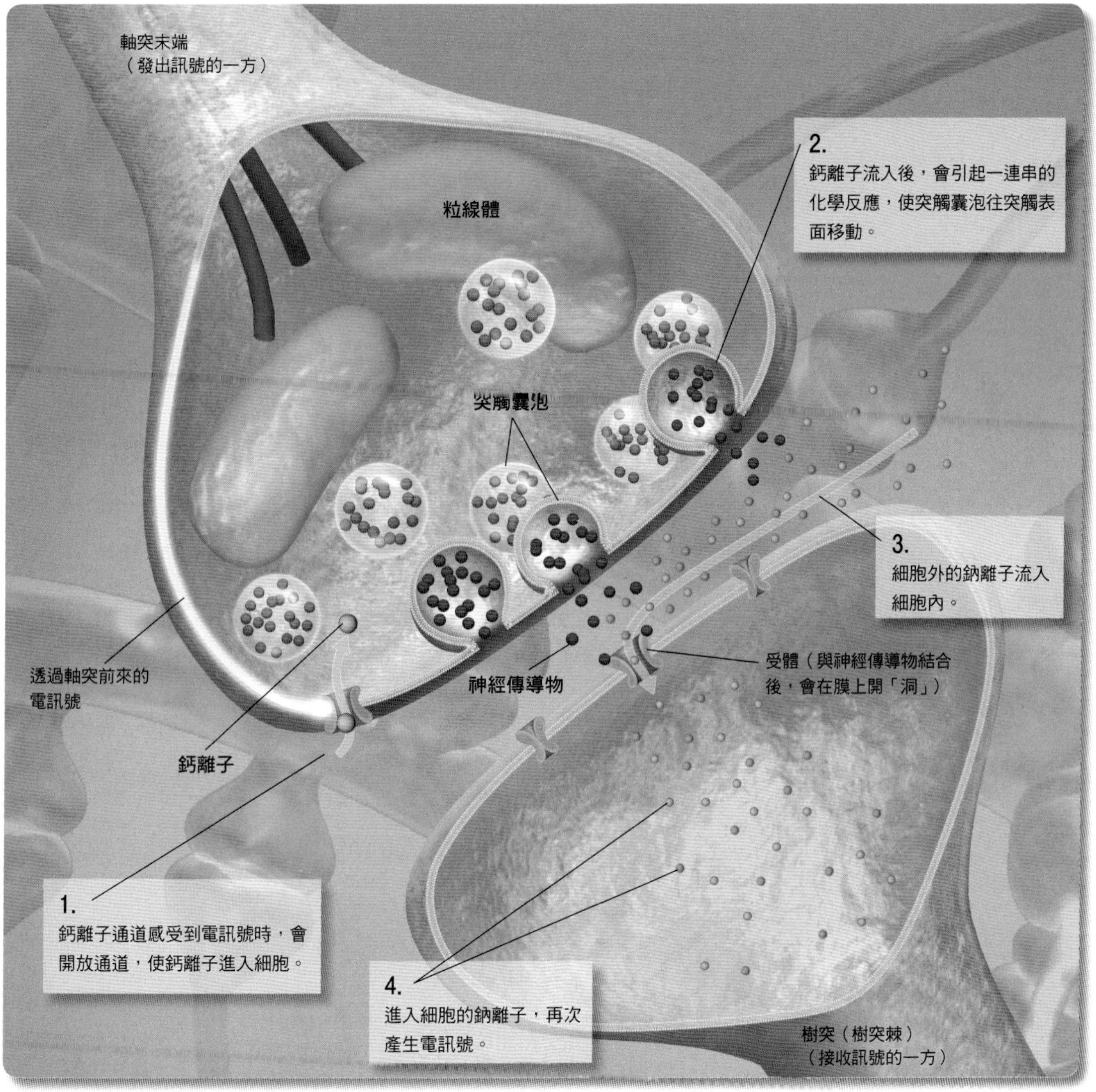
軸突末端
（發出訊號的一方）
粒線體
突觸囊泡
2.
鈣離子流入後，會引起一連串的化學反應，使突觸囊泡往突觸表面移動。
3.
細胞外的鈉離子流入細胞內。
透過軸突前來的電訊號
神經傳導物
受體（與神經傳導物結合後，會在膜上開「洞」）
鈣離子
1.
鈣離子通道感受到電訊號時，會開放通道，使鈣離子進入細胞。
4.
進入細胞的鈉離子，再次產生電訊號。
樹突（樹突棘）
（接收訊號的一方）

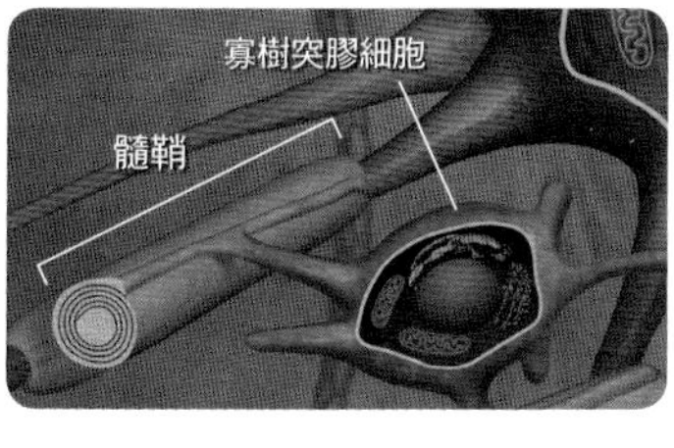
寡樹突膠細胞
髓鞘

② 寡樹突膠細胞

包覆軸突，形成絕緣性「髓鞘」結構的細胞。
一個寡樹突膠細胞可包覆多個軸突。

來自突觸的電訊號在細胞體內加總

由樹突末端產生的電訊號（資訊），並非經細胞體直接傳送到軸突，而是會在細胞體內進行「電訊號的多數決」。

每個神經元都有數千～數萬個突觸，這些突觸會源源不絕地將電訊號傳送至細胞體，於細胞體內加總，當訊號總量超過特定數值後，細胞體就會透過軸突將訊號傳送出去（觸發）。

由樹突經突觸傳遞給細胞體的電訊號，稱作「突觸電位」（synaptic potential）；經軸突傳遞出去的電訊號，稱作「動作電位」（action potential）。因突觸的訊號傳遞效率各有不同，突觸電位也會有很大的變化，就像類比訊號（編註：自然界的連續訊號）一樣。另一方面，動作電位僅有發生與不發生兩種情況，一旦發生，就會以一定強度傳遞訊號出去，就像數位訊號（編註：0或1、開或關的不連續訊號）一樣。

腦就是靠著這種類比訊號與數位訊號的組合，彈性處理各種資訊。

被觸發的神經元（→）

各個突觸的訊號匯集於細胞體，直到觸發動作電位。實際的神經元會有更多訊號輸入，插圖為簡化後的樣子。

有些神經元會傳送出激發性訊號，促進下一個神經元產生動作電位；有些神經元則會傳送出抑制性訊號，抑制下一個神經元產生動作電位。前者主要透過帶正電的鈉離子，後者則主要透過帶負電的氯離子。下一個神經元會加總這些訊號，決定是否產生動作電位。

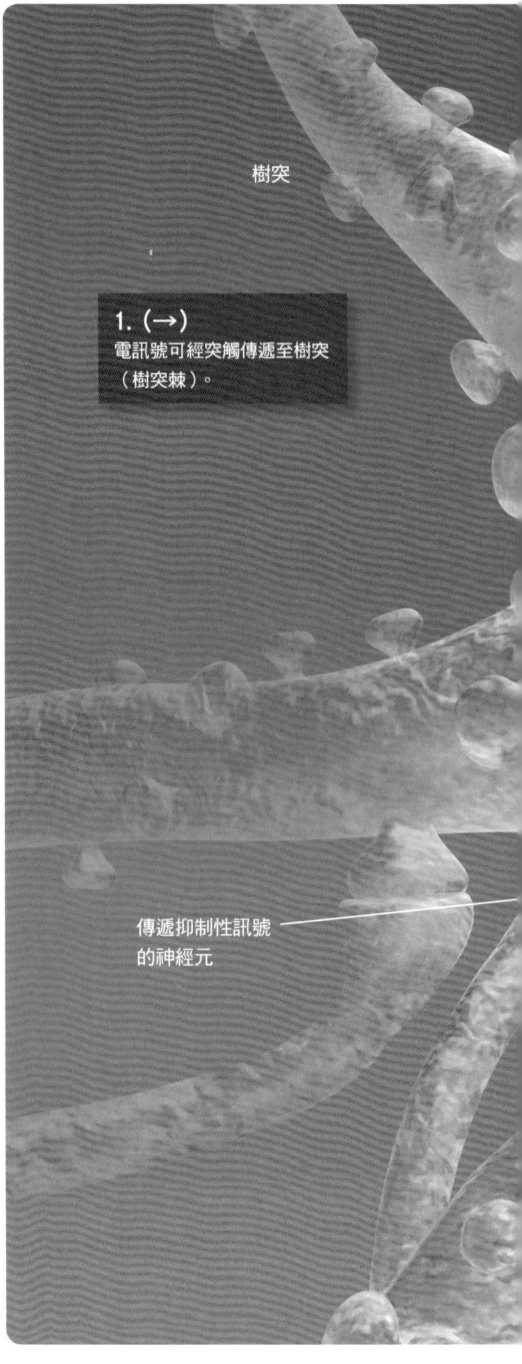

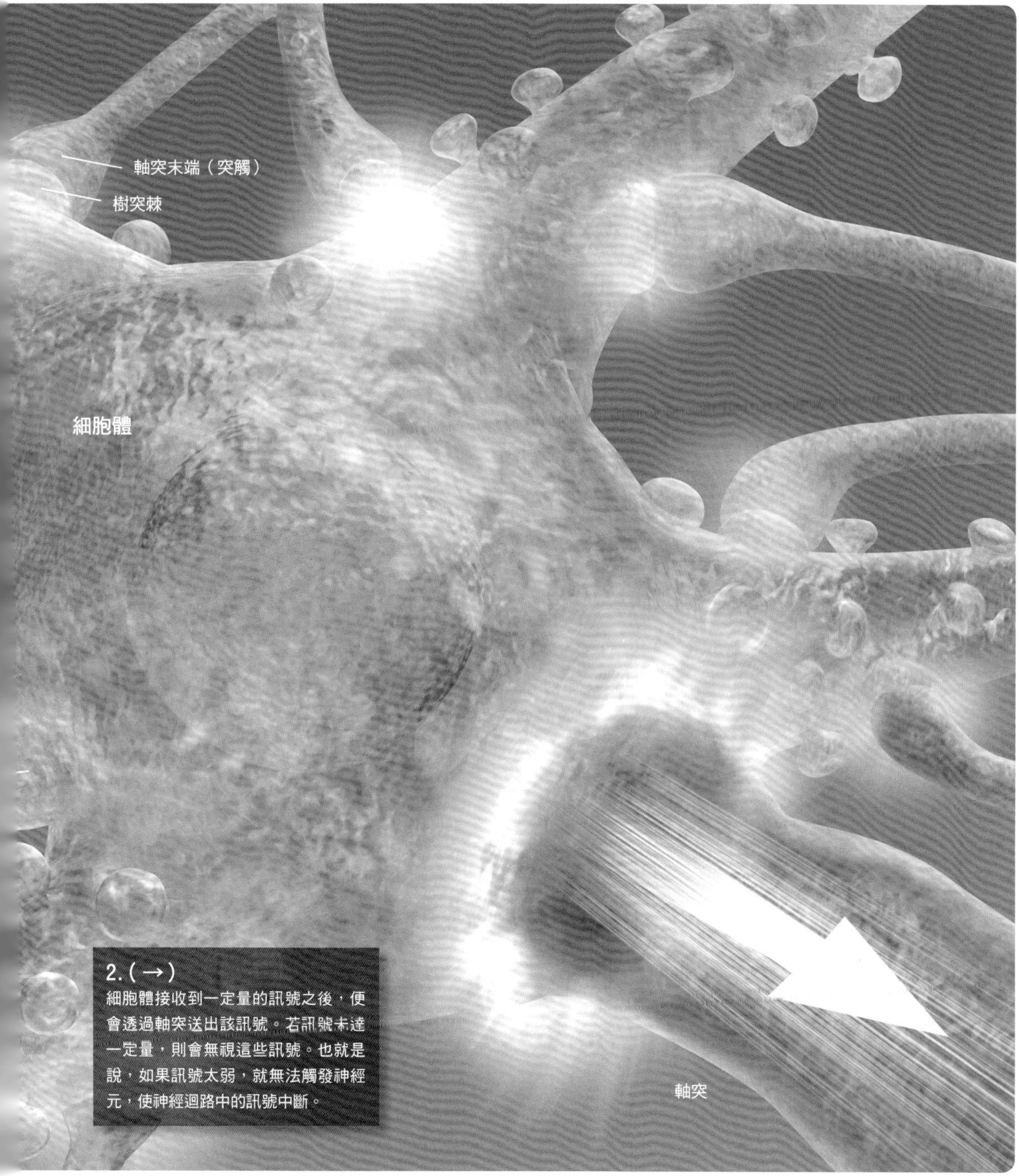

2.（→）

細胞體接收到一定量的訊號之後，便會透過軸突送出該訊號。若訊號未達一定量，則會無視這些訊號。也就是說，如果訊號太弱，就無法觸發神經元，使神經迴路中的訊號中斷。

COLUMN

我們可以像鍛鍊肌肉一樣「鍛鍊腦」嗎？

「腦力訓練」指的是反覆進行簡單的遊戲或計算，設法提升資訊處理能力或記憶力等腦功能的訓練。現在市面上有許多類型的腦力訓練，但是這些訓練真的有「鍛鍊」到腦嗎？

2010年6月10日，英國的科學期刊《*Nature*》刊載了驗證腦力訓練效果的論文，該論文的實驗內容如下。

首先，受試者為18～60歲，約有1萬4000人，分為三組。第1組進行被認為能提升推理能力與企劃能力的腦力訓練；第2組進行被認為能提升記憶力與注意力的腦力訓練；第3組則是用於比較的對照組，進行與腦力訓練無關的作業。

三組人馬皆以電腦訓練6週，每週訓練3次，每次訓練10分鐘以上。訓練結束後，各組受試者在自己受訓部分方面皆有明顯成長，不過在衡量腦部一般認知能力的測試中，成績並沒有明顯變化。

坊間各種與腦有關的說法

若只看《*Nature*》期刊的實驗結果，可以知道腦力訓練並沒有明顯效果。在健身房等地方健身時，增加負荷便可鍛鍊肌肉。不過，「反覆活動腦的特定部位，就能提升腦的功能」這樣的理論其實有些問題。

因為當腦反覆處理同類問題時，就會逐漸習慣處理這類問題，不再進行額外的活動（活動量與活動區域會改變）。也就是說，剛開始訓練時的腦活動區域，與訓練一段時間後的腦活動區域不一定相同。

坊間有許多與腦有關的說法，譬如「我們只使用了整個腦的10%」、「腦的關鍵能力在3歲前便已決定」等等，這些說法稱作「神經神話」（neuromyth）。從十多年前開始，日本神經科學學會便已發表聲明，要求研究者在發表研究

＊為避免誤解，須聲明《*Nature*》期刊刊載的論文，僅顯示研究團隊採用的訓練與評價方式的組合，無法確認腦力訓練的效果，故不代表他們能在科學上否認所有的腦力訓練效果。

成果時注意用詞，在全球38個國家組成的「經濟合作暨發展組織」（Organization for Economic Cooperation and Development）的報告中，也設有「Dispelling "Neuromyths"」（掃除所有神經神話）的章節，希望能遏止神經神話以訛傳訛。

將人的大腦分成43區的「布羅德曼分區」

插圖中以不同顏色區分第12頁介紹的大腦（皮質）四個葉，及大腦邊緣系統。區號數字由德國解剖學家布羅德曼（Korbinian Brodmann，1868～1918）編定。

布羅德曼觀察到大腦皮質有6層結構，並依各層厚度的差異，將人類的大腦分成43「區」（包含合併成6個區的合併號13個與缺號2個在內，編號一直排到了52區），並於1909年發表了這個分區圖。稱作「布羅德曼分區圖」，目前仍用於表示人腦的各部位。

我們的五感資訊分別由各區域負責。譬如眼睛獲得的資訊，會送入初級視覺皮質處理，所以當頭部後側的「初級視覺皮質」受

大腦半球

額葉
初級運動皮質（4區）
前運動皮質（6區）
額葉動眼區（8區）
前額葉（9～11、44～47區）
布洛卡區（44、 45區）

頂葉
初級體覺皮質（3、1、2區）
次級體覺皮質（5、7區）
頂葉聯合區（39、40區）
初級味覺皮質（43區）

枕葉
初級視覺皮質（17區）
次級視覺皮質（18區）
三級視覺皮質（19區）

顳葉
初級聽覺皮質（41、42區）
次級聽覺皮質／韋尼克區（22區）
顳葉聯合區（20、21區）
初級嗅覺皮質（28區）

大腦邊緣系統
包覆大腦基底核的組織。胼胝體前後與上方部分，稱作「扣帶皮質」。

左大腦半球（由外側觀看的樣子）

前額葉
額葉中負責處理較高層資訊的部位。

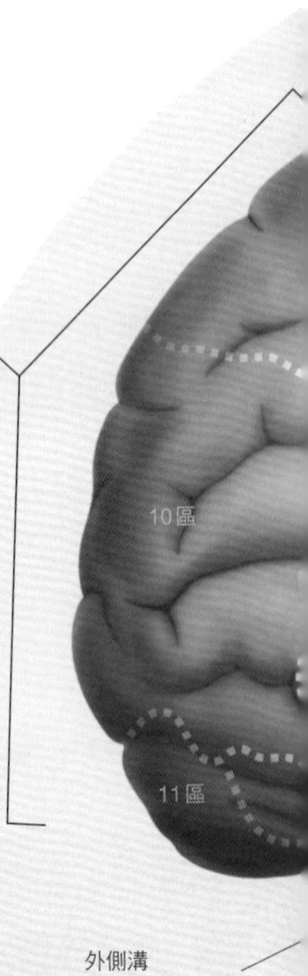

外側溝（Sylvian溝※）

布羅德曼分區（→）

人類大腦中有幾個比其他動物發達的區域，包括額極部（額葉最前方部位）、布洛卡區、韋尼克區、頂葉聯合區、前扣帶皮質等。這些區域被認為與抽象概念、語言、自我意志、社會性等人類特有能力有關。

※編註：荷蘭生理學家與解剖學家西爾維烏斯（Franciscus Sylvius）是大腦外側溝的發現者。也稱lateral sulcus。

右大腦半球
（由內側觀看的樣子）

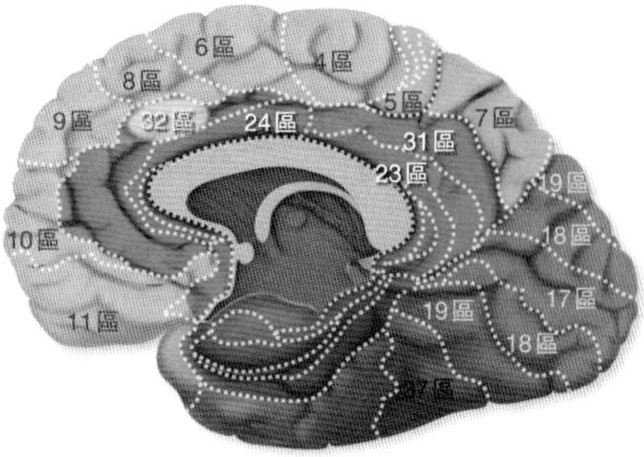

傷時，視野就會出現缺損。同樣地，聽覺與觸覺資訊，會分別送入大腦皮質表面的「聽覺皮質」、「體覺皮質」。而嗅覺及味覺資訊，則會送入位於大腦皮質腦溝深處的「嗅覺皮質」、「味覺皮質」等區域。

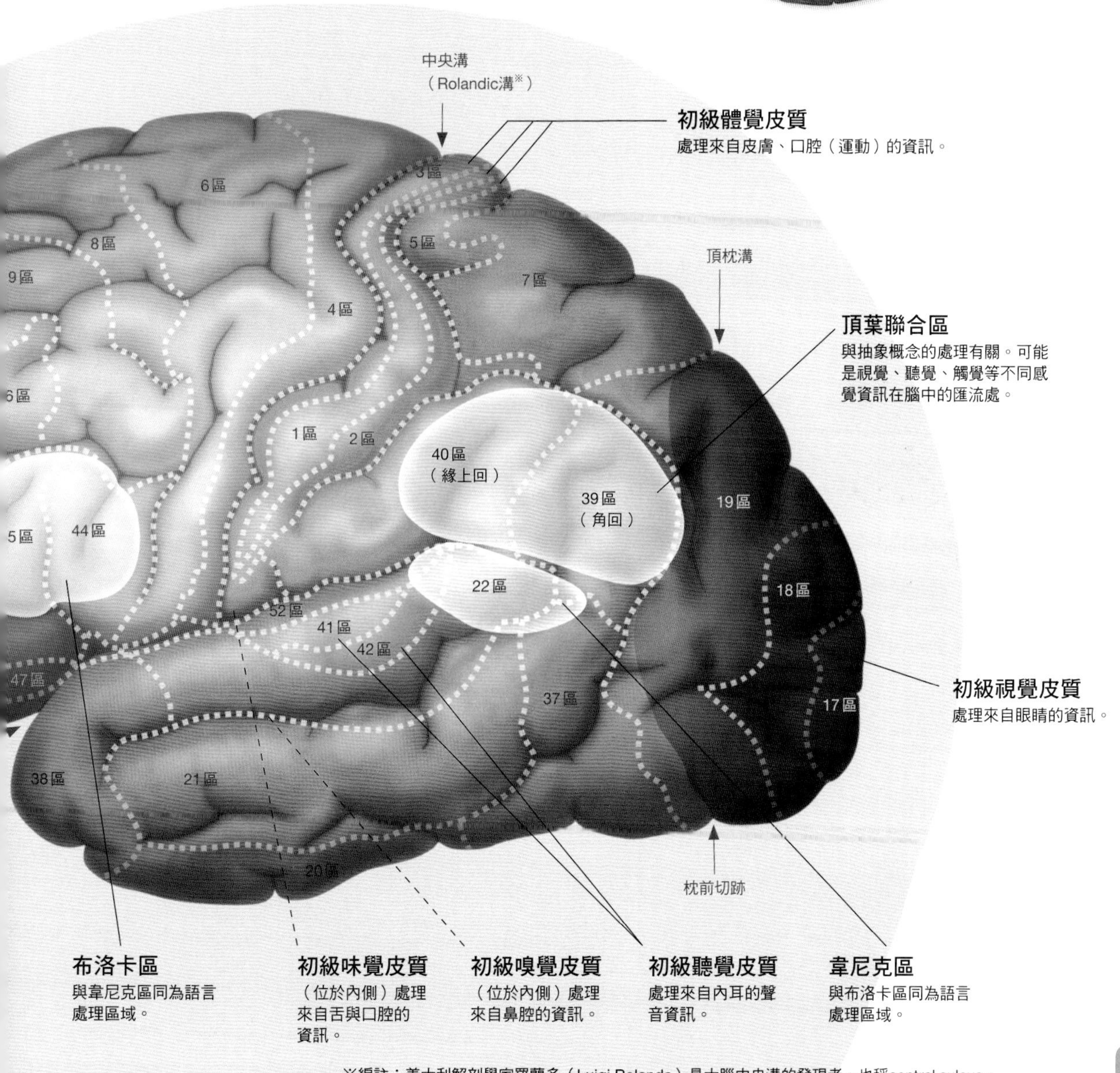

※編註：義大利解剖學家羅蘭多（Luigi Rolando）是大腦中央溝的發現者。也稱central sulcus。

若沒有腦下達指令，我們連走路都辦不到

腦有許多功能，其中有些功能（例如運動）乍看之下並不會用到腦。事實上，若沒有腦下達指令，我們連走路都辦不到。

額葉「高級運動皮質」（higher-order motor cortex）所規劃、建構的運動指令（電訊號），會經過同樣位於額葉的初級運動皮質神經元，往下抵達脊髓。接著指令會從脊髓傳送到「運動神經元」（motor neuron），再抵達各個運動神經元負責的肌肉。

一旦發出指令，腦幹或脊髓便會持續發出訊號，使肌肉週期性收縮。我們跑步的時候，不需要每跨一步就思考一遍「先抬起大腿往前移動，然後伸直膝蓋……」，就是這個原因。

腦在處理資訊時，不會個別處理每個神經元的動作，而是依不同功能，同時處理所有相關神經元的資訊。肌肉也一樣，有些假說認為肌肉會被分成許多組，每組負責不同的基礎動作，腦則透過控制各組肌肉運動的排列組合，來控制整個身體的運動。目前各研究團隊正設法研究控制肌肉的機制。

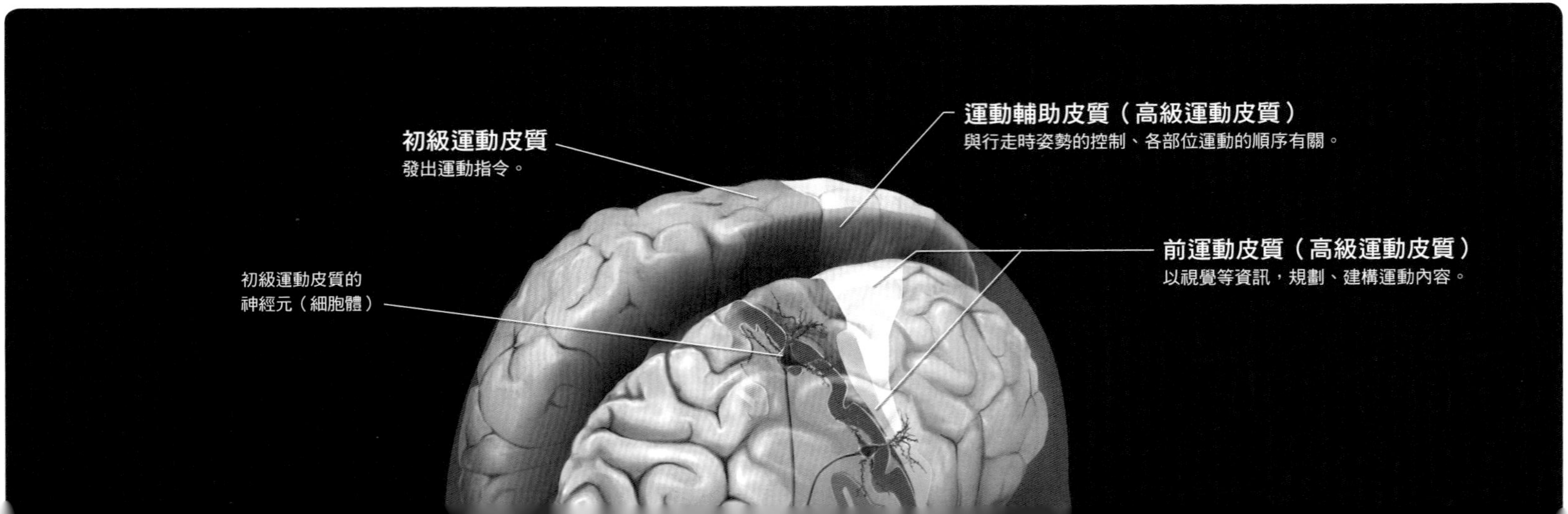
初級運動皮質
發出運動指令。
運動輔助皮質（高級運動皮質）
與行走時姿勢的控制、各部位運動的順序有關。
前運動皮質（高級運動皮質）
以視覺等資訊，規劃、建構運動內容。
初級運動皮質的
神經元（細胞體）

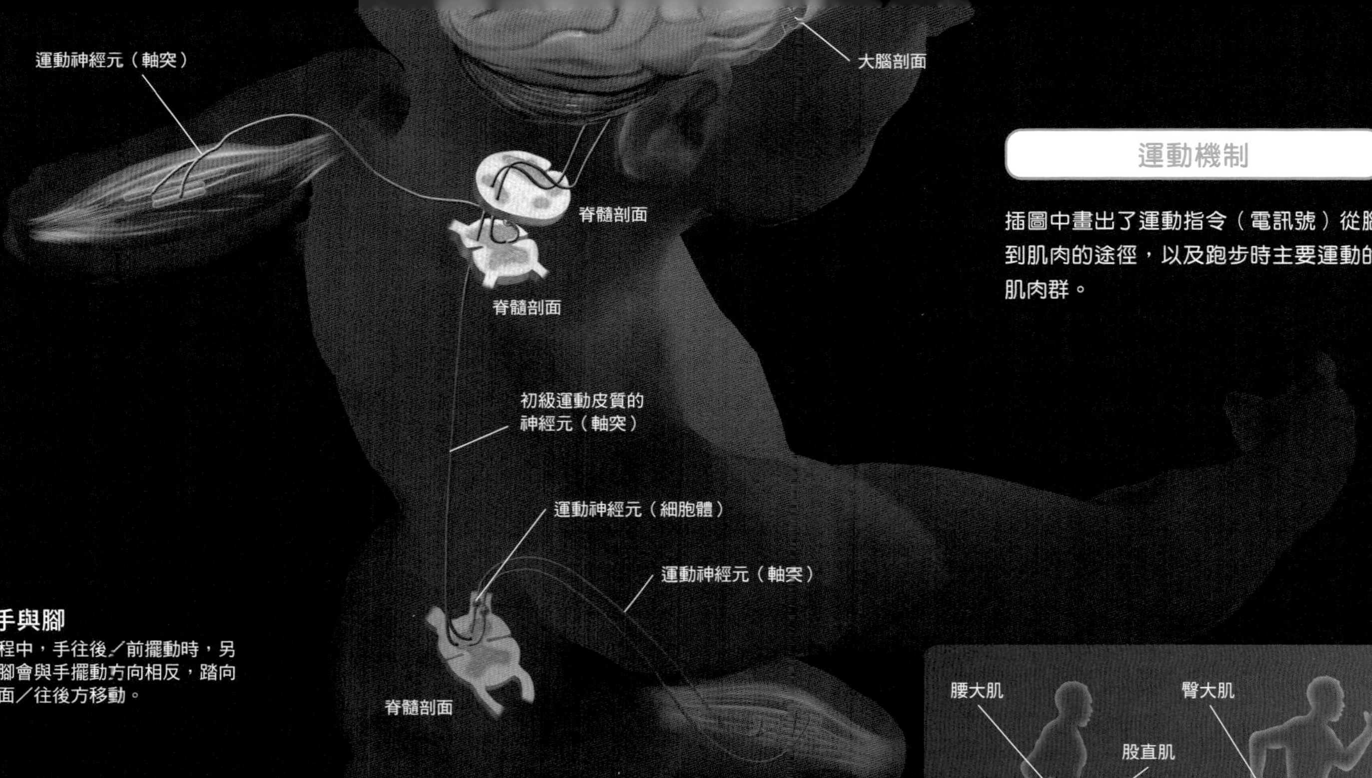

運動機制

插圖中畫出了運動指令（電訊號）從腦到肌肉的途徑，以及跑步時主要運動的肌肉群。

1.
擺動手與腳

跑步過程中，手往後／前擺動時，另一側的腳會與手擺動方向相反，踏向前方地面／往後方移動。

2.
將抬起的大腿往前移動

位於大腿前側的「股直肌」，以及從脊椎骨延伸到骨盆、大腿骨的「腰大肌」會收縮，使大腿往前移動。另外，在大腿內側「內收肌」的作用下，髖關節會彎曲。

3.
落地側的大腿往後方移動

位於臀部的「臀大肌」，以及大腿內側的「大腿後肌」收縮，使落地側的大腿在身體騰空期間往後方移動，讓身體前進。

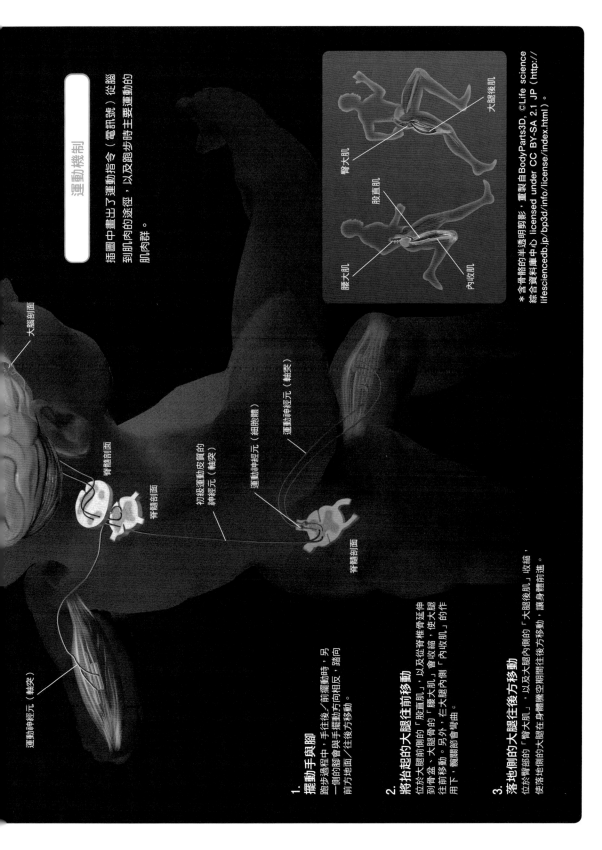

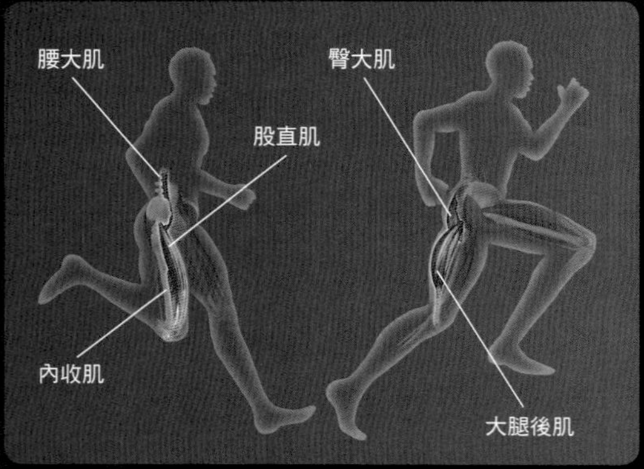

＊含骨骼的半透明剪影，重製自BodyParts3D, ©Life science 綜合資料庫中心 licensed under CC BY-SA 2.1 JP（http://lifesciencedb.jp/bp3d/info/license/index.html）。

人類之所以能使用語言，是因為腦的進化

為什麼人類懂得使用語言呢？這有很多原因，首先，人腦能夠實現高度智力。與其他動物不同，人類大腦皮質的「布洛卡區」（Broca's area，運動性語言中樞）與「韋尼克區」（Wernicke's area，感覺性語言中樞）相當發達。

在與發聲有關的身體結構上，人類也有獨特的特徵。空氣通道中，與氣管相連的部分稱作「喉」，食物通道稱作「咽」，兩者末端彼此相連。喉中央附近有名為「聲帶」（vocal folds）的襞，聲帶振動時會發出聲音。以人類而言，聲帶產生的聲音通過口腔時，舌頭、嘴脣、牙齒的動作、形狀等，可進一步改變空氣振動，發出多樣化的聲音。

而人類以外的哺乳類動物，喉末端的位置較高，就在鼻腔正後方。因此聲帶所產生的空氣振動，會直接從鼻子送出，不像人類一樣可進行多樣化「調音」。

人類之所以能使用語言，是因為大腦皮質特定區域較其他動物發達。譬如當布洛卡區受損時，即使腦中浮現某些話，也無法將其正確說出。當韋尼克區受損時，便會無法理解聽到的話。

喉的變化是關鍵

人的聲音是由喉的聲帶振動後發出。聲帶所產生的空氣振動，會經過喉，再從口釋出。這個過程中，舌頭、嘴唇、牙齒的動作，都會影響到振動的變化，形成多樣化的聲音。正因為喉的位置下降，這套發聲機制才得以成立。那為什麼人類喉部的位置會下降呢？有研究認為，在人類演化出直立雙足步行時，脊椎骨往頭部中央靠近，且人咬碎、咀嚼食物的功能退化，導致牙齒後退。脊椎與牙齒間的空間縮小後，喉便不得不往下降。

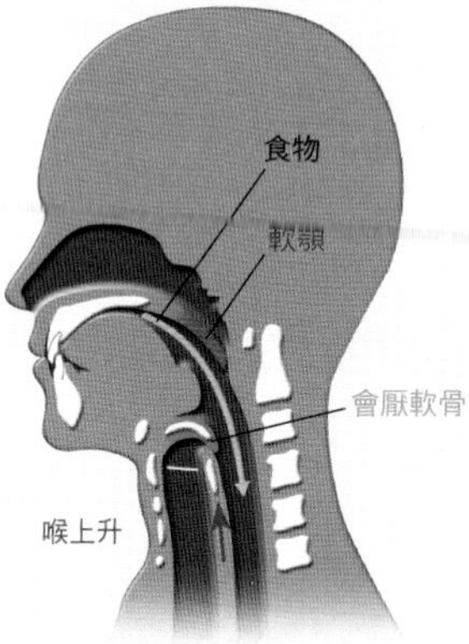

吞嚥食物時

軟顎上提，形成蓋子，防止食物逆流至鼻腔。同時喉上升，使會厭軟骨形成蓋子，防止食物誤入氣管。

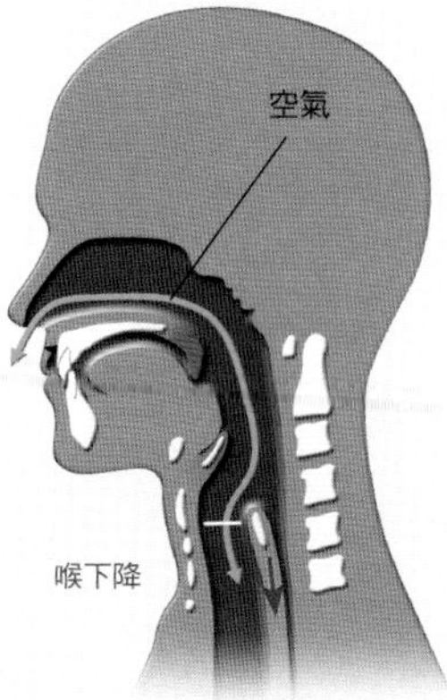

呼吸時

軟顎下垂、喉下降，確保空氣流動通道暢通。

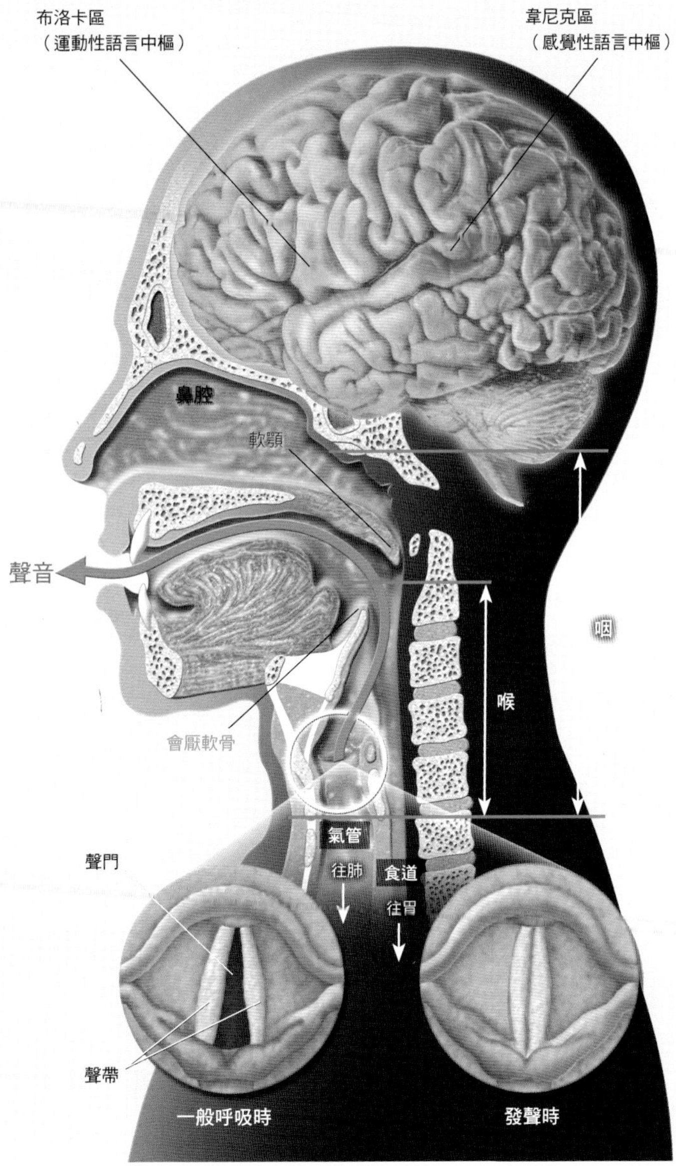

腦是如何認知感覺器官捕捉到的內容呢？

古希臘哲學家亞里斯多德（Aristotle，前384～前322）推測，感覺器官獲得的資訊，會通過血管送到心臟，再由心臟感受（認知）。在中世紀以前，這種想法廣為大眾接受。

而現代人都知道是透過腦認知感覺。譬如看到草莓時，眼睛會將眼睛看到之對象的資訊，傳送到大腦的初級視覺皮質。

初級視覺皮質的各個神經元，只能夠判斷「縱線」或「橫線」等單純的形狀。不過傳送到次級視覺皮質、三級視覺皮質之後，這些資訊就會被逐漸彙整起來，得到複雜的形狀，最後活化「會對草莓形狀產生反應的神經元集團」，於是我們才認知眼前的物體「是草莓」。

從下一節起，分別介紹熟悉的「視覺」、「聽覺」、「嗅覺」、「味覺」、「皮膚感覺」的運作機制吧。

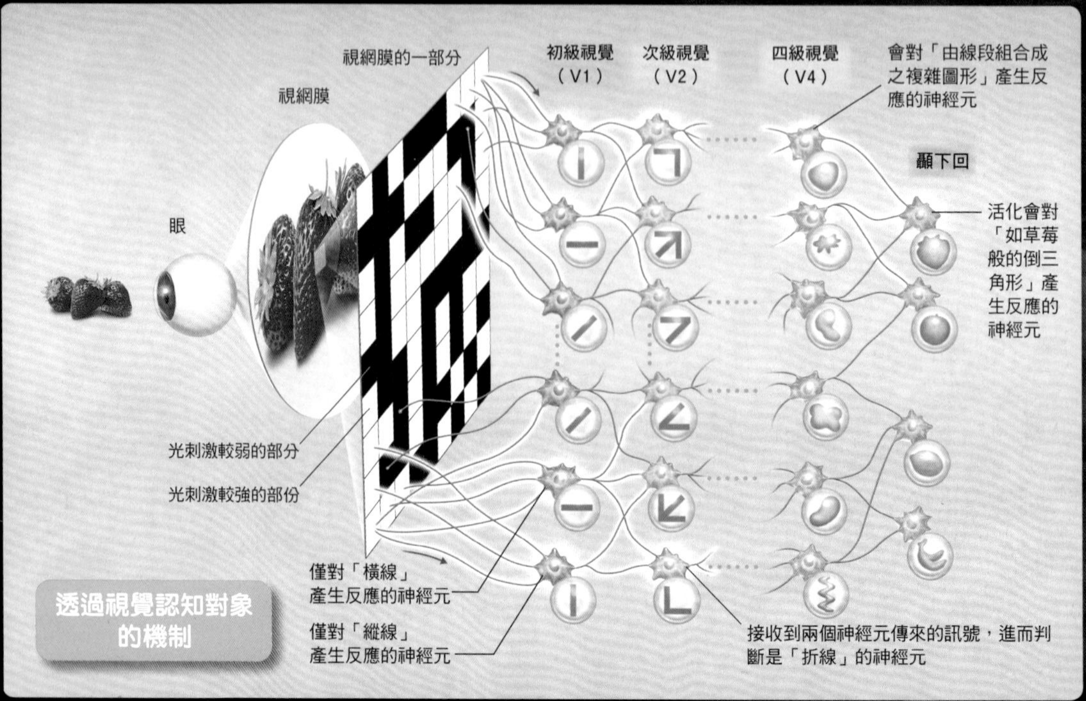

透過視覺認知對象的機制

＊詳情將在下一節中說明。

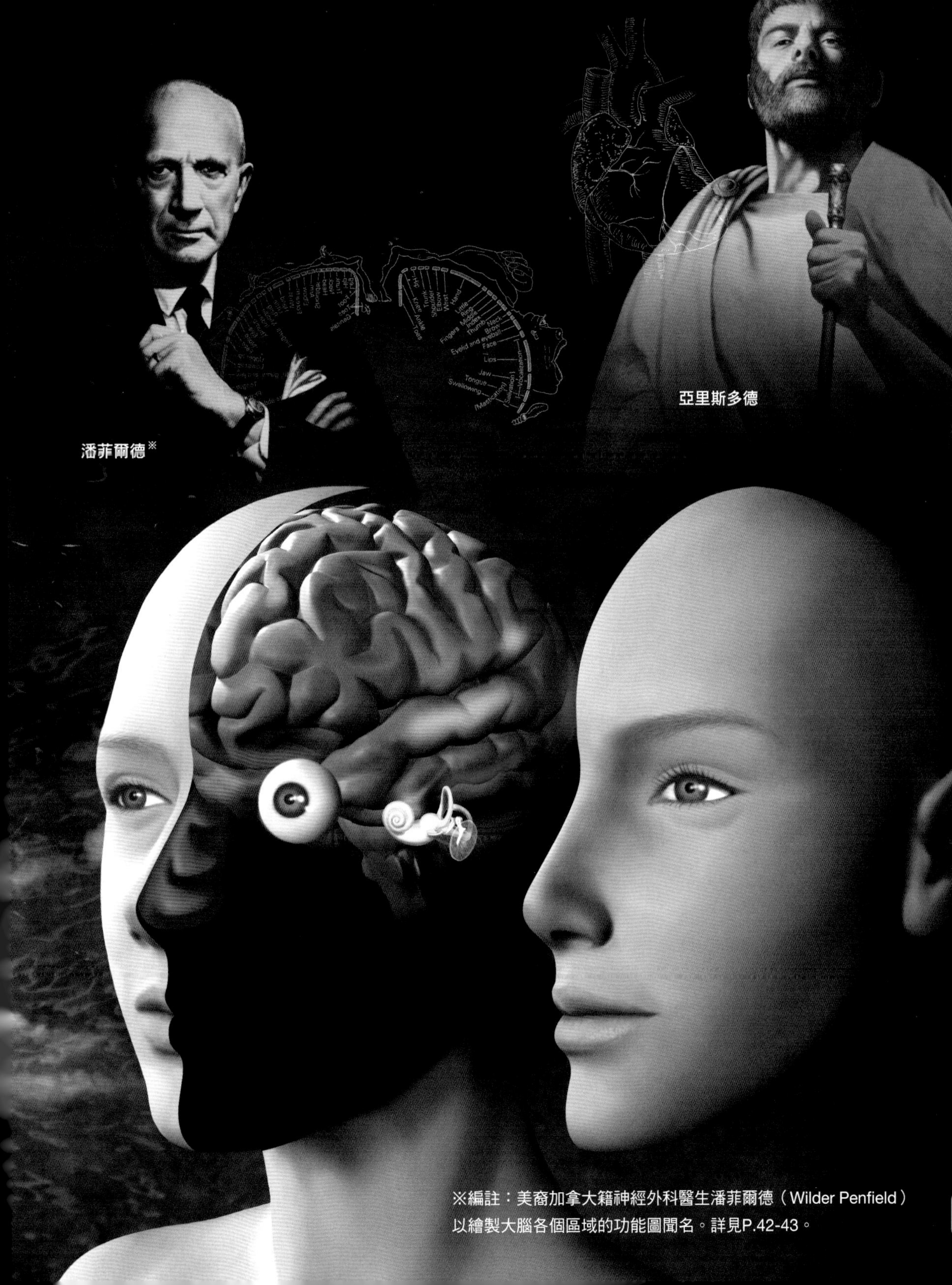

※編註：美裔加拿大籍神經外科醫生潘菲爾德（Wilder Penfield）以繪製大腦各個區域的功能圖聞名。詳見P.42-43。

SECTION 10

sense of sight

視覺

將「影像」傳送至腦的「視覺」機制

當位於眼睛後方的「視網膜」(retina)捕捉到資訊，也就是捕捉到光之後，視網膜上的視細胞（視桿細胞、視錐細胞）會將光轉換成電訊號，進入視神經。

此時，雙眼獲得的視覺資訊中，視野「右側」的部分會傳送到右腦側初級視覺皮質；同樣地，雙眼視野「左側」的部分會傳送到左腦側的初級視覺皮質。

分析資訊的兩條路線

抵達腦部的視覺資訊會再分成兩條路線，第一條是分析「看到的是什麼」的腹側路徑（ventral stream）。初級視覺皮質中，對線段傾斜程度產生反應的神經元，以及對顏色產生反應的神經元，會聚在一起形成「皮層柱」(cortical column)。眼睛所獲得的視覺資訊，會在這個結構中，被分解成「傾斜某個角度的短直線」與「顏色」等要素。

在這之後，這些要素便傳送到顳葉的「顳下回」(inferior temporal gyrus) 區域，重現

眼睛接收到刺激時的訊號傳送途徑（→）

插圖中將人的視野分成了中央區域、周圍區域，以及僅左眼／右眼看得到的部分（分別以不同的顏色表示）。另外，因為兩個眼球的位置稍有間隔，故嚴格來說，左眼捕捉到的視覺資訊，與右眼捕捉到的視覺資訊會略有差異。腦就是從這小小的差異，讓我們感受到「立體感」。

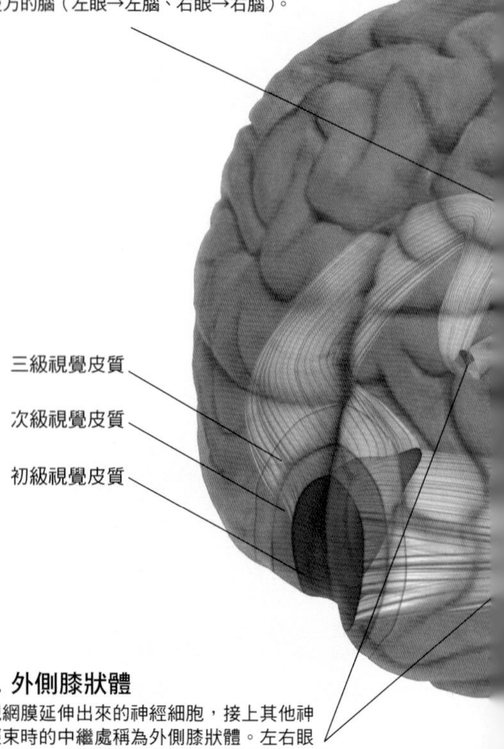

1. 視網膜
左眼可看到右眼視野左側以外的部分，右眼可看到左眼視野右側以外的部分。視覺資訊呈現上下顛倒、左右相反的狀態。

2. 視交叉
左眼內側的視覺資訊（藍、綠區域）會傳送至右腦；右眼內側的視覺資訊（紅、紫區域）會傳送至左腦。眼外側的視覺資訊則不會交叉，直接傳送至其後方的腦（左眼→左腦、右眼→右腦）。

3. 外側膝狀體
視網膜延伸出來的神經細胞，接上其他神經束時的中繼處稱為外側膝狀體。左右眼獲得的視覺資訊會在外側膝狀體分成「右半側」與「左半側」。

物體的輪廓或模樣。顳下回有200種左右的皮層柱，分別對應簡化過的不同圖形。我們眼睛所看到的東西，就是這些皮層柱代表的圖形排列組合，再經認知後得到的結果。

第二條路線是分析「看到的東西在哪裡」的背側路徑（dorsal pathway）。這條途徑可分成從初級視覺皮質到顳葉（在識別形狀與顏色之區域的上方）的「運動」分析途徑，以及從初級視覺皮質到頂葉的「深度」分析途徑。腹側路徑與背側路徑會交流各自獲得的資訊。

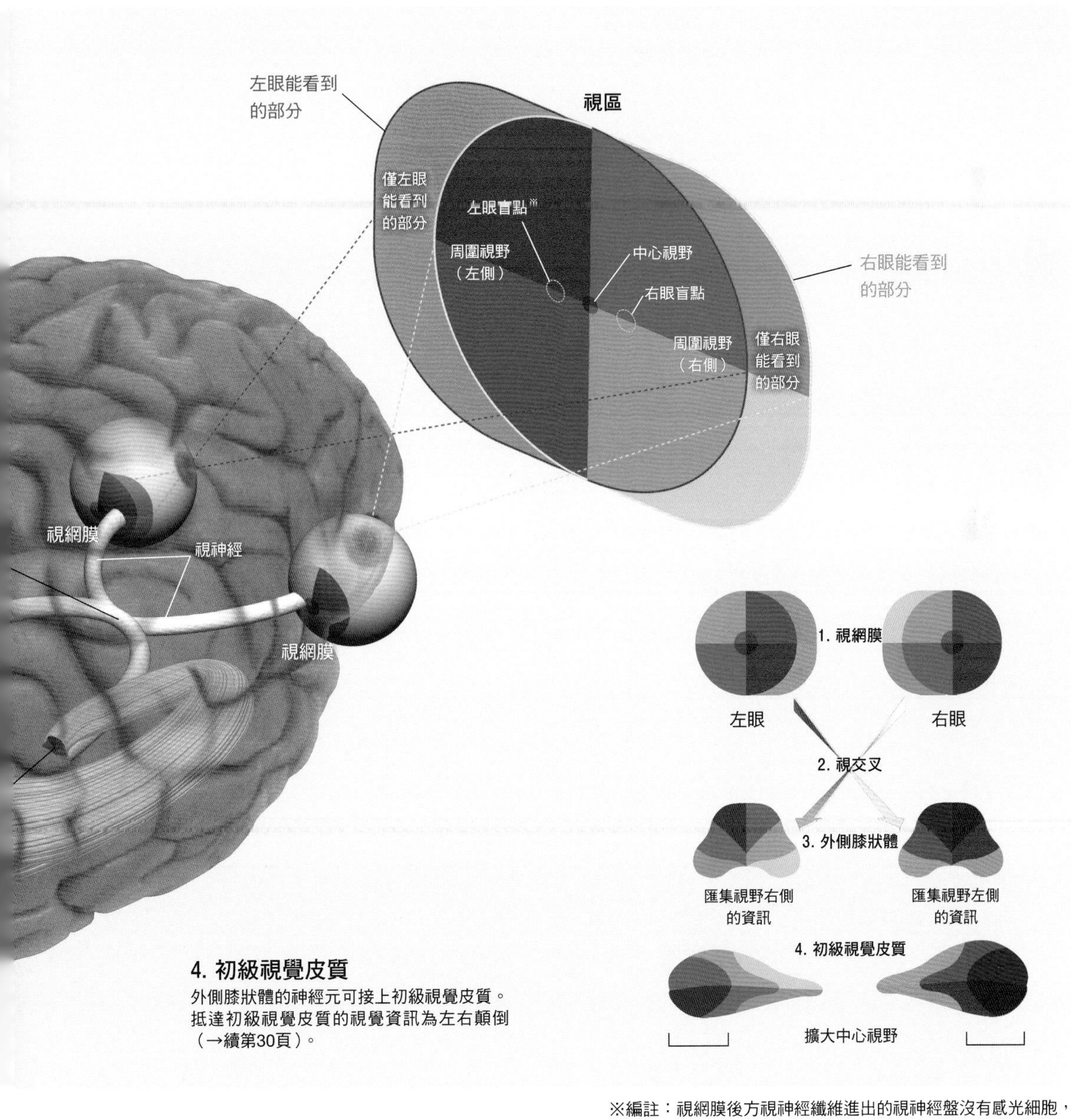

4. 初級視覺皮質

外側膝狀體的神經元可接上初級視覺皮質。抵達初級視覺皮質的視覺資訊為左右顛倒（→續第30頁）。

※編註：視網膜後方視神經纖維進出的視神經盤沒有感光細胞，不能感應到光線，故稱為盲點。

眼睛獲得的資訊會分解成多個要素再處理

插圖為眼睛將看到的東西識別為「蘋果」時，腦內資訊流動路徑的示意圖。藍色箭頭為識別對象形狀與顏色的「腹側路徑」（ventral pathway）。

紅色箭頭為「背側路徑」，由從初級視覺皮質到顳葉，分析「對象運動」的路徑，以及從初級視覺皮質到頂葉，分析「對象深度」的路徑構成。這些路徑可以幫助我們分析看到的東西位於何處，並依此判斷該做出什麼動作。

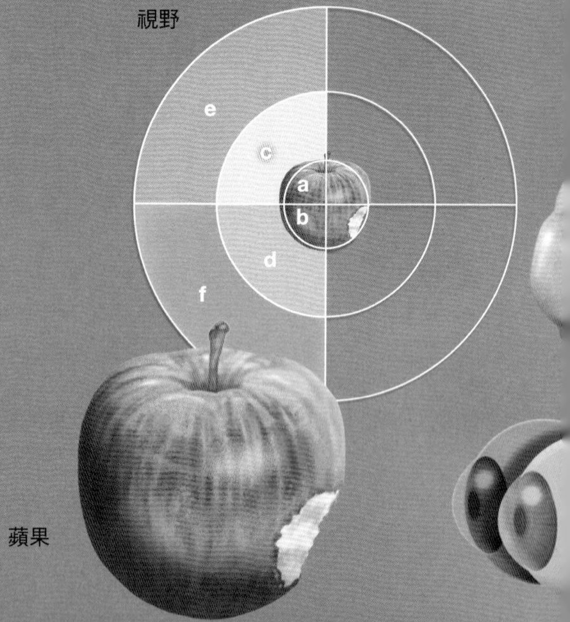

沿著腹側路徑前進的視覺資訊，會抵達顳葉的顳下回。如插圖所示，這個區域約有200種可識別簡化圖形的皮層柱。每個皮層柱皆由對相似的圖形產生反應的神經元所構成。

舉例來說，看到蘋果時，對應到「蘋果狀簡化圖形」的皮層柱會產生反應。學者認為，與認知物體（知覺）有關的資訊處理就像這樣，是將顳下回中皮層柱的各個圖形排列組合後，再得到認知的結果。

C. 顳下回的皮層柱

專欄 COLUMN 由不同方式識別的「臉」與「表情」

與正立的臉（平時的臉）相比，當我們看到上下顛倒的臉時，比較難分辨細微的表情。人腦顳葉中有個專門用於識別正常方向臉部的梭狀臉孔腦區（fusiform face area），如果這個區域受損，便無法判斷對方是誰（臉盲症）。

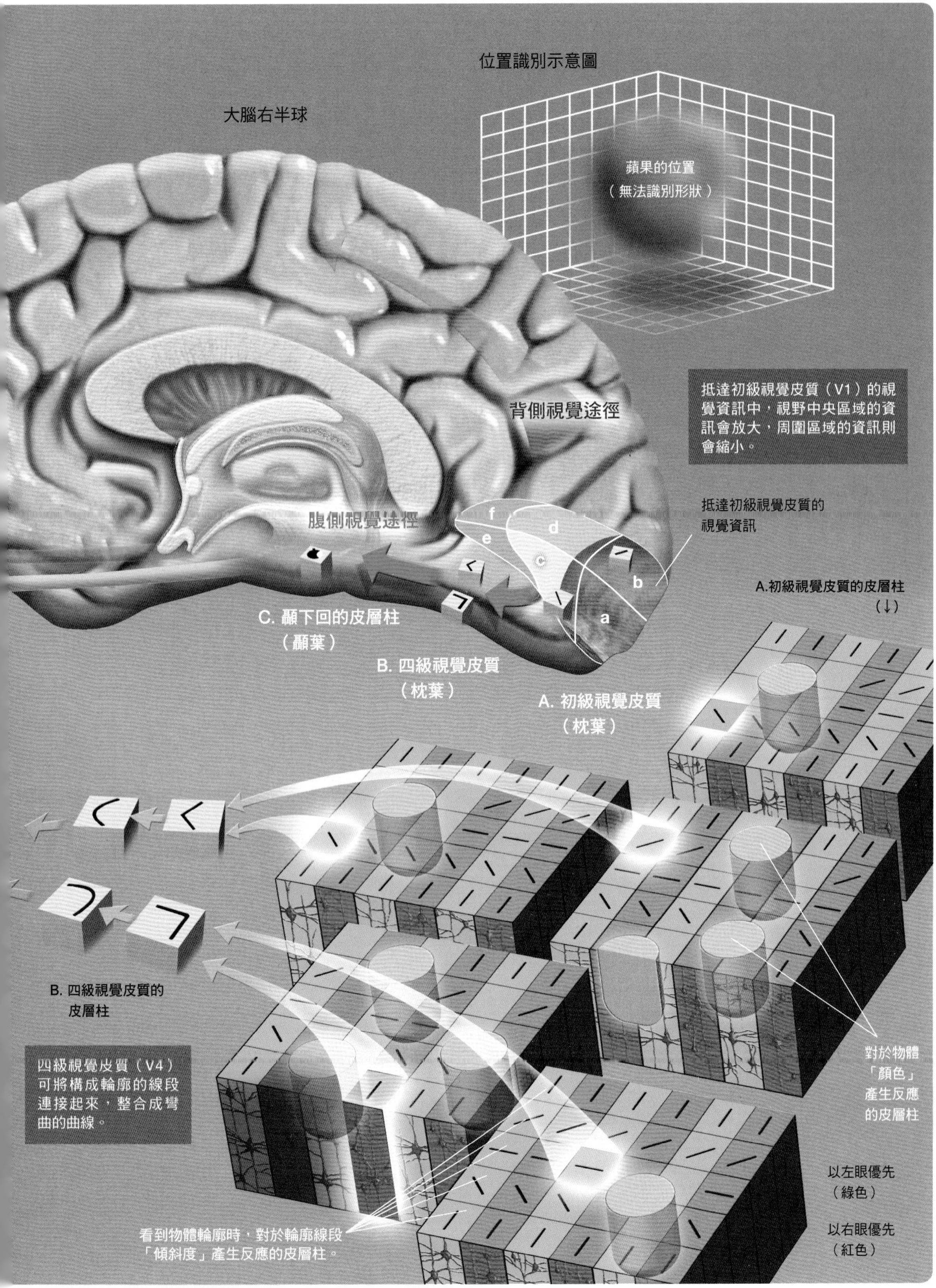

＊實際上的皮層柱並不像插圖般有明確界線。另外，相鄰皮層柱的性質為連續變化。

耳朵接收到的空氣振動會成為「聲音」

聲音是空氣的振動（聲波）。若潛入游泳池，就幾乎聽不到水面上的聲音了，這是因為空氣的振動大部分會被水表面反射回去。

耳殼蒐集到的聲波會讓鼓膜振動（下圖A）。這個振動會傳遞至「聽小骨」（ossicles），再傳遞至漩渦狀耳蝸的「毛細胞」（hair cell），在此處轉換成電訊號，然後經「耳蝸神經」（cochlear nerve）傳送至腦。

與腦部相連的耳蝸神經，會將訊號傳遞到「耳蝸神經核※1」（cochlear nucleus，下圖B）。傳送至這裡的訊號，大多會再經由其他

A. 耳朵的運作機制

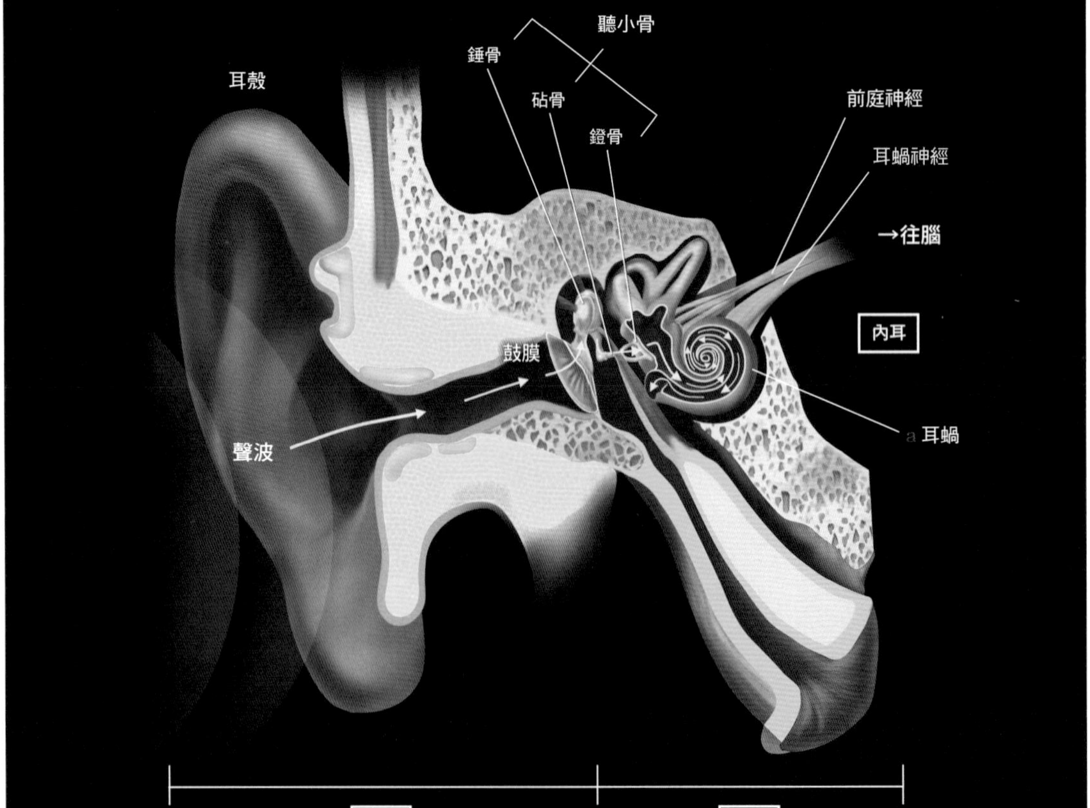

神經元，傳遞至上橄欖核、外側丘系核、下丘、視丘的內側膝狀體，最後來到初級聽覺區。到這裡，我們才會認知到聲音。

耳朵的另一個功能

除了聲音之外，耳朵還能感覺到頭的運動與傾斜程度※2。位於內耳的毛細胞捕捉到頭的運動與傾斜程度後，會將其轉換成電訊號，傳遞至「前庭神經」(vestibular nerve)。接著前庭神經再將這個訊號傳遞至小腦或延腦（前庭核），最後再輸送至控制眼球運動的神經核、控制頸部肌肉運動的「頸髓」(cervical spinal cord)，以及控制身體肌肉運動的「脊髓」(spinal cord)，感知身體位置和保持穩定。

※1：耳蝸神經核為神經元集中處。
※2：半規管膨大部分的毛細胞，可捕捉到頭部的旋轉運動（→第133頁）。

B. 聲音的傳達途徑（右耳）

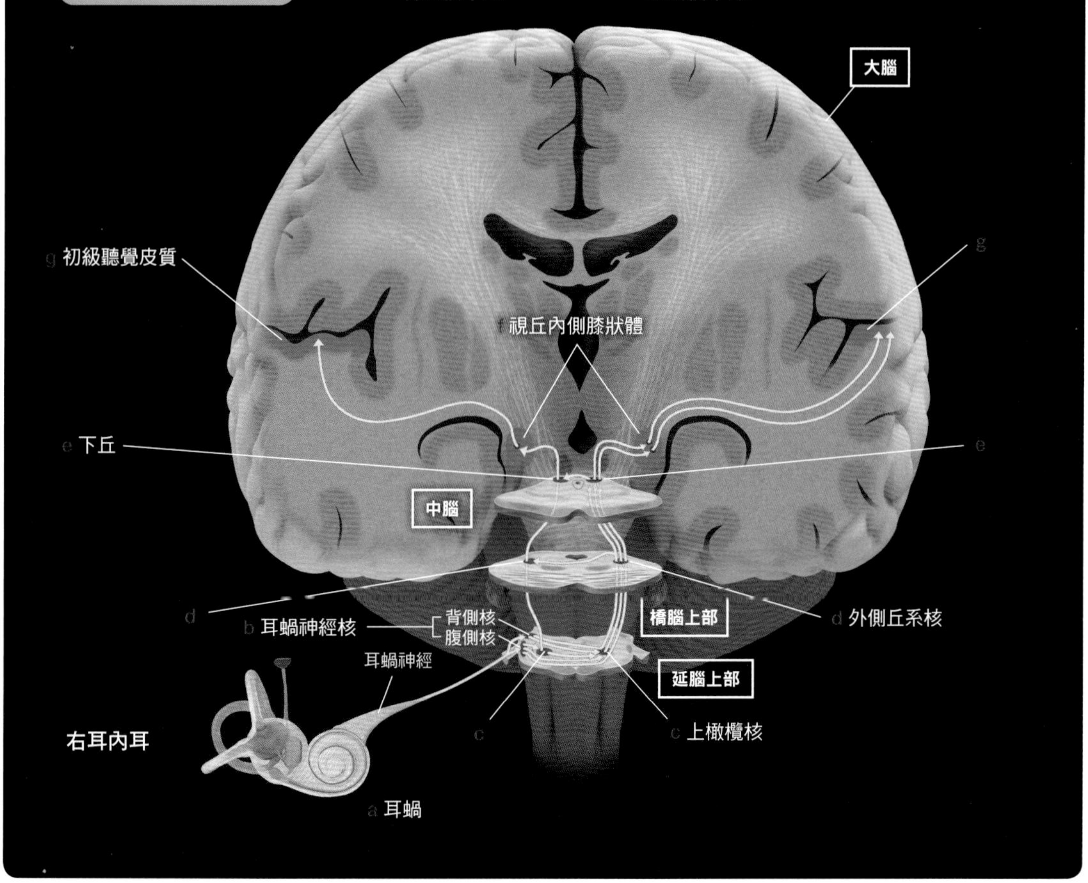

氣味資訊會傳遞至腦的各處

所有「氣味」的本質，包括雨剛停時的道路氣味、炒麵的醬料香氣等等，都來自飄浮於空氣中的微小分子。

識別氣味分子的是鼻子深處「嗅覺上皮」（olfactory epithelium）表面的「嗅覺受體」（olfactory receptors）。不同的嗅覺受體，凹陷的形狀各不相同。當氣味分子能緊密附著在有特定凹陷形狀的受體上時，嗅細胞就會將該資訊轉換成電訊號，傳遞至初級嗅覺皮質的「嗅球」（olfactory bulb），再傳送至大腦顳葉內側的次級嗅覺皮質。

人類能識別的氣味高達數萬種，但嗅覺受體只有400種左右。那麼我們是如何辨別出那麼多種氣味的呢？氣味分子的各個「面」，能與不同的受體結合，因此能辨識出「這個分子有OH基」、「這個分子是酮體」等等，再將這些氣味分子的局部資訊分別傳遞到嗅覺皮質。各種氣味分子受體的排列組合數量非常龐大，即使受體的種類有限，排列組合後也能對應非常多種氣味分子。

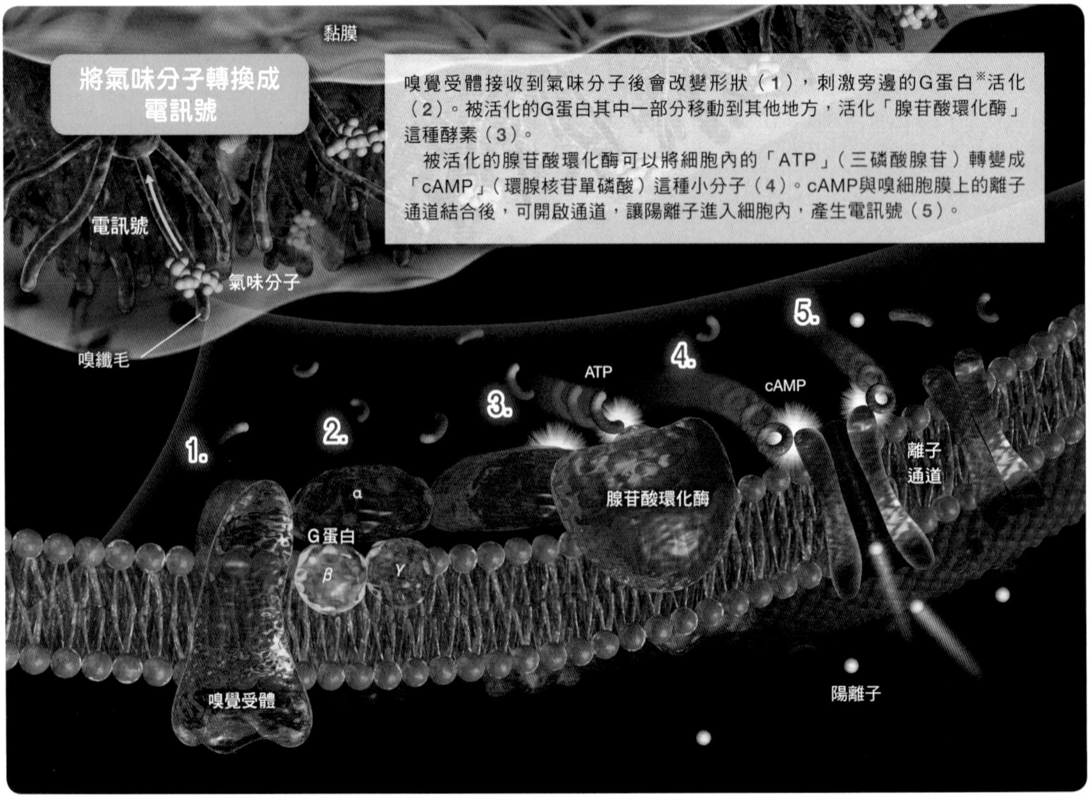
黏膜
將氣味分子轉換成電訊號
嗅覺受體接收到氣味分子後會改變形狀（1），刺激旁邊的G蛋白※活化（2）。被活化的G蛋白其中一部分移動到其他地方，活化「腺苷酸環化酶」這種酵素（3）。
被活化的腺苷酸環化酶可以將細胞內的「ATP」（三磷酸腺苷）轉變成「cAMP」（環腺核苷單磷酸）這種小分子（4）。cAMP與嗅細胞膜上的離子通道結合後，可開啟通道，讓陽離子進入細胞內，產生電訊號（5）。
電訊號
氣味分子
嗅纖毛
1.
2.
3.
4.
5.
ATP
cAMP
α
G蛋白
β
γ
腺苷酸環化酶
離子通道
嗅覺受體
陽離子

※編註：鳥嘌呤核苷酸結合蛋白（guanine nucleotide-binding proteins）簡稱G蛋白。

氣味資訊的傳遞途徑

鼻子深處有個名為「鼻腔」的空間。鼻腔上方的嗅覺上皮表面，排列著許多嗅覺受體（嗅細胞）。當嗅覺受體偵測到氣味分子後，會馬上傳遞訊號給嗅球（腦的一部分），接著嗅球便將「有反應之受體的排列組合」資訊傳遞給嗅覺皮質，我們才得以識別出特定氣味。

接著，將所辯識到的氣味分子傳給掌管記憶的「海馬迴」(hippocampus)，就能與過去的經驗結合，產生「這味道跟學生時代常去的咖哩店好像」這類想法。而若將資訊傳遞給掌管情感的「杏仁核」(amygdala)、「下視丘」(hypothalamus)，就會產生「好香」、「不好聞」等評價。

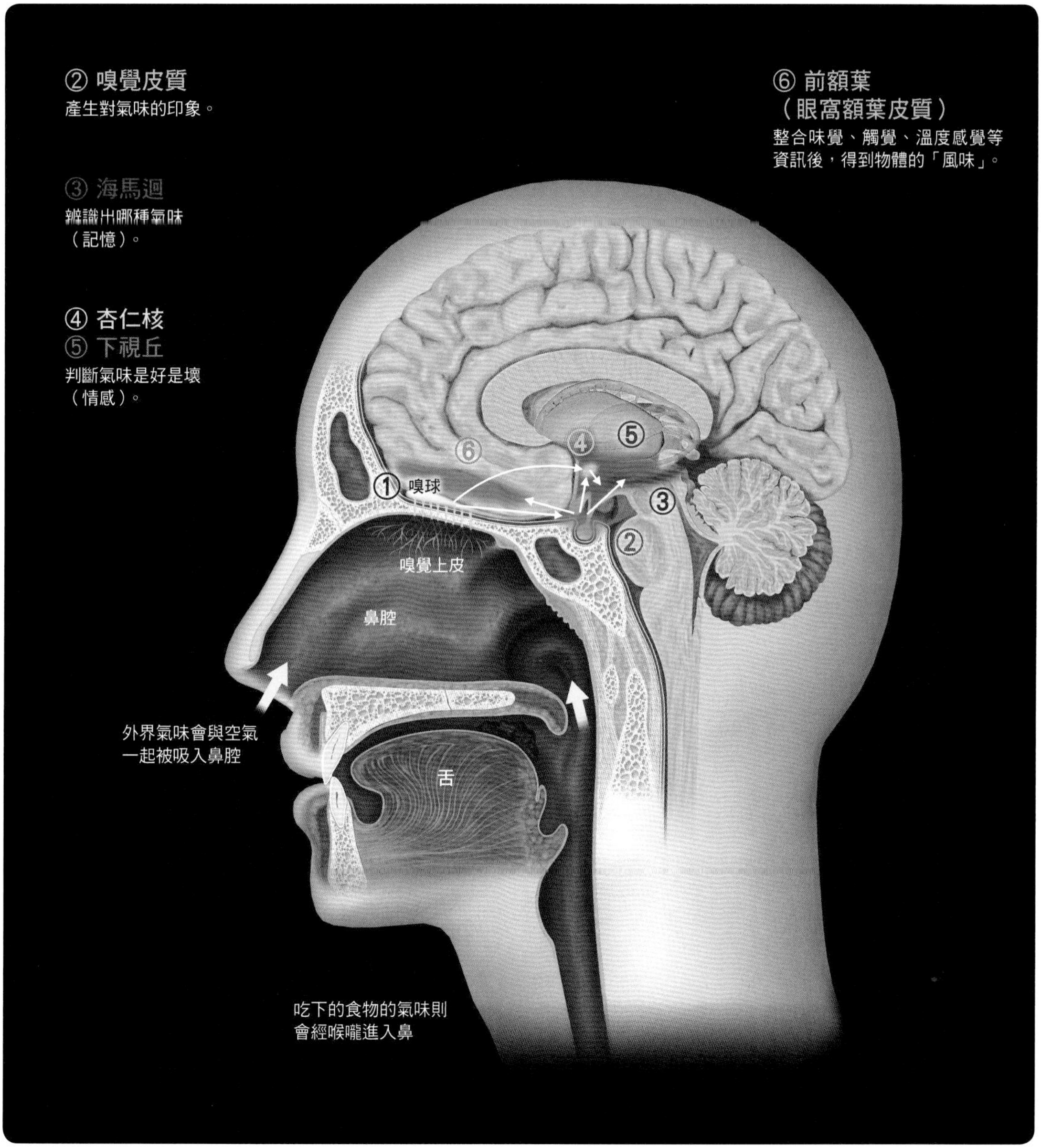
② 嗅覺皮質
產生對氣味的印象。
③ 海馬迴
辨識出哪種氣味
（記憶）。
④ 杏仁核
⑤ 下視丘
判斷氣味是好是壞
（情感）。
⑥ 前額葉
（眼窩額葉皮質）
整合味覺、觸覺、溫度感覺等資訊後，得到物體的「風味」。
① 嗅球
嗅覺上皮
鼻腔
舌
外界氣味會與空氣
一起被吸入鼻腔
吃下的食物的氣味則
會經喉嚨進入鼻

食物的味道不是由舌頭辨識，而是由腦

舌頭表面與喉嚨、上顎深處的「軟顎」（velum）上，分布著許多「味蕾」（taste bud）。味蕾是由數十個「味覺受體細胞」（taste receptor cell）集合而成的結構，可感覺味道。

味覺受體細胞捕捉到味道分子（食物的分子）後，會將資訊透過味覺神經，傳遞到延腦的「孤束核」（nucleus of the solitary tract）。延腦再依照這些資訊，決定要做出「分泌唾液」還是「吐出」之類的反射性動作※1。

如果是「安全」的食物，孤束核就會再將「鹹味」、「鮮味」等資訊傳送至視丘，再傳送到大腦頂葉內側的初級味覺皮質，以分析味道的強度與性質。接著，位於額葉的次級味覺皮質（眼窩額葉皮質）會將味覺資訊與嗅覺、觸覺、口感等資訊組合起來，形成我們對特定食物的「味覺印象」。

大腦的「杏仁核」會判斷我們對食物的好惡（情感），「下視丘」負責分泌控制食欲的激素※2。而「海馬迴」則會幫助形成味覺記憶，並依過去的記憶來辨識味道。

※1：身體會先試著判斷進入口中的東西為「安全」（營養）或「有害」（毒物或腐敗物），再決定是否要攝取進入體內。

※2：激素是經由血管移動，影響特定內臟、器官之物質的總稱。

成人約有6000～7000個味蕾，其中約有80%在舌頭上，剩下的20%在喉嚨與軟顎上。喝水的時候，喉嚨上的味蕾會產生反應，這就是所謂的「入喉感」。

人類感知味覺的機制

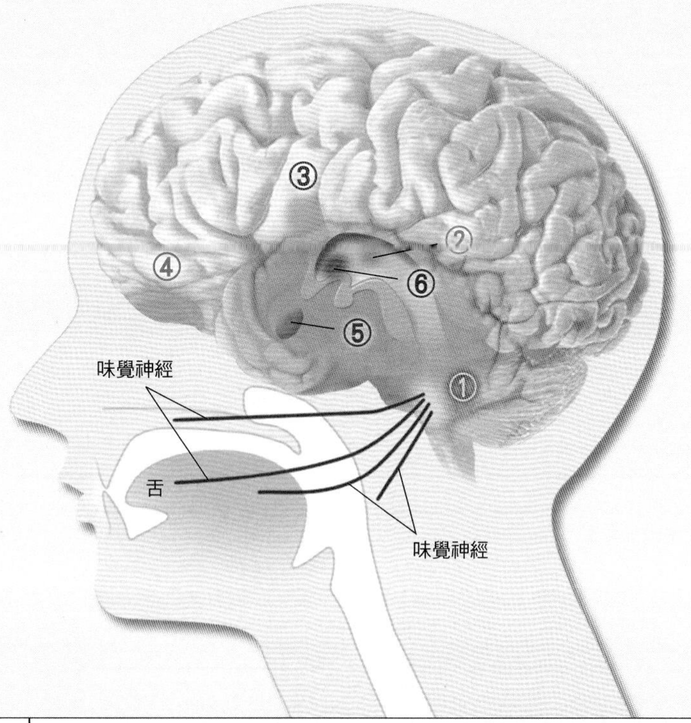

① 孤束核（延腦）	接收來自舌頭、軟顎、咽的味覺資訊。將資訊送往腦，腦再決定是否分泌唾液，以及對味道產生表情變化等反射性動作。
② 視丘的味覺中繼核	接收來自孤束核的味覺資訊，再送往初級味覺皮質。
③ 初級味覺皮質	分析甜、苦等味道的性質。不管是空腹還是飽食，活動情況皆相同。
④ 次級味覺皮質（眼窩額葉皮質）	除了味覺之外，也會接收嗅覺與視覺資訊。次級味覺皮質可整合這些資訊，判斷吃下去的東西是什麼、好吃或難吃等。飽食時，活動力會下降。
⑤ 杏仁核	對食物做出愉快、不愉快等價值判斷。與食物好惡的學習有關。
⑥ 下視丘	含有攝食中樞與飽食中樞（→第134頁）。

由認知與情感構成的「疼痛」

當被紙的邊緣劃到手指，或是臉被熱水潑到時，會感到疼痛。「疼痛」究竟從何而來呢？

疼痛的感覺包含兩個要素，一個是「認知」來自何處、程度多大的刺激，一個是「情感」上不愉快的感覺。兩者分別由腦中不同的部位產生。

皮膚覆蓋了整個體表，其下方分布著密密麻麻的神經。神經受到刺激後，訊號會經由感覺神經進入脊髓（後角※）。感覺神經末端釋放出神經傳導物，將電訊號傳遞給位於脊髓的感覺神經※1。

這個訊號會再傳遞給「與認知有關的神經」及「與情感有關的神經」。前者訊號會抵達大腦的感覺皮質※2，能讓我們感覺到受傷部位與

疼痛訊號抵達腦的途徑

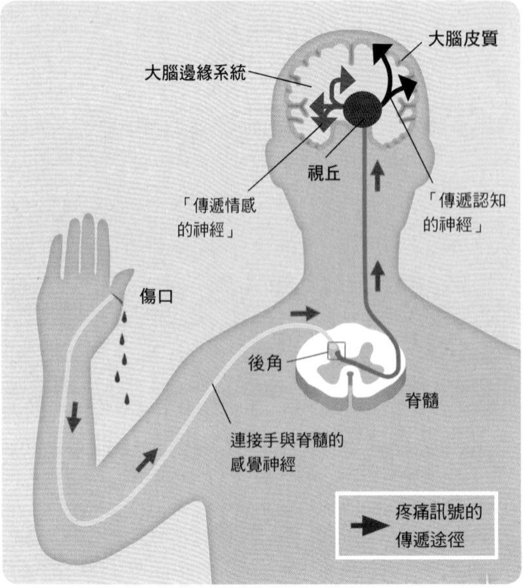

人類身體有一套抑制疼痛的機制。舉例來說，您應該也聽過拳擊手比賽時被打中好幾拳也沒感覺，但比賽後卻會突然感覺到強烈疼痛之類的故事吧。這是因為在興奮的時候（交感神經亢進時），身體會分泌「腎上腺素」讓身體處於活潑狀態，以及讓人感覺不太到疼痛的「內源性類鴉片」等物質，降低我們對疼痛的認知能力。

受傷程度；後者則抵達大腦邊緣系統，與過去經歷過的疼痛記憶對照，產生不愉快的感覺。

順帶一提，撫摸產生疼痛的部位時，將有助於抑制疼痛。這樣做可以在疼痛的刺激傳達至脊髓前，關閉傳達路徑的「門」。小時候受傷時，大人會一邊撫摸疼痛處，一邊對我們說「呼呼不痛了，痛痛飛走了！」這樣的行為其實是有其道理。

※：後角（posterior horn）是指脊髓的背側灰質部分。

※1：臉或下巴受到的刺激（訊號），會經由三叉神經節與三叉神經脊髓核（延腦），抵達視丘。

※2：大腦中負責接收與感覺有關資訊的部位，包括負責視覺的「視覺皮質」、負責聽覺的「聽覺皮質」、負責皮膚觸壓覺、溫痛覺的「體覺皮質」等等。

皮膚受到的刺激到了腦，會轉變成「質感」與「溫度」

皮膚除了能感覺到組織受損的「痛覺」之外，還有能感覺到壓力與振動的「觸覺」、感覺溫度的「溫覺」等，這些感覺皆屬於皮膚感覺。

皮膚感覺的敏感度會因為不同位置而有很大的差異。譬如嘴巴周圍對壓力較敏感，食指與中指指腹對質感較敏感等。之所以有這種差異，是因為皮膚上有各式各樣的「感覺受器」（sensory receptor，受體或神經末端），而皮膚不同部位的感覺受器密度也不一樣。

皮膚感覺受器受到刺激後，會經由脊髓、延腦、視丘，抵達大腦的初級體覺皮質、次級體覺皮質。「體覺系統」（somatosensory system）除了皮膚感覺之外，還包括了感覺肌肉、肌腱、關節運動的「本體感覺」（proprioception）。基本上，右半身的體覺訊號會傳送到左大腦半球（左腦），左半身的體覺訊號會傳送到右大腦半球（右腦）。

右頁畫出了脊髓與從脊髓延伸至手指、手臂的神經，以及撫摸物體時，控制手部運動的腦部區域（黃色的初級體覺皮質、紫色的次級體覺皮質）與整合來自眼睛之資訊的腦部區域（藍色的頂葉聯合區）。

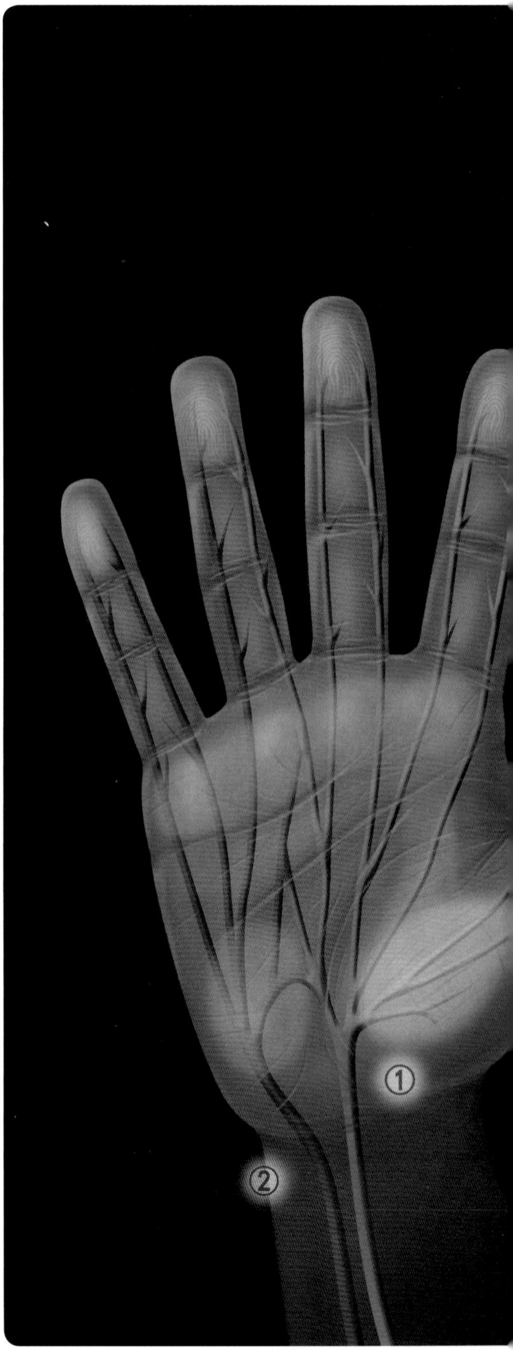

① 正中神經
通過手臂正中央的神經，負責「無名指的拇指側到拇指」範圍內的皮膚感覺。正中神經在下臂（手肘到手腕間）有岔出分支，分布於下臂肌肉，其中也包含了驅動肌肉的運動神經，不過插圖中省略了這個部分。

② 尺神經
沿著下臂小指側尺骨分布的神經。負責「無名指的小指側到小指」範圍內的皮膚感覺。尺神經在手掌有岔出分支，分布於手掌肌肉，其中也包含了驅動肌肉的運動神經，不過插圖中省略了這個部分。

③ 肱神經叢
手臂神經的複雜交錯區域。正中神經與尺神經就是從這裡分岔出來，延伸到手臂與手指。

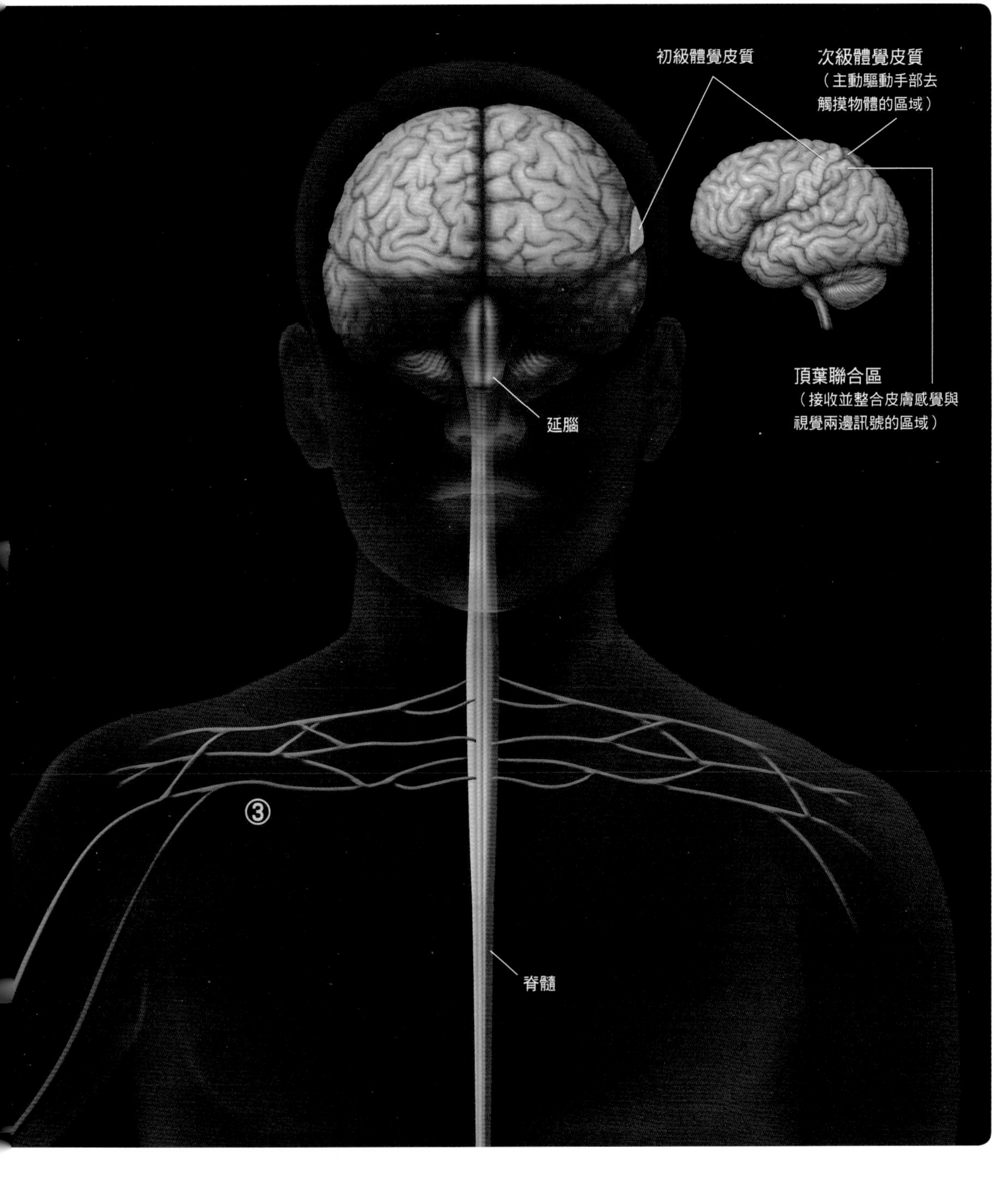
初級體覺皮質
次級體覺皮質
（主動驅動手部去觸摸物體的區域）
頂葉聯合區
（接收並整合皮膚感覺與視覺兩邊訊號的區域）
延腦
③
脊髓

說明各個感覺器官與腦區域之關係的「潘菲爾德」

加拿大的腦外科醫生，潘菲爾德（Wilder Penfield，1891～1976）曾進行過與腦有關的實驗。在他為「癲癇」患者進行腦部手術時，將極細的電極碰觸腦部的某些區域，通以弱電流，並詢問患者有什麼感覺※。

當時進行腦部手術時，僅會在頭部表面麻醉，所以患者仍有意識，能與其他人說話。

患者腦部受到刺激時，會感覺到「麻麻的」、「刺刺的」，或者看到實際上不存在的東西。其他學者將方法改良後再次進行該實驗時，曾記錄到受試者說「有磨蹭紙張的感覺」，或感到冰冷、溫暖等等。

不論是在哪個實驗中，即使受試者沒有碰觸到任何東西，也會體驗到某種皮膚感覺。這些實驗結果顯示了感覺器官與腦的關聯。

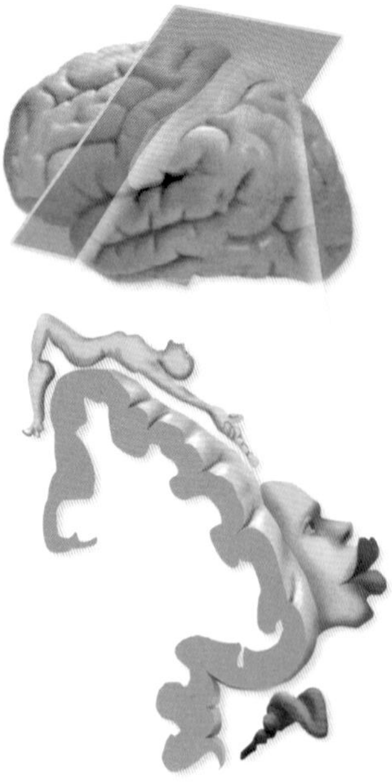

潘菲爾德的小人

潘菲爾德以電力刺激癲癇患者大腦皮質表面的各個部位，研究刺激不同部位時，患者分別會有什麼「反應」，再將其對應關係畫成圖，得到著名的「潘菲爾德的小人」。臉、手指所對應的初級體覺皮質範圍相當廣，表示這些地方的觸覺特別敏感。

神經元的功能集團

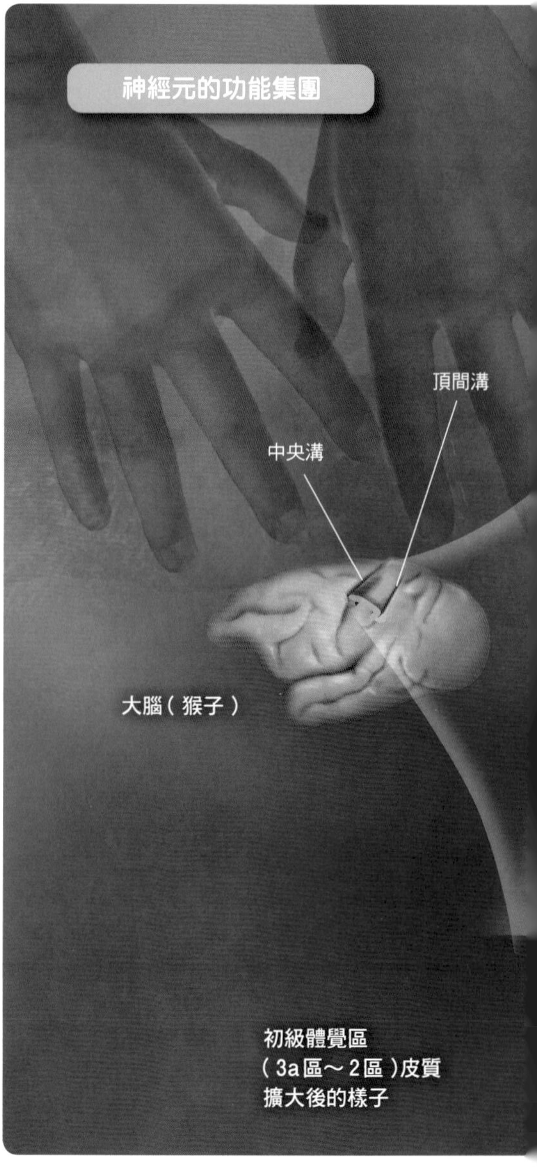

「感覺」為組合出來的結果

日本東邦大學榮譽教授岩村吉晃博士認為，體覺皮質中的每個神經元，可能負責多種領域的感覺。舉例來說，與閉著眼睛觸摸物體相比，睜開眼睛觀看所觸摸的物體時，比較能感受物體的質感對吧？事實上，具體識別物體形狀、質感的中樞包括視覺區域與觸覺區域，兩者會交換彼此的資訊。

另外，聽覺也會影響到觸覺。在一項實驗中，受試者需一邊聽錄音播放合掌摩擦的聲音（僅調整錄音中2000赫茲※編註以上的高音部分），一邊摩擦自己的雙掌。高音部分較強時，受試者會覺得手比較乾燥；高音部分較弱時，受試者會覺得手比較潮濕。

※：潘菲爾德於1920～1950年代進行實驗，1954年發表其研究成果。
※編註：聲音頻率介於2000～5000赫茲之間時，人耳對其最為敏感。

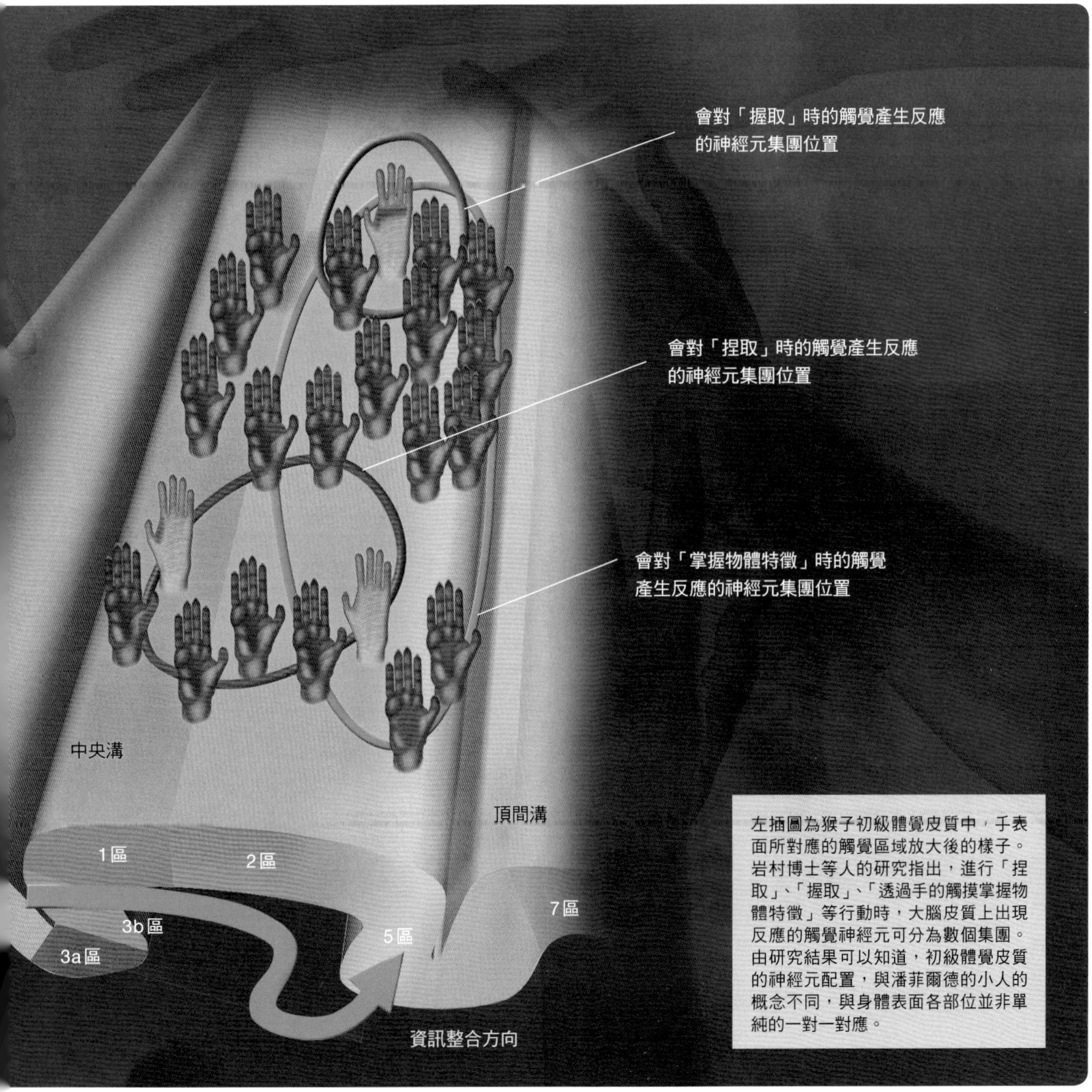

左插圖為猴子初級體覺皮質中，手表面所對應的觸覺區域放大後的樣子。岩村博士等人的研究指出，進行「捏取」、「握取」、「透過手的觸摸掌握物體特徵」等行動時，大腦皮質上出現反應的觸覺神經元可分為數個集團。由研究結果可以知道，初級體覺皮質的神經元配置，與潘菲爾德的小人的概念不同，與身體表面各部位並非單純的一對一對應。

開啟腦研究新時代的「功能性磁振造影」

在我們思考某些事情、運動身體某些部位時，腦也會跟著持續運作。不過，並無法直接識別出是哪個區域正在運作，也無法直接觀察到腦的運作。這時就可以用「功能性磁振造影」（functional Magnetic Resonance Imaging，fMRI）這種影像化方法來測定腦的活動。

fMRI是觀測體內結構的「MRI」方法（裝置）的應用。應該有不少人曾用過MRI進行健康診斷。

MRI優秀的地方在於不會傷害到身體。相對於用來拍攝骨頭等堅硬組織時，使用X射線的「電腦斷層掃描」（Computed Tomography，CT），MRI則適用於拍攝含有水的柔軟組織。而且，MRI是透過磁場現象來拍攝，不會受到骨頭干擾，相當適合用於拍攝腦之類的組織。

順帶一提，日本東北福祉大學特別榮譽教授小川誠二博士發現了fMRI的基本原理，他在裝置開發過程也做出了很大的貢獻。

腦研究現場的重要裝置 — fMRI

fMRI是腦研究的過程中不可或缺的工具。舉例來說，可以即時測量腦部活動，判斷人腦的思考內容，再依此操控機器的「腦機介面」（Brain Computer Interface，BCI）領域中，就是透過fMRI的測量結果來操控機器。也有人用fMRI測定睡覺時的受試者，藉此推測受試者的夢境內容。

但fMRI的研究也有待解決的問題。目前fMRI的空間解析度※1為1毫米左右。這個解析度乍看之下似乎相當精細，但對於腦研究而言還不夠充分。腦中有許多所謂的「皮層柱」結構，是由約10萬個神經元構成的單元。在腦處理資訊時，皮層柱扮演著相當重要的角色，其結構大小約為0.5毫米，以目前技術而言，仍無

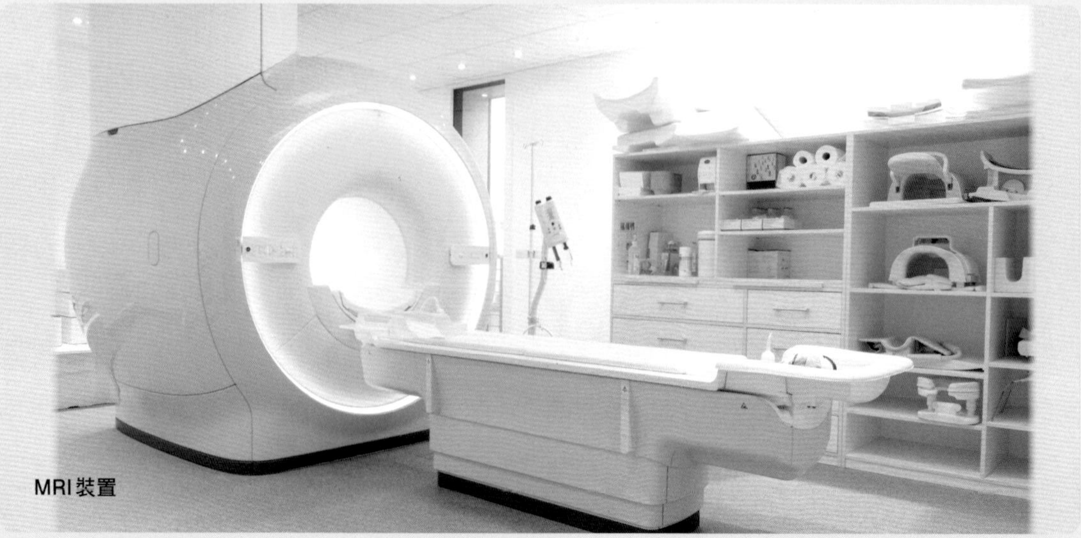

MRI裝置

法測定單一皮層柱的活動。但若要提升空間解析度，需要很強的磁場才行，這並不是個簡單的技術。

開發能彌補缺點的新分析方法

fMRI是捕捉神經元活動時所產生的血流變化※2，而非捕捉神經元本身的活動。

神經元活動的結果至少要花數秒鐘的時間，才會反映在血液流動上。不過神經元的活動會以短短數十毫秒（1毫秒為1000分之1秒）為間隔，持續不斷地變化。也就是說，fMRI沒辦法讓我們真正觀測到即時的神經活動（時間解析度低）。

除了fMRI之外，另外還有所謂的腦磁波儀（magnetoencephalography，MEG），它不是觀察血流變化，而是觀察神經元活動產生電流時，所造成的磁場變化。具體來說，一個神經元接收到其他神經元的訊號時，可從外界觀測到接收端產生之電流所造成的磁場變化。

MEG的空間解析度僅為1公分左右，但時間解析度可以高達數毫秒，表現相當優異。不過MEG只能偵測腦表層附近的活動，為其一大缺點。近年來，研究人員正在積極開發能夠整合fMRI與MEG測定結果的分析方法。

※1：仍能被分辨出是「兩個點」的兩點最小距離。
※2：更精確地說，fMRI捕捉的是「神經元活動產生血流變化時，釋出氧氣之血紅素的量」的變化。

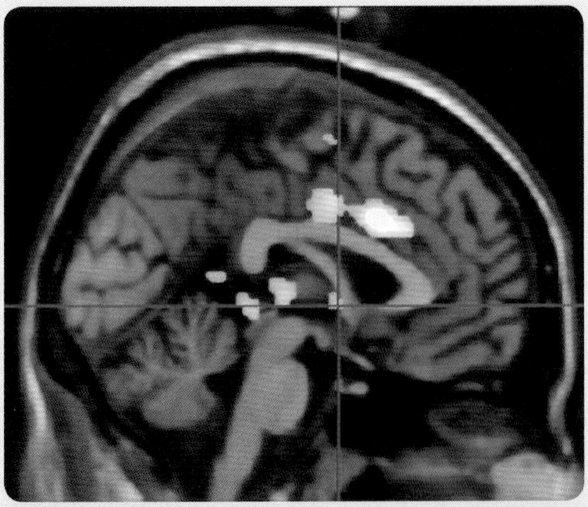

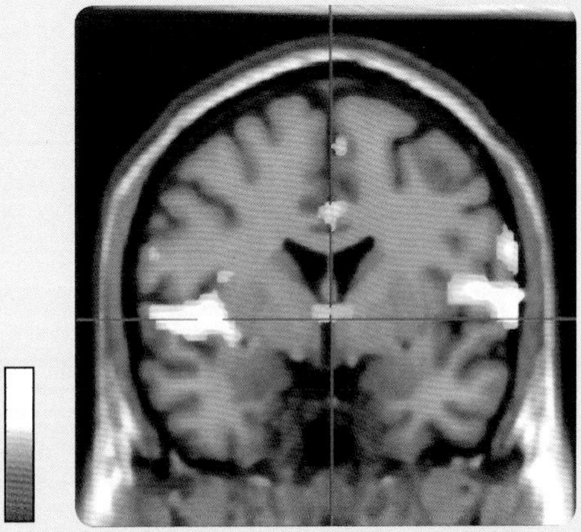

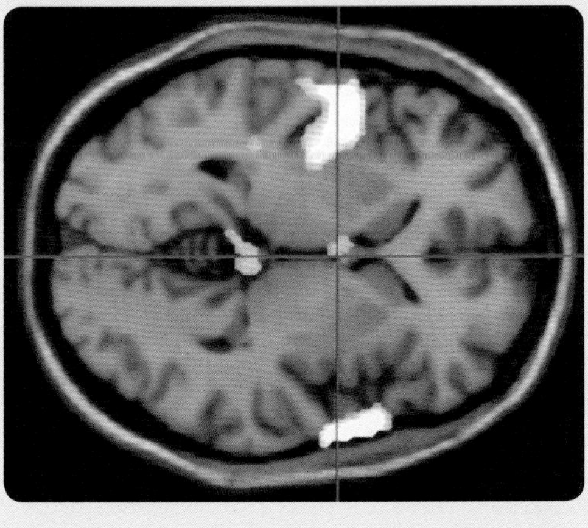

fMRI觀測到的腦活動區域影像

黑白部分為腦的結構，腦中活動區域以黃色與橙色表示。fMRI可顯示任意腦剖面的影像，故可觀測到腦中各區域的活動。

fMRI是運用「MRI」讀取體內各部位結構的裝置，故可直接用MRI裝置（左頁照片）進行fMRI觀測。受測者需躺入甜甜圈狀的裝置（線圈）中，這裡會產生強力磁場，使機器能夠讀取腦部活動所產生的訊號，進而觀測到腦中哪個區域正在活動。

4
3
1
5
4
2

2
記憶、思考
Memory / Thinking

胎兒的腦已發育出了基本結構

人類胎兒需在母親子宮內發育成長10個月。掌管知覺、思考等人類特有功能的「大腦」，在受精後2個月內會急遽發育長大，腦佔身體的比例也會大幅提升。「大腦」會覆蓋腦的其他部位，並持續成長，於受精後5個月時產生皺褶。在受精後約9個月，腦大致發育完成。

除了「形狀」改變之外，包括控制心臟跳動、維持生命等腦部重要功能，也會持續成熟。在第9個月結束左右，胎兒受聲音驚動

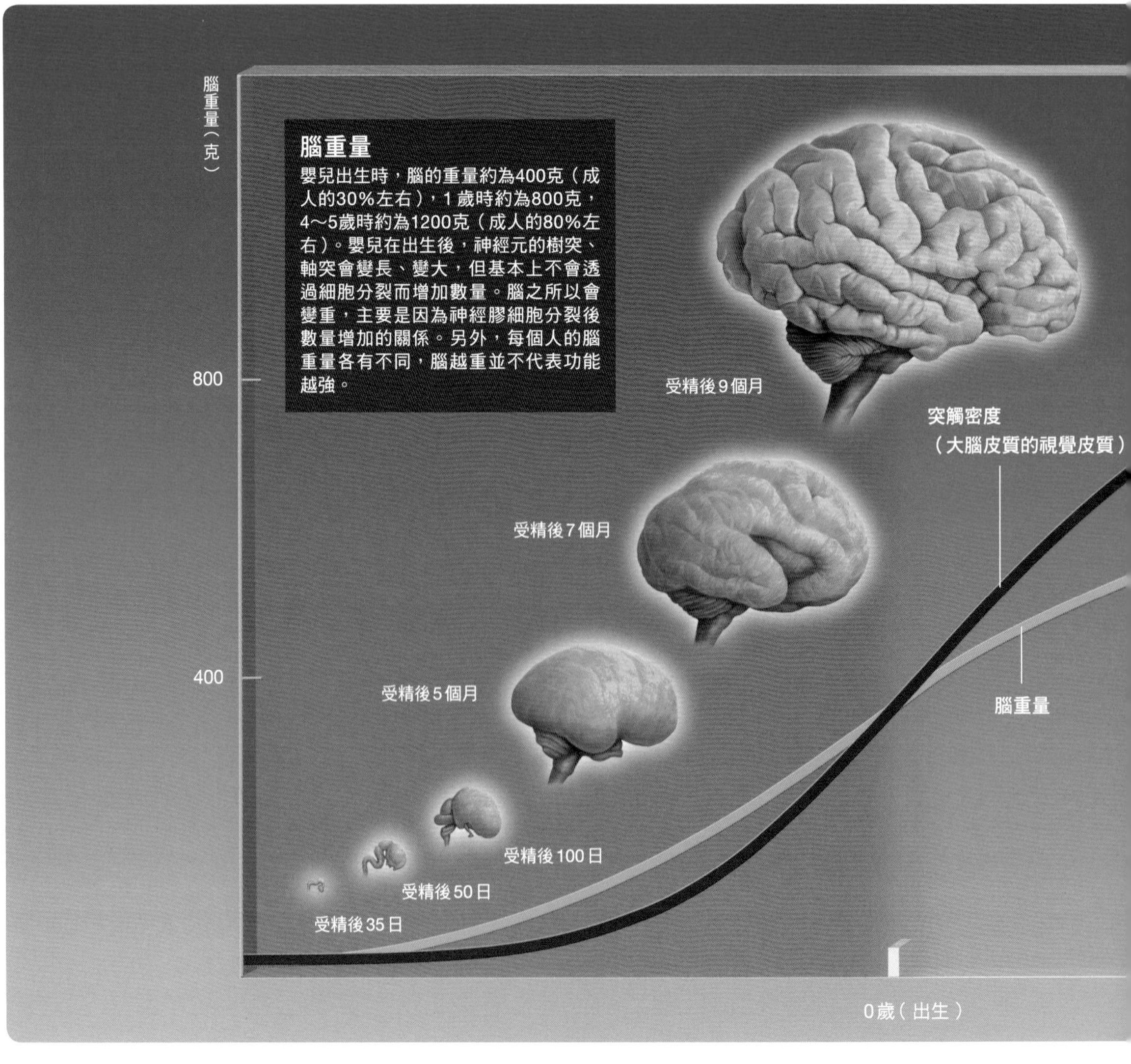

腦重量

嬰兒出生時，腦的重量約為400克（成人的30%左右），1歲時約為800克，4～5歲時約為1200克（成人的80%左右）。嬰兒在出生後，神經元的樹突、軸突會變長、變大，但基本上不會透過細胞分裂而增加數量。腦之所以會變重，主要是因為神經膠細胞分裂後數量增加的關係。另外，每個人的腦重量各有不同，腦越重並不代表功能越強。

時會做出反應。不過隨著時間的經過，這樣的反應會越來越小。這是因為胎兒發展出了「適應」這種複雜的功能。

嬰兒剛出生時，腦的重量約為400克。之後在周圍各種刺激下，會逐漸發育成熟，轉變成大人的腦。

人腦成長曲線（↓）

圖中描繪出了從受精到誕生，持續到一歲過後的腦部成長。綠色曲線表示「腦重量」，紫色曲線表示「突觸密度」（大腦視覺皮質）的變化。

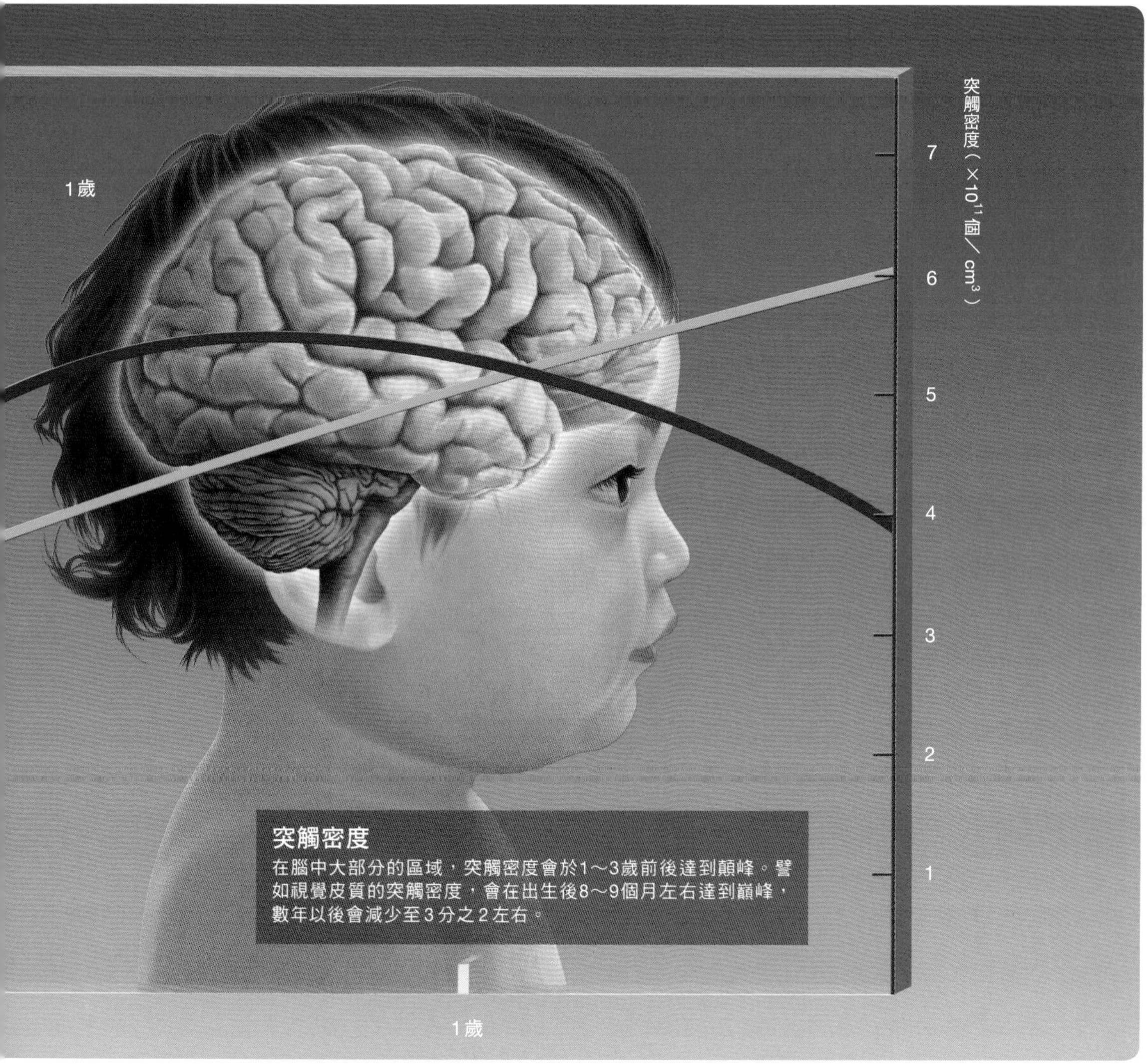

突觸密度
在腦中大部分的區域，突觸密度會於1～3歲前後達到巔峰。譬如視覺皮質的突觸密度，會在出生後8～9個月左右達到巔峰，數年以後會減少至3分之2左右。

成長期時於腦內「變身」的神經元

腦在執行特定功能時，會讓不同的神經元聯合起來工作（形成神經迴路）。一般認為，嬰幼兒在持續學習新動作與新語詞的時候，腦會持續形成新的神經迴路，使其越來越複雜。但事實上，神經突觸也會陸續消失。嬰幼兒在1～3歲左右，突觸數目急遽增加，在成長為大人的過程中逐漸減少。

這種「神經迴路的重組」，會改變神經元對神經傳導物的反應，或者改變使用的神經傳導物，進而提升神經迴路的運作效率。

約有一成的神經元會釋放「GABA」（γ-胺基丁酸）這種神經傳導物進入突觸內。一開始GABA會促進某些神經元興奮，產生電訊號。但隨著個體成長，GABA卻會開始抑制這些神經元產生電訊號。這種變化可以防止神經細胞過度興奮，導致訊號過度擴散。

另外，個體成長的過程中，腦中某些部位的神經傳導物會從GABA轉變成「甘胺酸」（glycine）。甘胺酸的反應時間比GABA還要短，故可提升網路的精準度。

神經迴路的重新編組

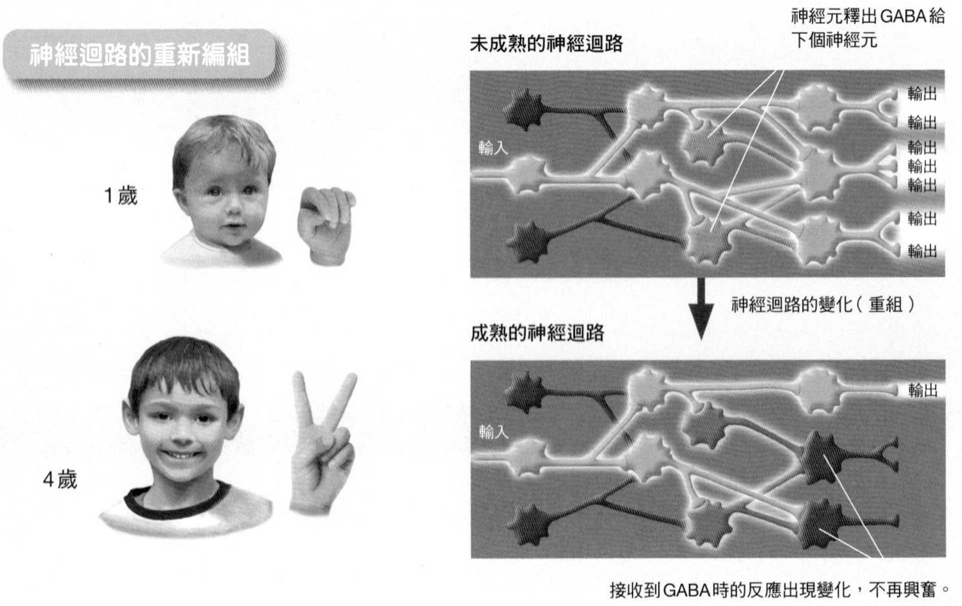

腦中未成熟的神經迴路（上）轉變為成熟狀態（下）的示意圖。舉例來說，嬰幼兒的手指並不靈活，因為驅動手指的神經迴路並不成熟，一同產生反應的神經元太多了。隨著成長，神經網路會重新編組（只留下必要的神經網路），不再出現過度反應的情況，就能使手做出細緻動作。

「協助」神經迴路重組的兩種變化

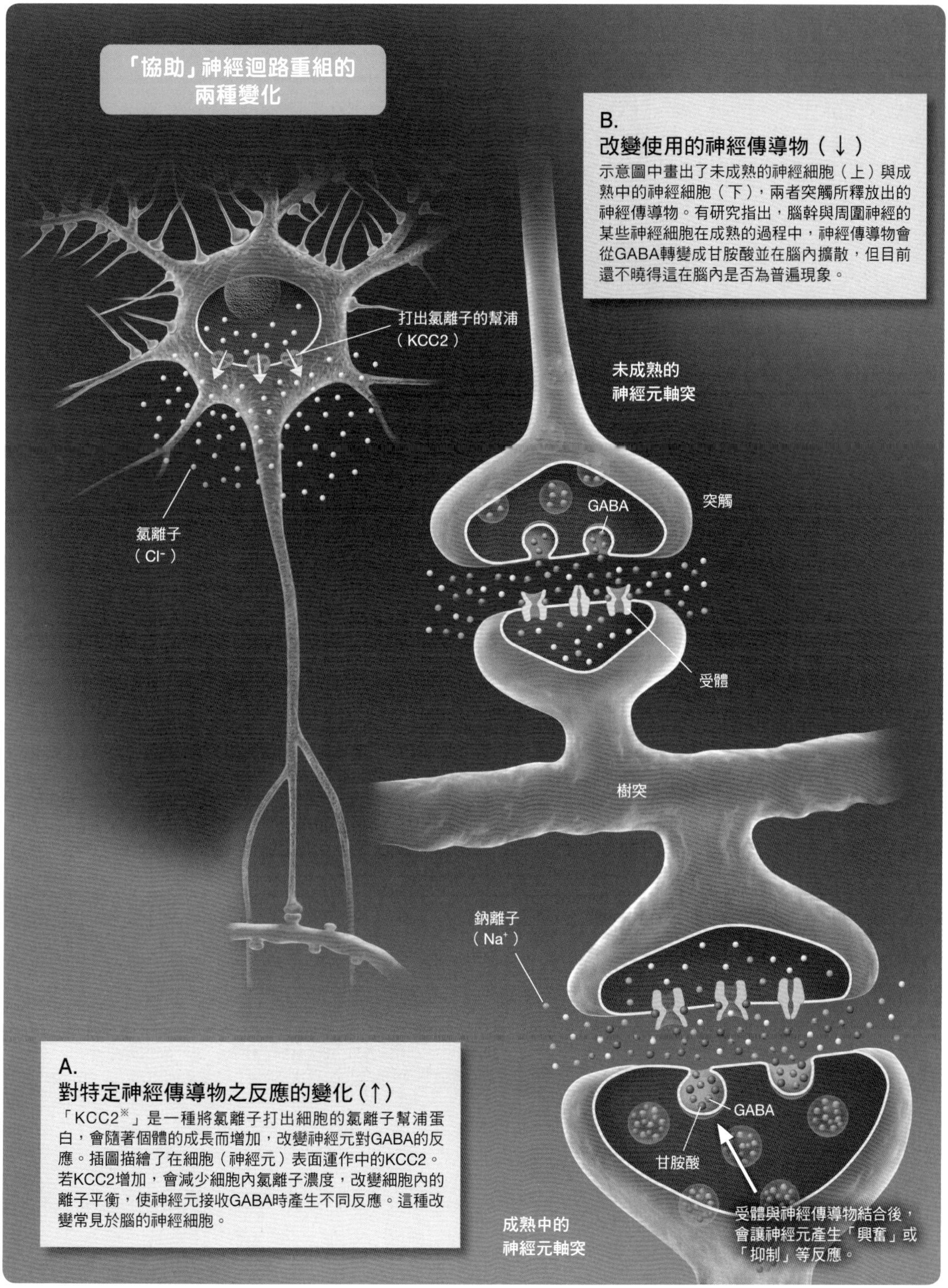

B.
改變使用的神經傳導物（↓）

示意圖中畫出了未成熟的神經細胞（上）與成熟中的神經細胞（下），兩者突觸所釋放出的神經傳導物。有研究指出，腦幹與周圍神經的某些神經細胞在成熟的過程中，神經傳導物會從GABA轉變成甘胺酸並在腦內擴散，但目前還不曉得這在腦內是否為普遍現象。

A.
對特定神經傳導物之反應的變化（↑）

「KCC2※」是一種將氯離子打出細胞的氯離子幫浦蛋白，會隨著個體的成長而增加，改變神經元對GABA的反應。插圖描繪了在細胞（神經元）表面運作中的KCC2。若KCC2增加，會減少細胞內氯離子濃度，改變細胞內的離子平衡，使神經元接收GABA時產生不同反應。這種改變常見於腦的神經細胞。

※編註：氯化鉀共同轉運蛋白2（potassium chloride cotransporter 2）簡稱KCC2。

電腦和人腦哪裡不一樣？

和他人對話的時候，我們需理解對話內容、說出言語、驅動肌肉以讓手指做出動作等。此時體內的心臟、腸胃仍然在作用，也同時在調節體溫。也就是說，腦在同時一次處理相當龐大的資訊。

在處理資訊這點上，腦與電腦也有相同之處，這裡就以「記憶蘋果的形狀」為例說明。

電腦會用數位相機等輸入裝置拍攝蘋果，再

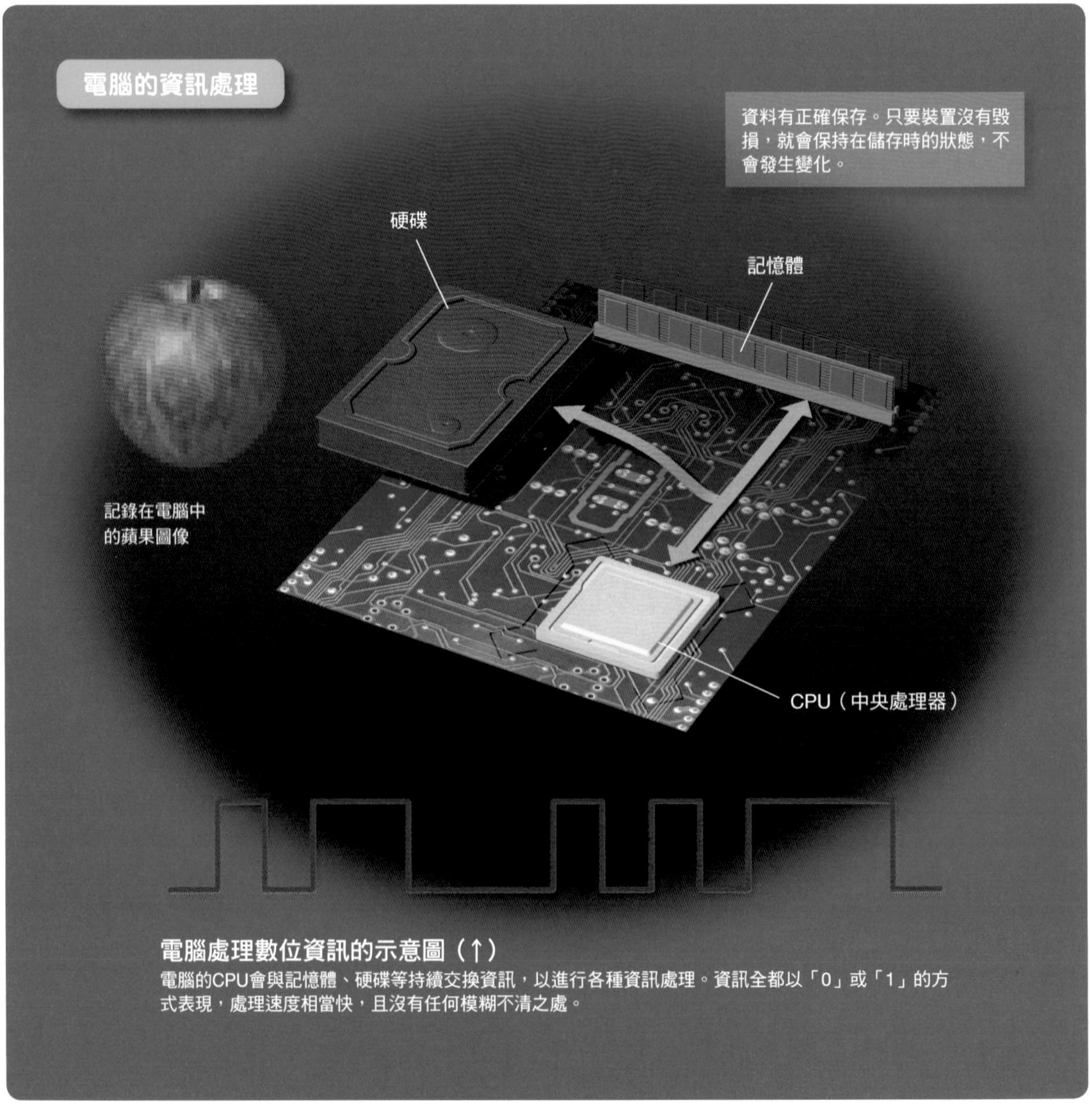
電腦的資訊處理
資料有正確保存。只要裝置沒有毀損，就會保持在儲存時的狀態，不會發生變化。
硬碟
記憶體
記錄在電腦中的蘋果圖像
CPU（中央處理器）

電腦處理數位資訊的示意圖（↑）
電腦的CPU會與記憶體、硬碟等持續交換資訊，以進行各種資訊處理。資訊全都以「0」或「1」的方式表現，處理速度相當快，且沒有任何模糊不清之處。

將其表示成多個像素（點）的集合體，並將這些資訊轉換成0與1的數字，用「中央處理器」（CPU）進行演算處理。由於CPU並沒有記錄的功能，故會使用「暫存記憶體」（RAM＝工作桌）暫時儲存處理中的資料。處理完成的資料，最後儲存在「硬碟」（＝資料庫或檔案室）中。

以腦（人類）的情況來說，眼睛這個感覺器官捕捉到影像後，會將其轉換成電訊號傳到腦。接著在大腦視覺皮質等特定區域之神經元的作用下，將影像識別為蘋果，然後在海馬迴的幫助下，記憶在大腦皮質內。

由此可以看出，電腦與腦的運作方式有明顯的相似性。不過腦有類比※處理上的特徵，也有創造的能力。

※編註：類比是透過比較不同的事物，揭示之間的相似點，並將已知事物的特點，推衍到未知事物中。

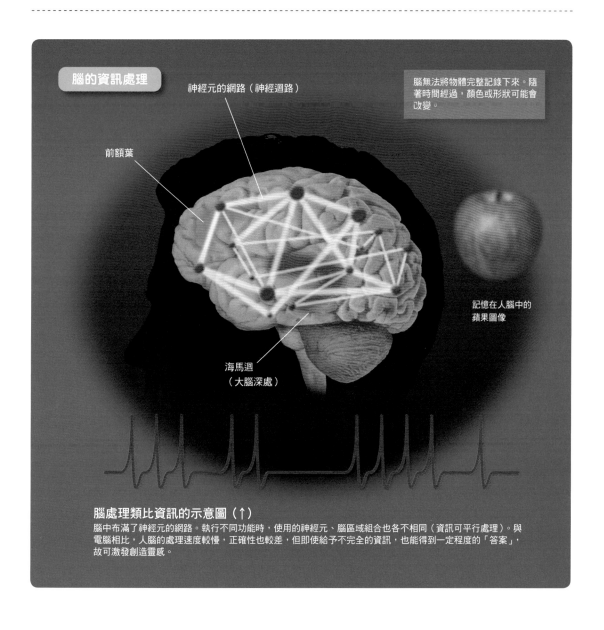

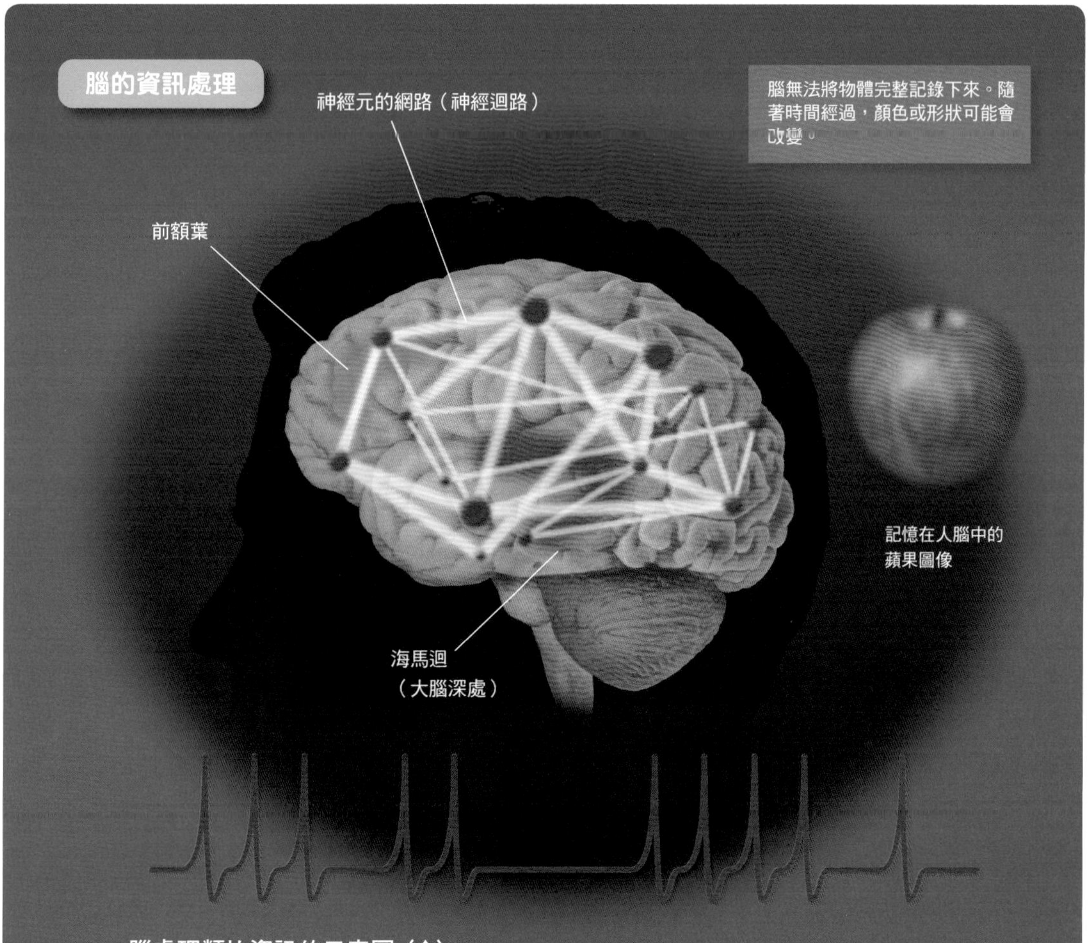

腦處理類比資訊的示意圖（↑）

腦中布滿了神經元的網路。執行不同功能時，使用的神經元、腦區域組合也各不相同（資訊可平行處理）。與電腦相比，人腦的處理速度較慢，正確性也較差，但即使給予不完全的資訊，也能得到一定程度的「答案」，故可激發創造靈感。

協助人類思考與行動的「工作記憶」

購物前，我們會先確定整個購物流程，將路程順序、出門時間、要買的商品這些資訊記在腦中。當行動結束後，這些記憶通常會迅速消失。

這種腦機制稱作「工作記憶」(working memory)，與位於大腦額葉最前端，做為高級腦功能中樞的前額葉（prefrontal lobe）※有關（參考第20頁）。前額葉能讓我們把注意力放在特定資訊上（將這些資訊暫時保存於腦中），作業結束後再重置，可以說是一個「工作桌」。

在現實生活中，需要一邊記憶一邊做事的時候，就會用到工作記憶。譬如在讀書的時候，要暫時保存閱讀內容，同時理解這些內容的意義。

當同時進行的作業量超出了一個人的工作記憶容量，作業速度就會變慢，有可能會做錯，或是忘記事情。

※：人類的前額葉特別發達，包含了由「原始腦」（爬蟲腦）演化而來的「新皮質腦」（新哺乳動物腦）。

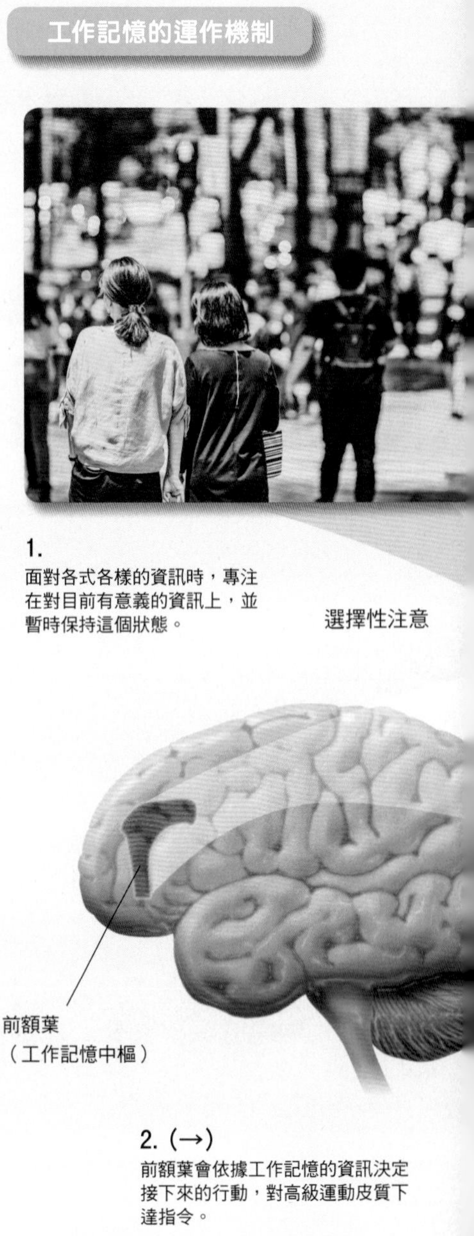
工作記憶的運作機制
1.
面對各式各樣的資訊時，專注在對目前有意義的資訊上，並暫時保持這個狀態。
選擇性注意
前額葉
（工作記憶中樞）
2. (→)
前額葉會依據工作記憶的資訊決定接下來的行動，對高級運動皮質下達指令。

專欄 COLUMN 初級腦功能與高級腦功能

大腦皮質中的感覺皮質（譬如視覺皮質等）或運動皮質等「初級皮質」，可以處理從感覺器官傳來的資訊，再將命令經由脊髓傳送至身體各處（初級功能）。初級皮質以外的區域稱作「聯合區」，由許多神經元彼此結合成網路，可進行思考、判斷、行動、語言等較複雜的功能（高級腦功能）。

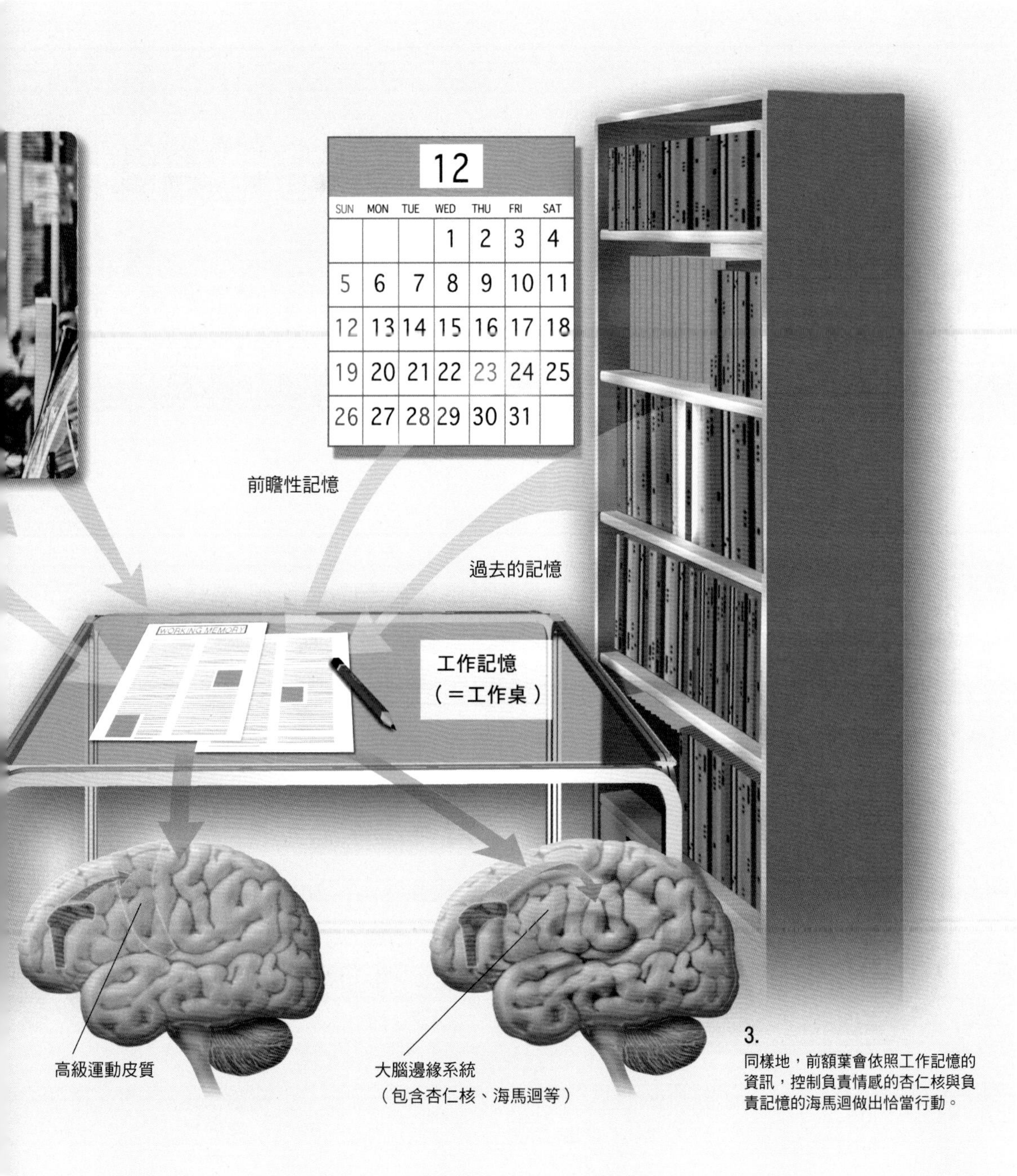
12
SUN MON TUE WED THU FRI SAT
1 2 3 4
5 6 7 8 9 10 11
12 13 14 15 16 17 18
19 20 21 22 23 24 25
26 27 28 29 30 31
前瞻性記憶
過去的記憶
WORKING MEMORY
工作記憶
（＝工作桌）
高級運動皮質
大腦邊緣系統
（包含杏仁核、海馬迴等）

3.
同樣地，前額葉會依照工作記憶的資訊，控制負責情感的杏仁核與負責記憶的海馬迴做出恰當行動。

腦如何保存記憶

平常工作時閱讀到的資料與內容、路過公園時看到的風景，這些體驗到的事物會透過大腦深處（大腦邊緣系統）的「海馬迴」，加深在大腦皮質的記憶。

海馬迴的外型類似希臘神話中海神騎乘的馬身魚尾海馬（Hippocampus），故以此命名。與凹進腦內側的大腦皮質相連，並非獨立於大腦皮質的結構。

新的記憶與海馬迴的關係較密切。較久遠的記憶可以在不依靠海馬迴的情況下回想起來，並作為「久遠的記憶」長期保留在大腦皮質中。

記憶能以多種方法進行分類。譬如我們能依照內容，將記憶分成「情節記憶」（episodic memory）、「語意記憶」（semantic memory）、「程序性記憶」（procedural memory）等三大類別（參考右頁），其中情節記憶和語意記憶與海馬迴有關。程序性記憶則保存於比大腦邊緣系統更裡面的大腦基底核紋狀體（corpus striatum in basal ganglia，參考第13頁），或者是小腦。關於記憶的保存流程與保存的具體位置，至今仍有許多未知之處。

位於大腦邊緣系統的「海馬迴」

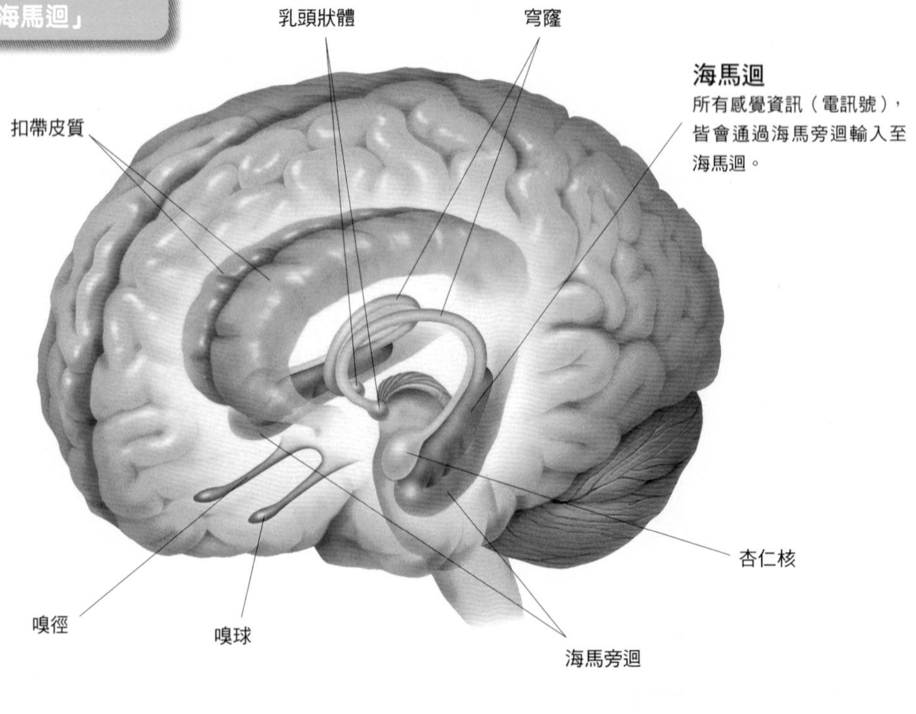

記憶的種類

情節記憶

放假露營時看到的風景、當時吃到的烤肉味道、對話內容等，基於個人經驗或經歷過的事件的記憶。

語意記憶

數學式或語言的意思，譬如「地球為藍色」這樣的資訊，也就是所謂的「知識」。

程序性記憶

樂器的演奏方式、腳踏車的騎乘方式、特定的運動技術、習慣，經訓練後累積起來的「身體記憶」等等。與情節記憶或語意記憶不同，是在無意識中記住的記憶，特徵是不容易忘記。

與情節記憶或語意記憶有關的「海馬迴」與「大腦皮質」

各種感覺器官接收到的味道或氣味等資訊，會匯集於大腦邊緣系統的「內嗅皮質」（entorhinal cortex），接著經由初級皮質（圖中綠色部分）傳送至海馬迴，由海馬迴整理、整合，保存於大腦皮質。若要回憶起一段時間內（一個月左右）的記憶，就必須透過海馬迴。至於長時間保存的記憶，則不需海馬迴也能回想起來。

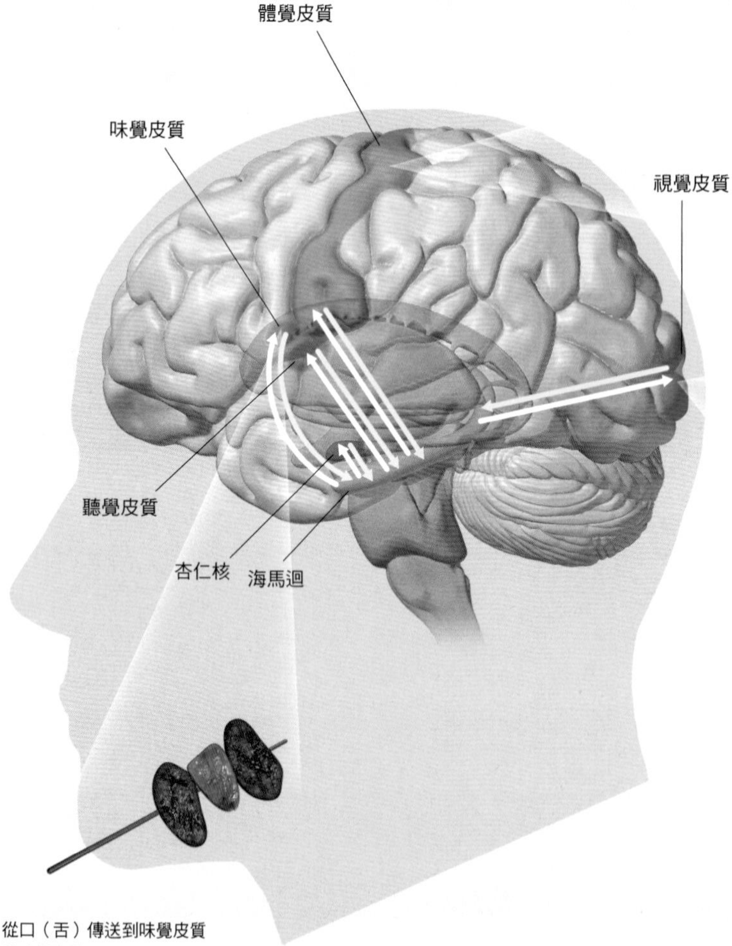

從口（舌）傳送到味覺皮質的味覺資訊

從皮膚傳來「灼熱」的資訊

從眼睛傳來「用烤肉網燒烤食物的畫面」

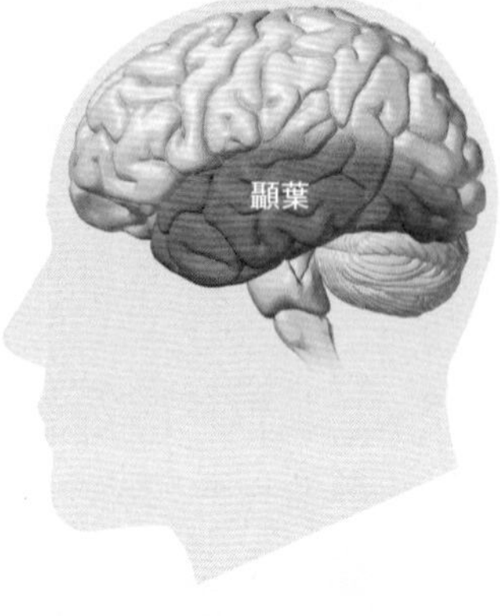

語意記憶保存於顳葉。

杏仁核與愉快、不愉快、恐怖等伴隨事件產生的情感有關。情感與感覺資訊經海馬迴處理後，會再回到杏仁核，此時會與儲存於大腦皮質的感覺記憶結合，在我們「回想」起這些記憶時，也會一併產生情感。

與程序性記憶有關的「紋狀體」與「小腦」

運動皮質會將運動身體之方式等資訊傳送至身體各部位，這些資訊的記憶則與大腦基底核的紋狀體、小腦有關。舉例來說，程序性記憶中與「習慣」有關的記憶，會由前額葉送出，保存於紋狀體。

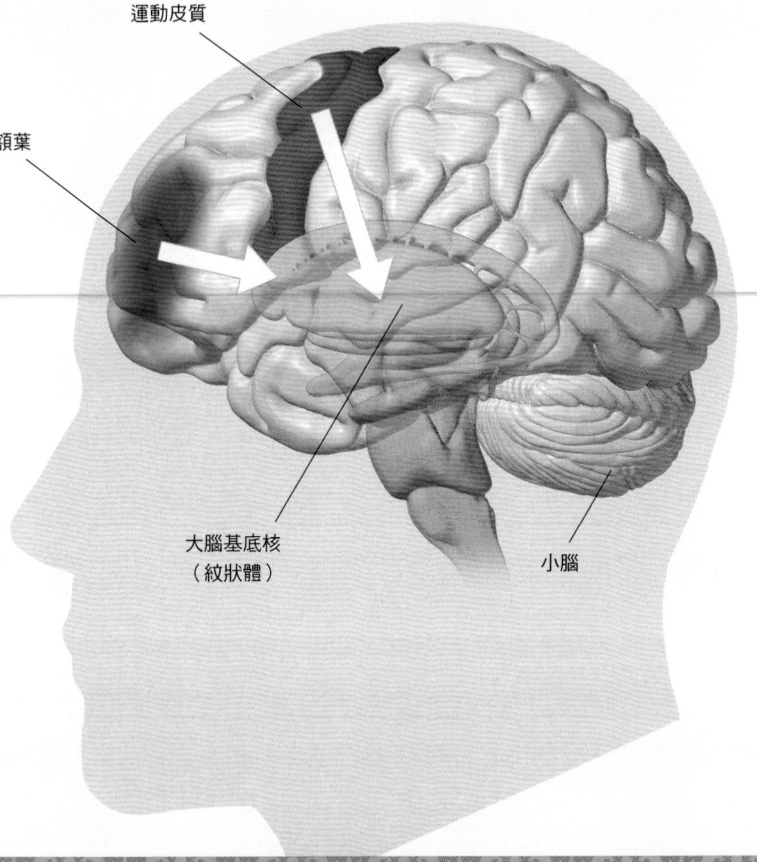

專欄 COLUMN 我們是在何時記住「香蕉為黃色」的呢？

美國麻省理工學院教授利根川進博士認為，語意記憶也可能由情節記憶形成。假設在你很小的時候，父母拿香蕉給你吃。當時你並不曉得這個黃色物體叫什麼名字，入口後覺得甜甜的很好吃。在這之後，又發生了好幾次一樣的事，於是你便從這些經驗中，挑出「香蕉為黃色」這個共通部分成為語意記憶，轉換為知識。

記憶的「本質」是腦的網路

我們的記憶並非儲存於大腦皮質的各個神經元內。而是在神經元的網路中，以「特定連接方式」保存記憶。

學例來說，學習或體驗新事物可刺激腦，使與學習及體驗有關之神經元突觸，在接收訊號處的「樹突棘」結構變大。這可以提升

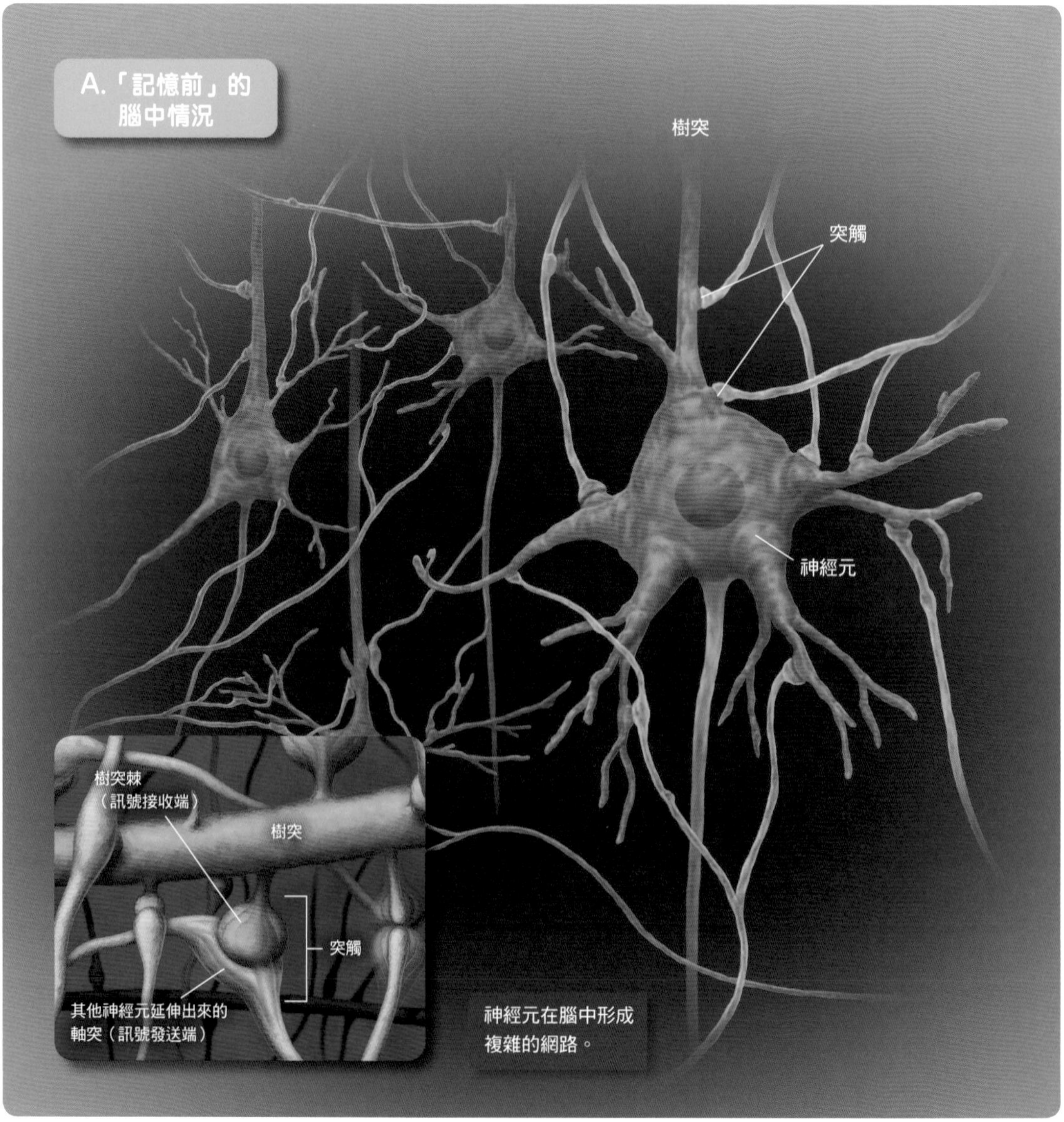

神經元在腦中形成複雜的網路。

突觸的訊號傳遞效率，強化特定神經元的連接，或者產生新的連接。換言之，連接本身就是「記憶」。

新的樹突棘較小，容易變動，很有可能馬上就會消失（＝越新的記憶越容易忘記）。相反地，接受過許多次刺激而變大的樹突棘，就不會因為小小的變動而消失（＝越久遠的記憶越難忘記）。小學時背下來的九九乘法表永生難忘，熬夜背下來的數學公式則會馬上忘光，就是這個原因。

除了前述刺激之外，樹突棘每天也會在其他原因下變動，進而誕生、消失。

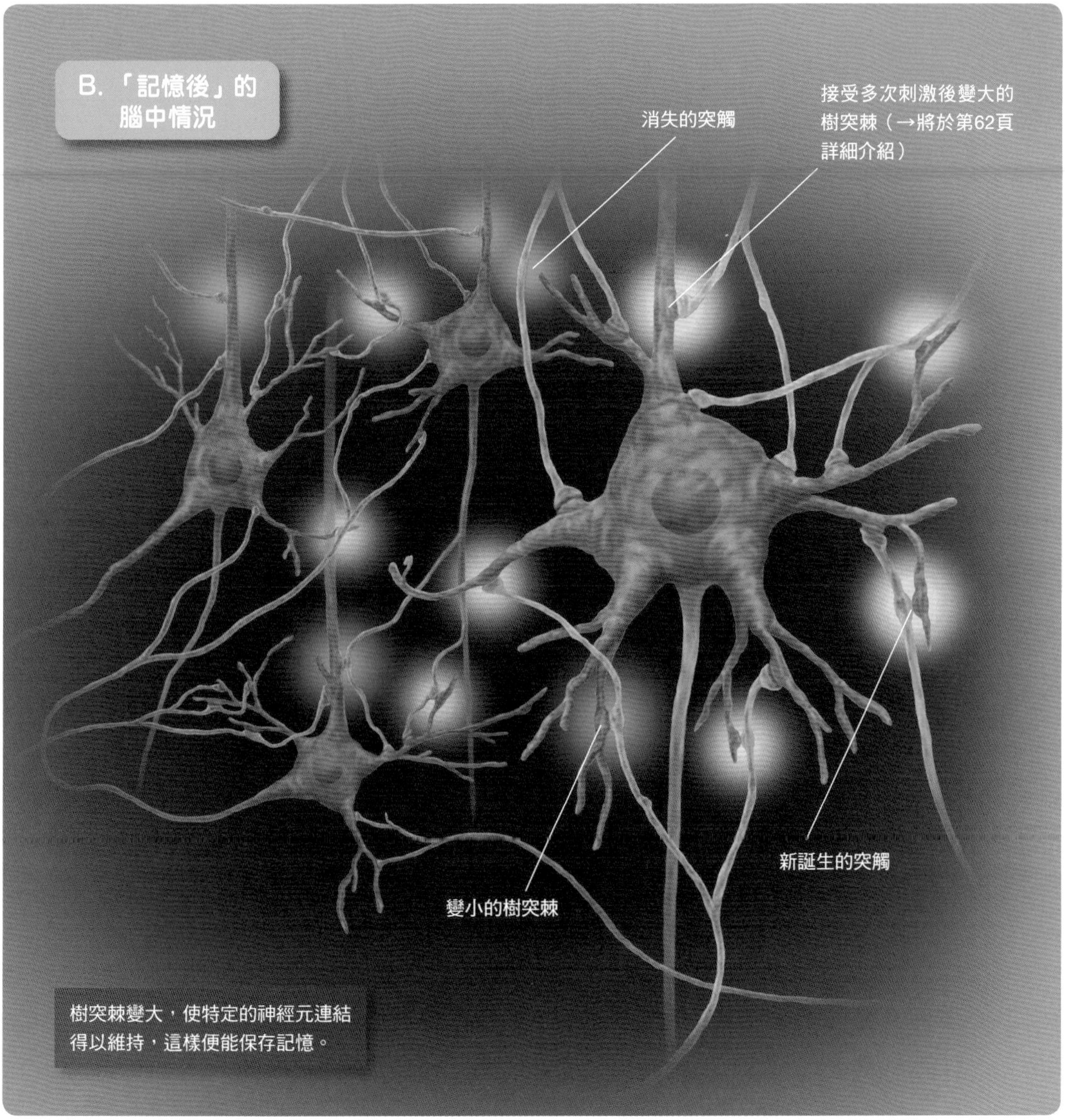

樹突棘變大，使特定的神經元連結得以維持，這樣便能保存記憶。

膨脹的「樹突棘」

神經元的樹突存在無數的樹突棘（**1**）。腦在學習過程中不斷受到重複的刺激，支撐樹突棘內側的「肌動蛋白」（actin）便會成長，使樹突棘膨脹（**2**）。數百種蛋白質聚集於樹突棘時，會產生厚厚一層結構（突觸後緻密）（**3**）。此時，突觸受體（參考第15頁）數量增加，使更多電訊號流入。這種狀態稱作「長效增益」（long-term potentiation，LTP），可維持數小時。LTP可強化特定神經元的連接，並產生新的連接。這些連接本身就是所謂的「記憶」。

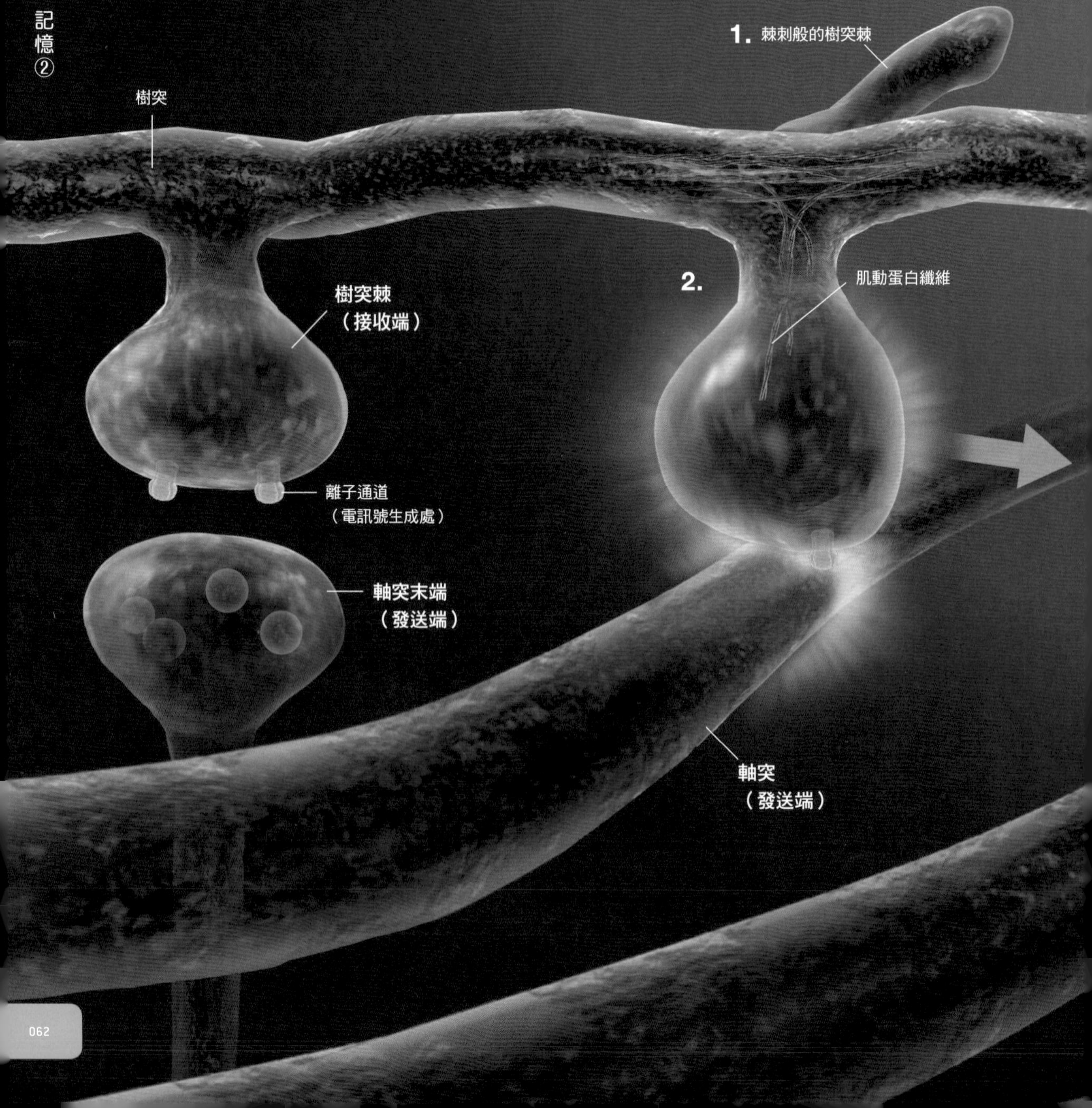

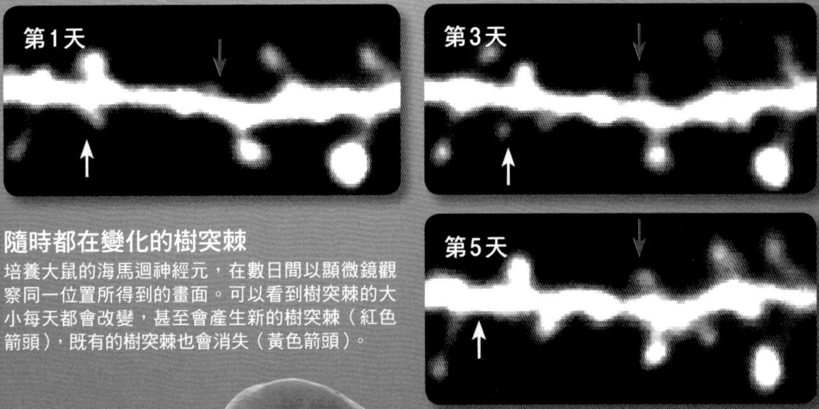

隨時都在變化的樹突棘

培養大鼠的海馬迴神經元，在數日間以顯微鏡觀察同一位置所得到的畫面。可以看到樹突棘的大小每天都會改變，甚至會產生新的樹突棘（紅色箭頭），既有的樹突棘也會消失（黃色箭頭）。

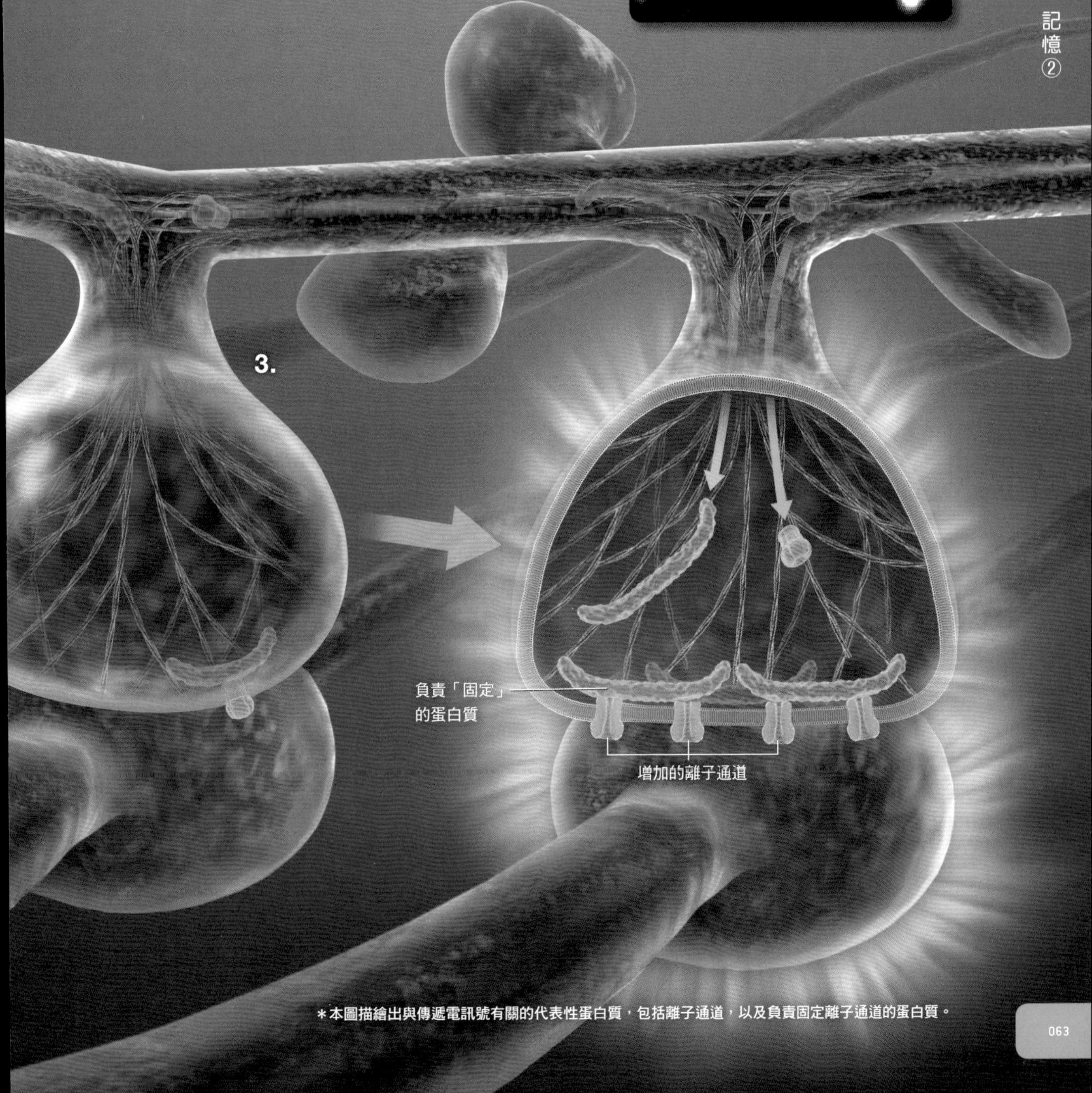

＊本圖描繪出與傳遞電訊號有關的代表性蛋白質，包括離子通道，以及負責固定離子通道的蛋白質。

曖昧不明且容易出錯的記憶

美國心理學家洛夫圖斯（Elizabeth Loftus，1944～）博士1978年進行了與記憶有關的實驗。研究人員給受試者（195名華盛頓大學的學生）看了說明交通事故的投影片後，詢問他們與投影片內容有關的問題，是個很簡單的實驗。結果顯示，如果問題中包含與投影片內容矛盾的資訊，受試者的記憶就會被影響（記憶出現錯誤）。

這表示，基於記憶的「目擊者證詞」並沒有一般人想像中的那麼正確。事實上，美國有300個案件因為後來的DNA鑑定，證實當時受到誤判（應為無罪卻被判為有罪），其中至少有75%的案件是以「有違事實的目擊者證詞」作為根據而做出的誤判。

另外，洛夫圖斯也指出，看過事物後所留下的記憶，也可能會被偽造的事後資訊「覆蓋過去」。近年來的主流意見則認為，腦中會同時保存當事人看到的資訊，以及事後獲得的資訊，並於回想時混淆在一起。

專欄 COLUMN 臉的記憶也會改變

我們對臉的記憶，也會在轉化為語言的過程產生變化。1990年美國的一個實驗中，受試者觀看一部有強盜出場的影片，接著研究人員要求受試者回想強盜的特徵，並用言語列舉出來，再從8張人臉照片中指認強盜。正確識別出強盜的人僅有38%，比「未以言語列舉出特徵」的組別（64%）還要低。言語化之後，會讓人特別關注對象的特徵，但在識別人臉時，卻會以臉部整體為主要的判斷依據。這種不一致的地方，容易造成記憶出錯。

洛夫圖斯博士的實驗

1.
受試者會先觀看說明交通事故的30張投影片，每張投影片看3秒（如下圖般的投影片）。此時，約有一半的投影片中有「停止標誌」，另一半的投影片中則有「慢行標誌」

「1與2的標誌不同」組別的答對率為41%（100名中有41名答對）

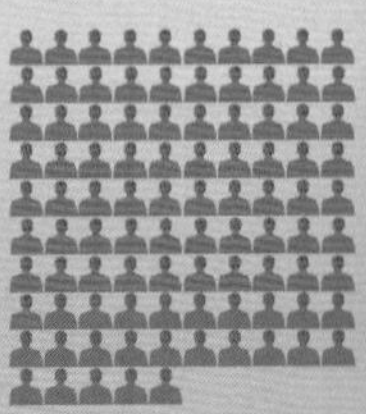

「1與2的標誌相同」組別的答對率為75%（95名中有71名答對）

2.

研究人員對受試者提出20個與投影片內容有關的問題。其中一個問題，約有一半的受試者拿到的問題內容有誤（如下圖，問題中提到的慢行標誌與投影片中的停止標誌不一致），另一半受試者拿到的問題則確實提到停止標誌。

3.

20分鐘後，受試者需再回答15個問題，其中一題為「剛才的投影片中，你看到的是停止標誌還是慢行標誌?」結果「1與2的標誌相同的組別」答對率為75%，而「1與2的標誌不同的組別」答對率僅為41%。這種會因為事後資訊使記憶出現變化的現象，稱作「事後資訊效應」(post-event information effect)。

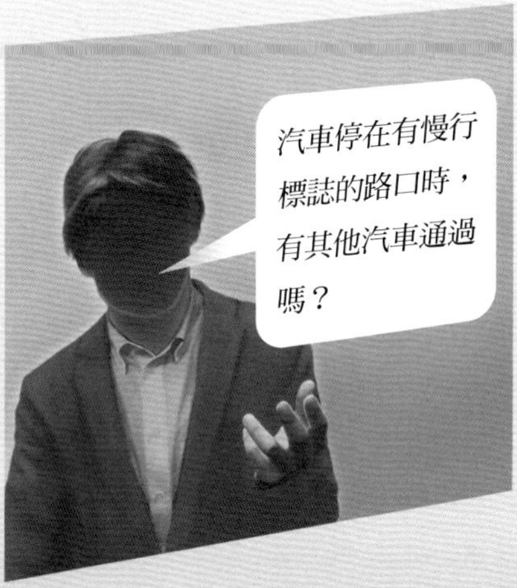

20分鐘後

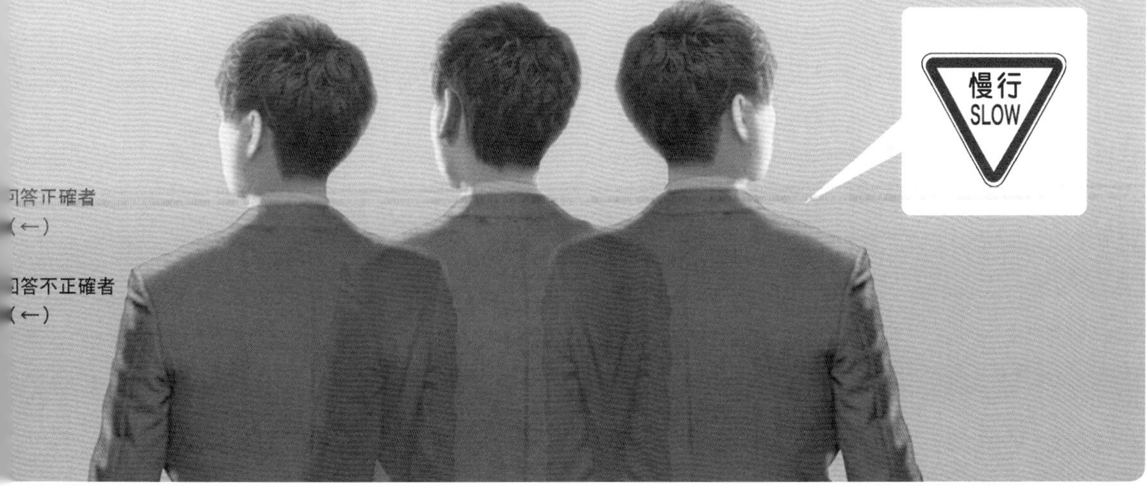

鮮明的記憶也會出錯

若碰上自然災害、重大事件，不只會對事件本身留下深刻印象，也會清楚記得當時自己身處何處、與誰在一起等等。即使過了很長一段時間，記憶仍相當鮮明。這種現象就像相機的閃光燈一樣，故稱作「閃光燈記憶」（flashbulb memory）。

然而，雖然記憶相當鮮明，卻不能保證該記憶正確無誤。在我們回憶時，會將腦中儲存的片段狀資訊重新組合，這個過程稱作「現實監控」（reality monitoring）。

腦在記憶眼前發生的事件時，幾乎不會把注意力放在「何時、在哪裡」等資訊上。然而在刻意回想（重新建構）的時候，卻容易摻入錯誤資訊而發生「來源監控錯誤」（source monitoring error）。所謂的來源監控錯誤，包括不符事實的內容「摻入」了記憶中，或是將腦中的想像誤以為是實際發生過的事※等例子。

※：也叫作「現實監控」。雖然是錯誤的記憶，但因為腦無法判斷，故會認為這些記憶是事實。

來源監控錯誤（→）

右示意圖以2001年9月11日的美國恐怖攻擊事件為例，說明來源監控錯誤。當事人實際上可能在「會議中」、「打白色領帶」，但在來源監控錯誤的影響下，可能會認為自己「正在處理文件」、「打褐色領帶」。當事人會覺得這些記憶相當鮮明，很難注意到錯誤之處。就這樣，我們腦中會自行創造出與事實不符的記憶。

偽造記憶（於另一天處理文件）

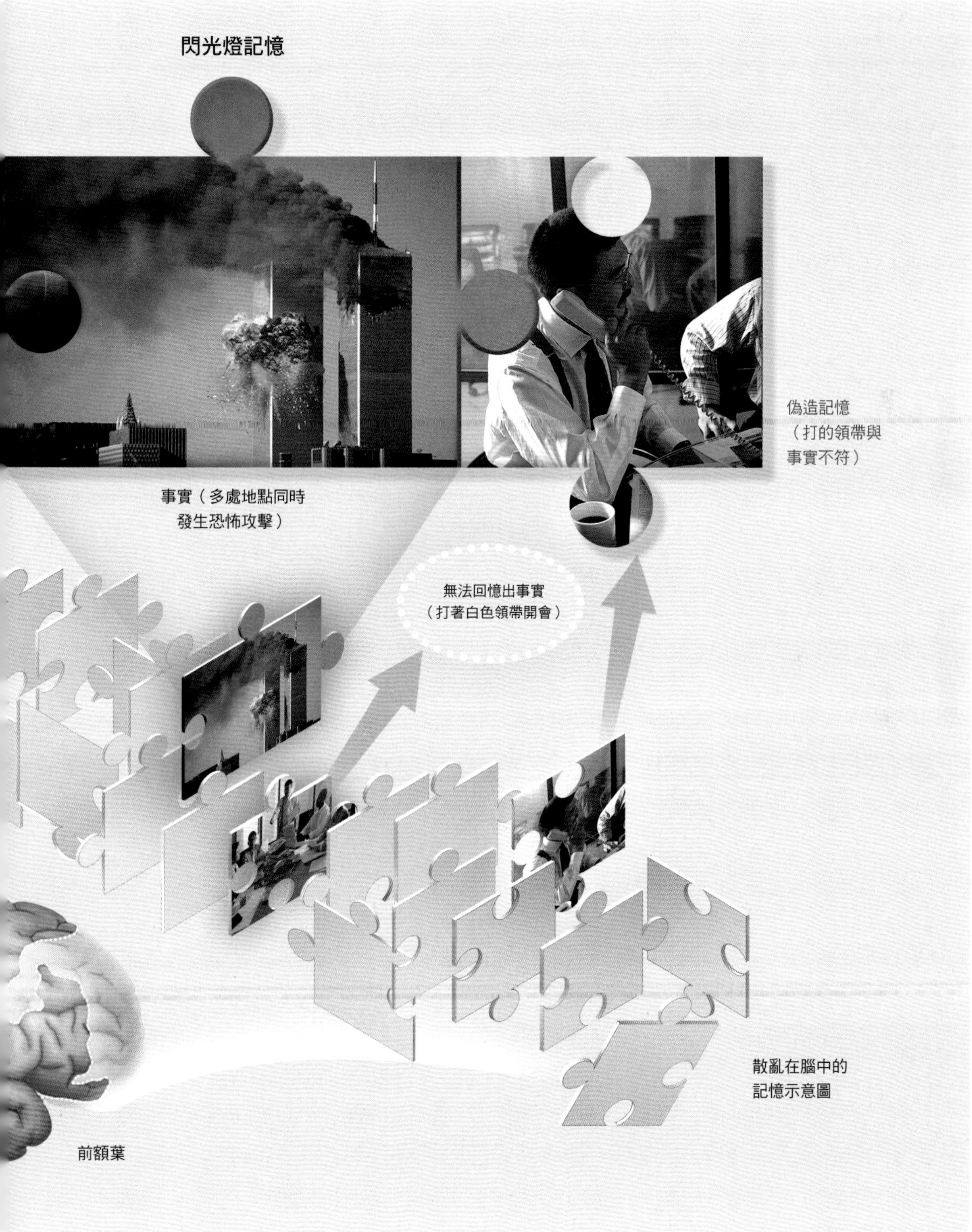
閃光燈記憶
偽造記憶
（打的領帶與
事實不符）
事實（多處地點同時
發生恐怖攻擊）
無法回憶出事實
（打著白色領帶開會）
散亂在腦中的
記憶示意圖
前額葉

伴隨著強烈情感的事件，記憶能力較差

與家人或朋友聊到回憶時，經常會發現彼此記得的地點或人物有不一致的地方。在情感強烈的狀態下，記憶力（記憶效率）會跟著變差。也就是說，愉快的旅行或是讓人沮喪的失敗，常會讓人想不起細節。另外，回憶起這些事件時，容易發生前節介紹的「來源監控錯誤」。

同樣是「情感」，如果突然碰上強盜之類的事件，則會產生「凶器聚焦效應」（weapon focus effect）。發生這種效應時，我們會把注意力放在凶器上，卻難以辨識、回憶起犯人的臉、服裝等背景資訊。

有人認為之所以有凶器聚焦效應，是因為驚嚇或恐懼使視覺注意範圍縮小。另外，也有人認為是因為狀況與平時不同，所以視覺上的注意力才會被凶器吸引過去。

與情感記憶密切相關的「杏仁核」

插圖為包含海馬迴的「記憶相關神經迴路」與包含杏仁核的「情感相關神經迴路」。杏仁核經常在伴隨著愉快、驚嚇、恐懼等強烈情感的記憶中，扮演著重要角色。

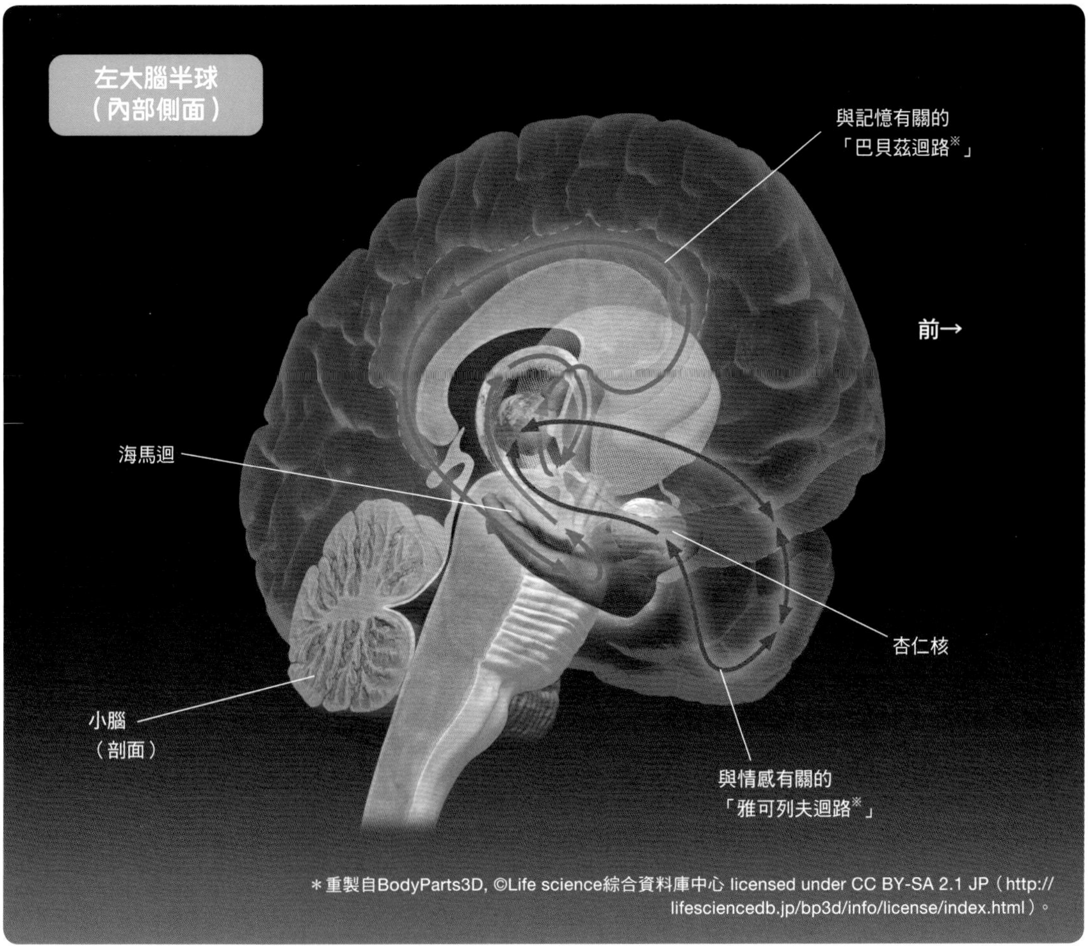

＊重製自BodyParts3D, ©Life science綜合資料庫中心 licensed under CC BY-SA 2.1 JP（http://lifesciencedb.jp/bp3d/info/license/index.html）。

專欄 COLUMN 壓力有助於工作表現嗎？

在適當壓力或緊張感下，可以提升工作表現（工作效率）。不過，在過強（或過弱）的壓力或緊張感之下，工作表現則會降低。這種工作表現與壓力之間的關係，稱作「耶克斯-道森法則」（Yerkes-Dodson law）。

舉例來說，在考試之前，與其勉強自己去做「背完所有英文單字」這種超出自己能力的事，不如把目標改成「將一半的單字完整記憶下來」，效果會更好。

※編註：巴貝茲迴路（Papez circuit）負責短期的記憶。
※編註：雅可夫列夫迴路（Yakovlev circuit）連接眶額皮質、顳葉、杏仁核和丘腦區域之間的神經元。

為什麼記憶會出錯？

美國哈佛大學心理學家沙克特（Daniel Schacter，1952～）在他的著作《記憶七罪》（*The Seven Sins of Memory*）中提到了七種記憶錯誤，包括①健忘（單純忘記或因病而忘記）、②失神（沒有記住該記住的事）、③空白（想不起名字等）、④錯認（因既視感※等原因）、⑤暗示（譬如出生時的記憶等）、⑥偏頗（進而產生偏見）、⑦糾纏（也就是所謂的心理創傷）。這些「不正常」的記憶隨時會發生，想必您應該也能認同才對。

為什麼記憶會那麼「不完全」呢？包括眼睛在內的各種感覺器官，會一直輸入大量資訊到腦中。但我們意識到的資訊，只有其中的一小部分。如果要將接收到的所有資訊都記憶下來，腦容量很快就會爆滿。

「忘記」這件事也一直在進行中。1880年左右，德國心理學家艾賓豪斯（Hermann Ebbinghaus，1850～1909）進行了定量實驗，試著評估記憶的有效期限。結果發現，20分鐘後有四成記憶消失；1天後則有七成記憶消失※。

將痛苦的記憶轉為快樂的記憶

記憶的善變不一定是缺點。舉例來說，在一項日本的研究中，研究人員要46名受測的大學生盡可能地說出準備大學入學考試時「愉快的記憶」。一週或一個月後，研究人員要這些大學生說出準備考試時期的「真正記憶」，發現受測者使用的正面單詞變多了。

不管準備考試時的情感有多負面，人們在回憶時也會忘記一些痛苦的部分。那麼在談到工作或其他訓練時，也可能會修正自己的回憶。

※：事實上，隨著需記憶之內容的不同，忘記的速度也不一樣。

※編註：既視感（Déjà vu）又稱為幻覺記憶，是指首次見到某場景，卻瞬間感覺之前好像曾經歷過。

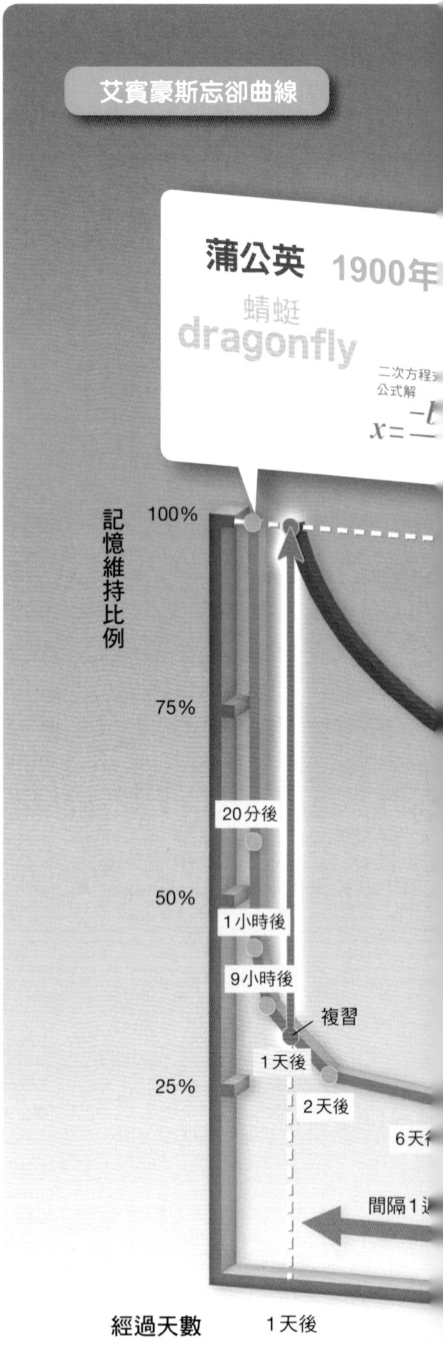

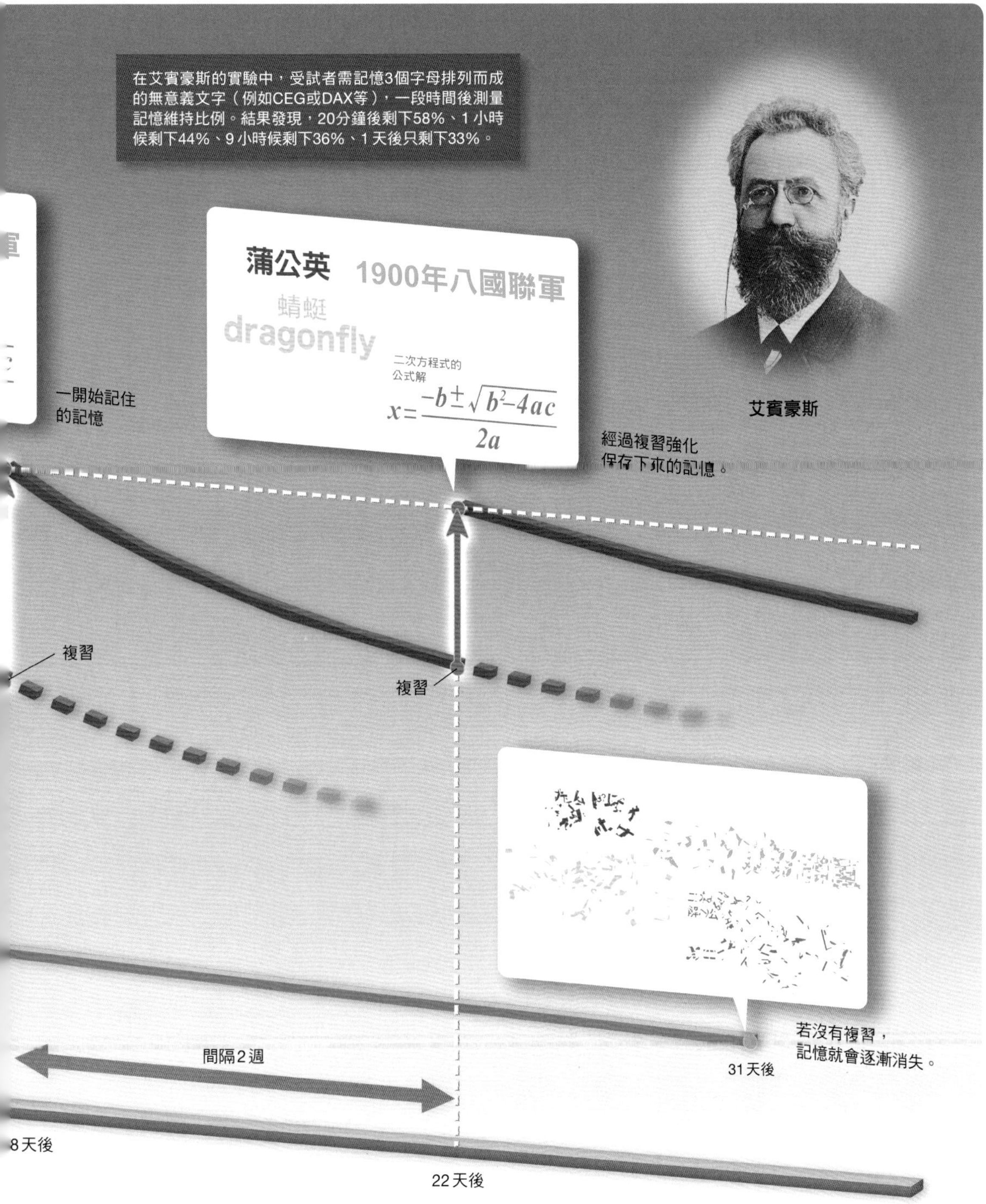
在艾賓豪斯的實驗中，受試者需記憶3個字母排列而成的無意義文字（例如CEG或DAX等），一段時間後測量記憶維持比例。結果發現，20分鐘後剩下58%、1 小時候剩下44%、9 小時候剩下36%、1 天後只剩下33%。
艾賓豪斯
蒲公英
1900年八國聯軍
蜻蜓
dragonfly
二次方程式的
公式解
$x=\frac{-b\pm\sqrt{b^2-4ac}}{2a}$
一開始記住
的記憶
經過複習強化
保存下來的記憶。
複習
複習
若沒有複習，
記憶就會逐漸消失。
間隔2週
8天後
22天後
31天後

＊圖為參考池谷裕二《考試腦的養成方法》製成。

有效率的「記憶方法」

聽到「咖哩」，你會想到什麼呢？有些人應該會想到紅蘿蔔、馬鈴薯等材料或是香料的香氣，也有些人會想到小時候與家人吃咖哩的情景，或是不久前與朋友去露營的回憶。

由此可見，一個記憶會以視覺或嗅覺等感覺資訊為起點，並與當時的狀況、情感等各種要素，構成了複雜的關係。同時，這些要素也是回想起記憶時的「線索」。

舉例來說，為了準備考試而讀書時，發出聲音朗讀參考書內容，會比安靜地閱讀更能記住。這是因為嘴巴運動的方式、呼吸方式等等，都會成為記憶的線索。

另外，課堂上也會教授不少口訣，例如用「餓的話每日熬一鷹」來記住八國聯軍「俄德法美日奧義英」，用「請你讓家茹設法」來記住元素週期表中的A族元素「氫鋰鈉鉀銣銫鍅」。這種「口訣」記憶法，就是讓口訣的節奏、內容給人的印象、創作口訣的經驗等，成為回想這些口訣內容的線索。

記憶電話號碼或銀行帳號時，多數人不會把號碼一個個背下來，而是分成多段數字分別記住。這種方法稱作「組塊化」(chunking)。背誦英文單字時也一樣，有些英文單字在組塊化（切成數段）後，就能輕鬆背下來。

譬如「dislike」(不喜歡）這個單字，可以切成代表「相反」的「dis」前綴詞，以及代表「喜歡」的「like」。有「dis」這個前綴詞的單字還包括「disagree」(不贊成）與「disappoint」(使失望）等。在學英文時，把這些前綴詞相同的單字一起記下來，會比一個個分開記憶還要有效率許多。

客觀檢視自身記憶的「後設記憶」

假設現在眼前有個英文單字，但並不曉得這個單字的意思。此時我們會思考這究竟是「第一次看到的單字」，或「只是想不起意思而已」。這種能讓我們客觀判斷記憶的記憶，稱作「後設記憶」(metamemory)，「meta-」是「更高等級的意思」。

依照過去的經驗，思考怎麼做更能有效記憶事

物，或者怎麼做較不容易忘記事物（譬如做筆記）的能力，也是後設記憶的一種。後設記憶在不同人之間存在著差異，某種程度上是天生的能力。然而透過寫日記、記錄在手冊上，或者監視（確認）思考方式的偏好等等，也能強化後設記憶。

(↑) 場所法

除了口訣化或組塊化之外，還有很多種記憶方式。將自己已擁有的記憶，與新的、想記憶的資訊組合在一起，成為回想時的線索，稱作「場所法」(method of loci)。插圖是將商店街的建築物與日本將軍的名字結合在一起的示意圖※1。不同人使用場所法的方式也有很大的差異。

(←) 回想時的線索

與單色數字相比，彩色數字比較容易記住。這是因為有「2是黃色，位於上排的兩端」、「最後的0是淡粉色」之類的視覺印象，可以成為回想起數字時的線索。

另外，就像榻榻米會讓日本人回想起祖母的家一樣，氣味也常是回想時的重要線索，心理學上稱之為「普魯斯特效應」(Proust effect)※2。

※編註1：家康商店街上依序排列代表第二～五代德川幕府將軍的建物：秀忠派出所（推行武家諸法度，規範武士的法律，維護治安）、家光民宿（推行參勤交代，各藩的領主須至江戶住一段時間，替幕府將軍執行政務）、家綱小兒科（天生自幼身體虛弱）、綱吉寵物店（頒布動物保護法）。

※編註2：法國意識流作家普魯斯特（Marcel Proust）的名著《追憶似水年華》中，詳細描述瑪德蓮蛋糕泡在茶中的味道使他憶起童年，因而努力想找回失去的時光，成為寫作的催化劑。

職業將棋選手會透過直覺決定下一步

職業將棋棋士等專家，會用「直覺」決定下一步要怎麼走。直覺是無意識下的思考結果（決策），與平常說的比較偏感覺的「第六感」有些不同。

實驗中觀察到的職業棋士腦內運作

日本理化學研究所於2007年起的數年內，持續進行「將棋思考過程研究計畫」（將棋計畫），想知道將棋棋士的腦如何產生直覺。這項計畫中的一個實驗，探討的是「盤面知覺問題」。

在這個實驗中，研究人員用fMRI方法，觀察職業棋士與兩組業餘棋士共三個組別※1，在觀看各種圖像時的腦內活動。結果發現，職業棋士組在看到可能出現在實際對局中的將棋盤面時，「楔前葉」（precuneus）區域會大幅活躍。楔前葉位於大腦頂葉後方內側區域，負責視覺、空間感覺，在回憶個人經驗時也扮演著重要角色。

而在「直覺性思考問題」的實驗中，研究人員先讓職業棋士與高段位業餘棋士這兩個組別的棋士看一秒將棋盤面，再請他們於2秒內從四個選項中選擇下一步棋。結果只有職業棋士的大腦皮質多個區域，以及與決策有關的大腦基底核「尾狀核」（尾狀核頭，caput nuclei caudati）區域出現活躍情況。

也就是說，職業棋士腦中會用楔前葉理解當下盤面情況，同時牽動尾狀核的活動※2，以決定下一步要怎麼走。

※1：職業棋士組、高段位業餘棋士組、中段位業餘棋士組。

※2：由這兩個實驗的訊號變化相關計算可以知道，楔前葉的活動會牽動尾狀核的活動。

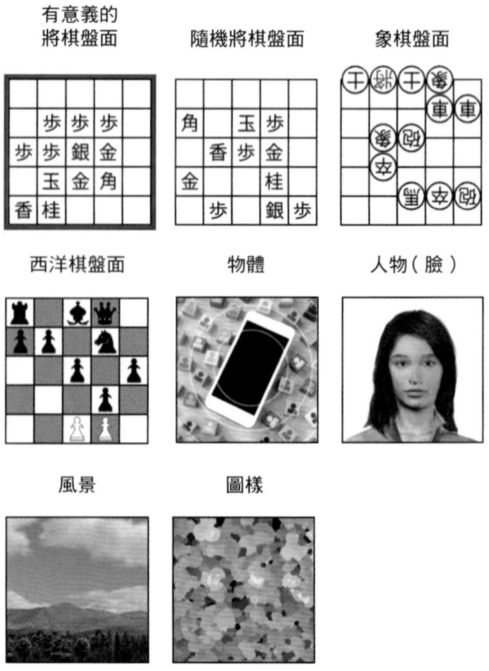

探討「盤面知覺問題」時，研究人員會讓受試者進入fMRI裝置內觀看各種圖像。這些圖像中，除了可能出現在實際對局中的將棋盤面外，也會出現棋子隨機擺放的盤面、西洋棋等其他棋盤遊戲的盤面、人物或建築物等與將棋完全無關的圖片（參見右圖）

職業棋士腦中的思考途徑

職業將棋棋士於對局中，決定下一步棋時的思考途徑示意圖。棋士以眼睛看到的盤面圖像資訊，會先傳送到初級視覺皮質，接著傳送至楔前葉以理解、掌握盤面狀況。接著，尾狀核會匯集原本儲存於頂葉、顳葉，由棋士過去累積經驗與知識所產生的記憶，條件反射出「如果是這個盤面，下一步棋應該要下在哪裡」，再做出最後的判斷。

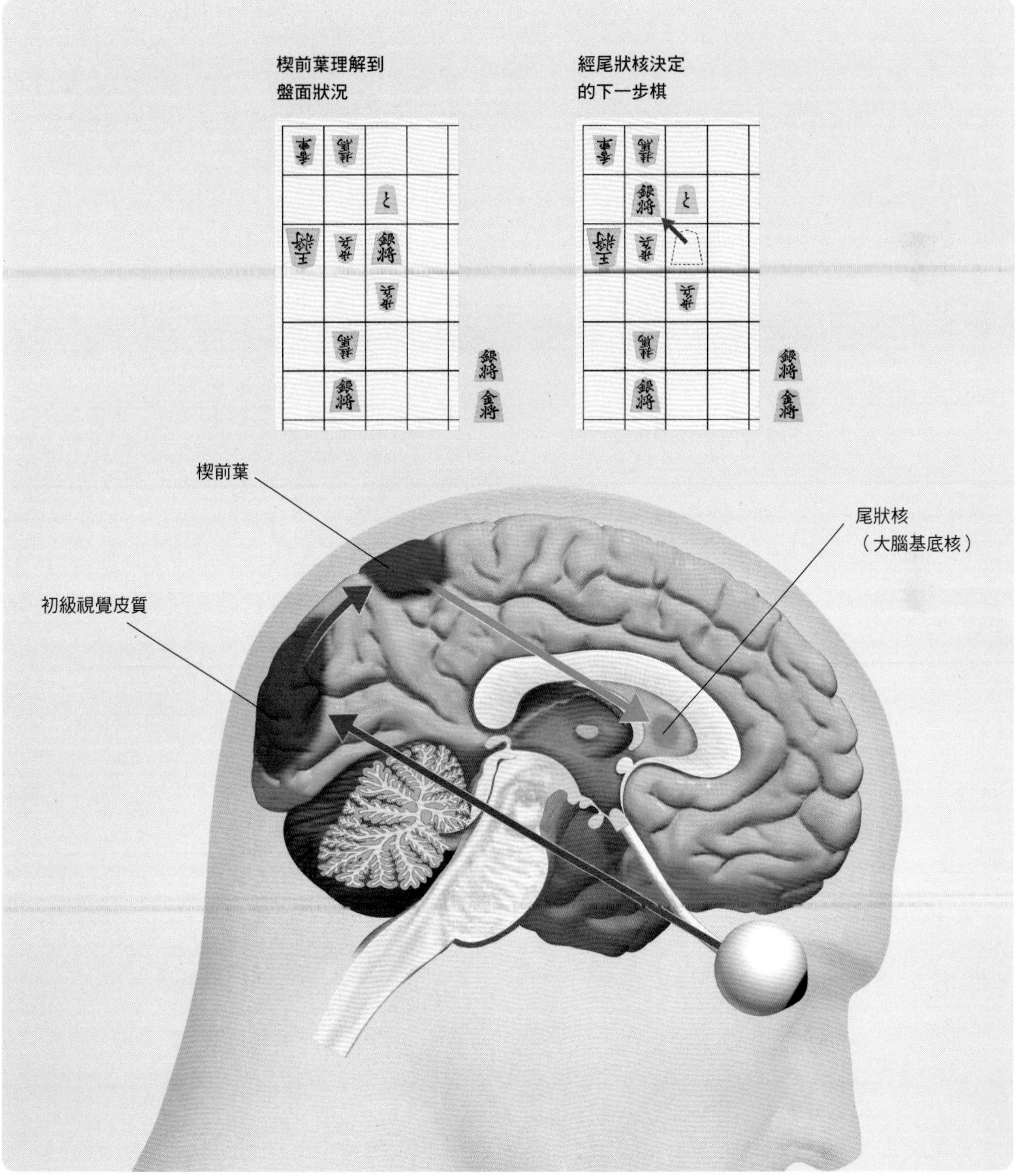

透過不斷地訓練培養直覺

大腦基底核與大腦皮質間，以神經結合的迴路（訊息途徑）相連。大腦皮質的頂葉與顳葉，記錄著與將棋有關的各種知識與經驗。

職業棋士觀看盤面，使大腦皮質活化時，尾狀核（大腦基底核）就會開始運作。大腦皮質會傳送出「下一步棋候選走法」到尾狀核，接著這個訊息會一直在大腦基底核內來回傳

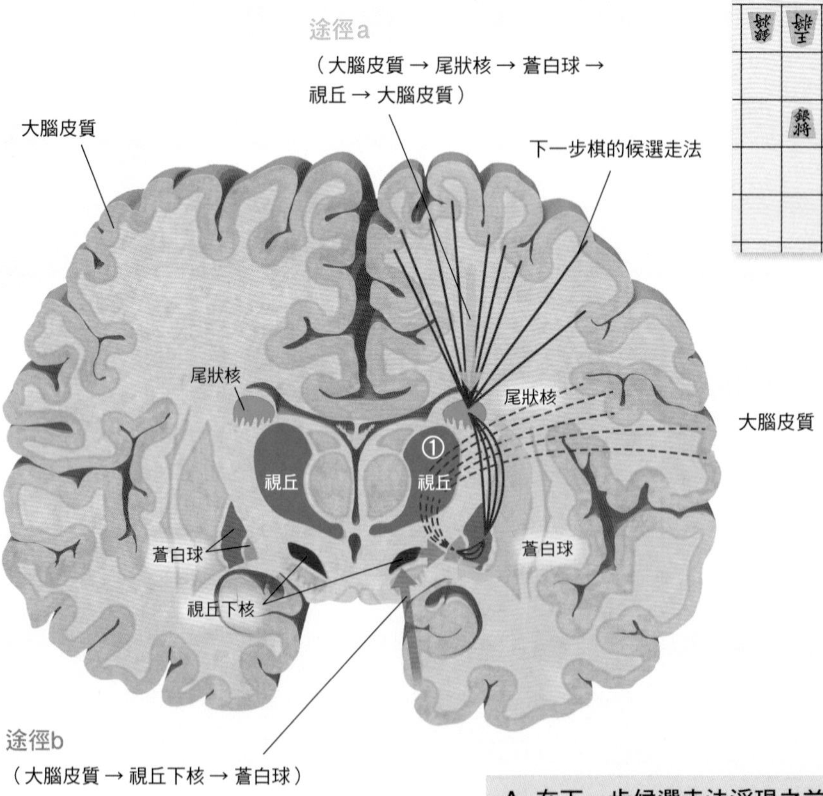

盤面狀況

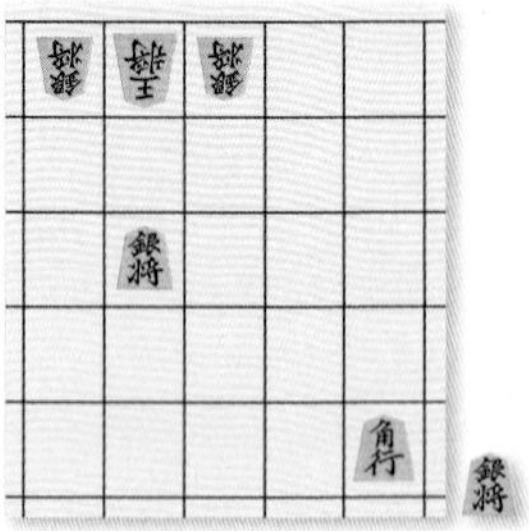

A. 在下一步候選走法浮現之前

多種「下一步棋候選走法」資訊，從大腦皮質進入位於腦內深處的大腦基底核，再回到大腦皮質（途徑a）。職業棋士看到盤面時會刺激大腦皮質活化，促使另一條神經細胞訊息途徑（途徑b）「大腦皮質→視丘下核→蒼白球」活化。這會造成①，即「阻止」下一步棋候選走法的相關訊息從蒼白球經視丘到大腦皮質的途徑（圖中數條黑色虛線）。

送。送抵尾狀核的「下一步棋候選走法」有很多個，但暫時還不會顯現於意識上。

另一方面，還有其他訊息途徑會試著抑制某些神經元將「下一步棋候選走法」傳送到大腦皮質。這些機制可以讓尾狀核挑選出適當的候選走法。最後，尾狀核會挑選出一個候選走法傳送到大腦皮質，以直覺（下一步棋的走法）的形式，顯現於意識上。

如同前一節所介紹的，思考下一步棋該怎麼走時，不管是職業棋士還是業餘棋士，腦中的大腦皮質皆有多個區域活躍。由此可以知道，決定下一步棋的走法時，不管是誰，都需要大腦皮質參與決定。相較於此，只有職業棋士會用到尾狀核來決定下一步棋該怎麼走。不過研究團隊的其他實驗結果顯示，就算是沒有下過將棋的人，只要接受相關訓練，也能讓尾狀核途徑越來越發達（發達到可以應用）。

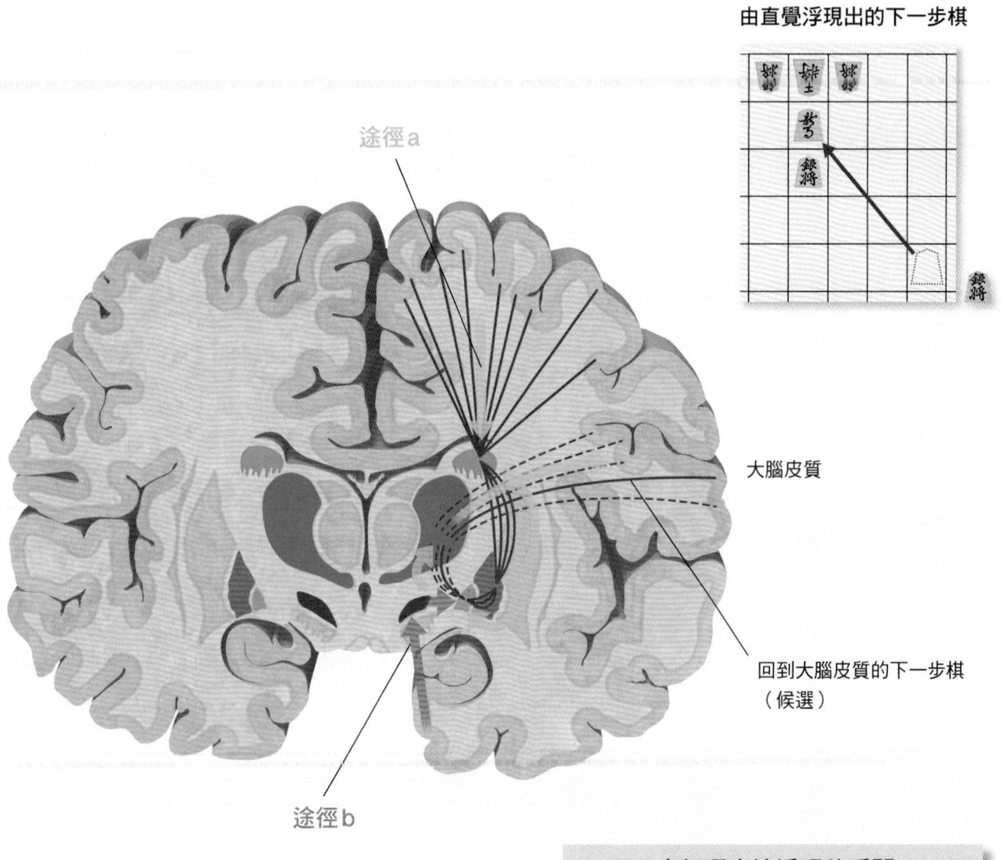

B. 下一步候選走法浮現的瞬間

因為有「阻止」作用，讓尾狀核可從下一步棋候選走法中，挑出適當走法。最後在蒼白球神經元的抑制作用消失後，由尾狀核嚴選出來的下一步候選走法（一條紅色實線），才能抵達大腦皮質。此時，該候選走法就會以直觀的形式浮現出來。

擁有驚人才華、能力、記憶力的「學者」

下方照片為獲頒大英帝國勳章的英國畫家威爾特希爾（Stephen Wiltshire，1974～）與他的作品。他畫的並不是他想像出來的街道，而是搭乘直升機，從高空俯瞰墨西哥城後，憑記憶描繪出來的樣子。

像他這種某方面能力明顯優於一般人，或者擁有驚人才能的症狀稱作「學者症候群」（savant syndrome）。學者症候群常見於自閉症※1患者、智能障礙族群（威爾特希爾於3歲時曾被診斷出自閉症）。

學者症候群的患者中，最常見的能力是日期計算能力。他們可以在一瞬間計算出4萬

斯蒂芬・威爾特希爾

年以前、4萬年以後的某一天是星期幾※2。此外，幾乎所有學者症候群患者都擁有驚人的記憶力。可以記住歷史事件、地圖、電車或公車的時刻表等龐大內容。有些人除了記憶力之外，也展現出了驚人的藝術才能。

※1：有先天性的腦功能障礙，不擅長與人溝通。

※2：關於這項能力，也有假說認為是這些人對日曆有濃厚興趣，長期觀察下自行發現了某種數學規律，並在無意識中運用這種規律回答出答案。

只看過一次，就能把風景畫出來（↓）

英語的savant（學者）一詞源於法語的「博學」。學者的才能有很多種，譬如能用鋼琴彈出只聽過一次的歌曲，即使沒學過也能瞬間解出因數分解的答案等等。以威爾特希爾為例，他畫出的都市景觀作品十分精緻，吸引了全世界的人們。他在2005年畫出了長達10公尺的東京全景圖。

特殊能力是因為右腦「蓋過」了左腦嗎？

為什麼學者症候群的患者能夠發揮這些特殊能力呢？有人認為，這是因為他們的左腦功能出現障礙，而由右腦彌補了左腦的功能。

目前已知左腦功能主要與言語或秩序等邏輯性思考、抽象性思考（譬如用符號、語言將各種事物一般化）有關。另一方面，右腦則與掌握旋律的能力、空間認知能力、靈機一動的想法有較密切關聯。

事實上，學者症候群多缺乏語言能力與溝通能力，幾乎所有人都有學習障礙。而他們的特殊能力則多與以右腦驅動的藝術有關。

另外，也有案例支持這樣的假說。一位遭槍擊而左腦受損的9歲少年，在事故後出現右半身麻痺的障礙。但同時也獲得了驚人的機械作業能力，可以在不看說明書的情況下分解多段變速腳踏車，再將其組裝回去。

驚人記憶力的本質是？

那麼，學者症候群患者的驚人記憶力又是從何而來呢？有一個假說認為，那些生活中，我們認為數秒或數分鐘後就會忘記的短期記憶，其實會長時間保存在腦中，不會忘記。

如同在第56頁中介紹的，我們每天體驗到的事物、語言的

左為著名的學者症候群患者匹克（Kim Peek，1951～2009），他是1988年上映的電影《雨人》（右方照片）中，由霍夫曼飾演的雷蒙德．巴比特（Raymond Babbitt）原形人物。他的大腦異常，可記住約1萬本書的內容，也能馬上計算出任一天是星期幾，擁有驚人的記憶力。但他本人並不是自閉症患者。

意思等內容，會保存在海馬迴或大腦皮質內。另一方面，運動方式、習慣等無意識下的記憶，則會保存於紋狀體與小腦中。比起保存於海馬迴或大腦皮質的資訊，保存於紋狀體與小腦的資訊較不容易被忘記。

下面再以一個故事為例，說明學者症候群的記憶力。假設一位學者症候群患者想要記住一整本書的內容，卻不小心漏了一行沒有記到，於是又重新記了一遍正確內容。但若要他背誦出這本書，他會先背誦出「跳過一行的版本」，接著再背誦出「重新記憶的正確版本」，不管背幾次都一樣。

另外，自閉症的人或模式動物（model animal）※編註體內，樹突棘常有較小的傾向。較小的樹突棘較富可塑性※，被認為可能與異常的記憶力有關。

※編註：自發或經人為誘導而產生類似人類疾病的動物。

※：物體受力而變形之後，若去除這個力，物體仍不會恢復原狀的性質。

大腦正上方的俯視圖

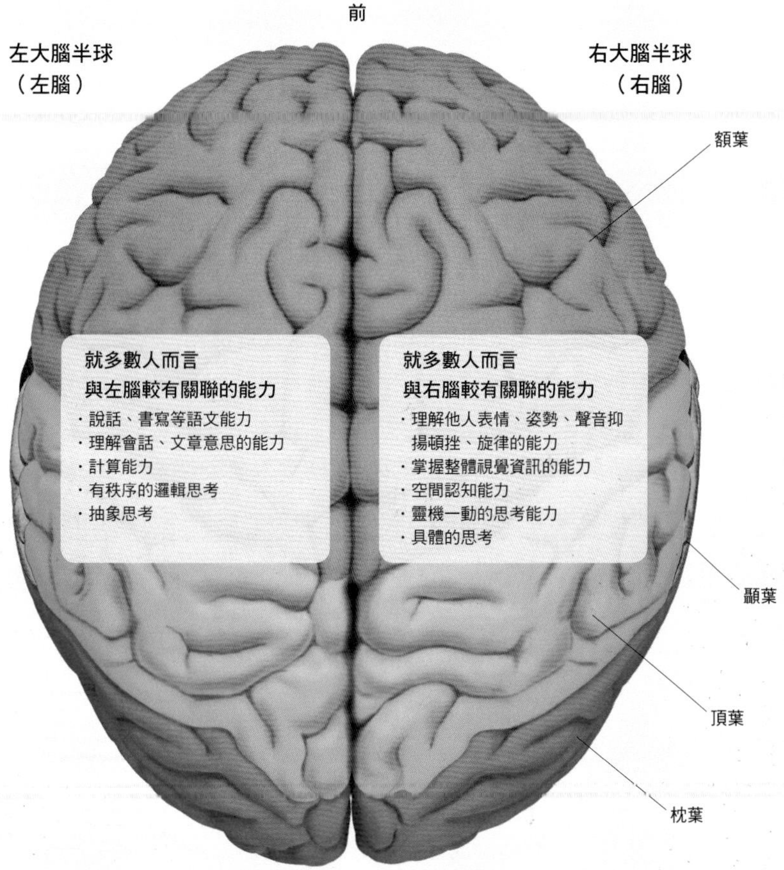
前
左大腦半球
（左腦）
右大腦半球
（右腦）
額葉
就多數人而言
與左腦較有關聯的能力
・說話、書寫等語文能力
・理解會話、文章意思的能力
・計算能力
・有秩序的邏輯思考
・抽象思考
就多數人而言
與右腦較有關聯的能力
・理解他人表情、姿勢、聲音抑揚頓挫、旋律的能力
・掌握整體視覺資訊的能力
・空間認知能力
・靈機一動的思考能力
・具體的思考
顳葉
頂葉
枕葉

左右功能不同的大腦

大腦可分為「右腦」與「左腦」，兩者形狀相似，但優先發揮的功能並不相同。

學者症候群患者的腦功能障礙，通常發生在左腦。這是透過影像診斷或死後解剖得到的結果。其中，學者症候群患者的特殊能力，會讓他們對極狹隘領域中的事物抱有異常興趣，反覆做相同的事，一般認為這可能和遺傳有關。

愛因斯坦的腦，前額葉皺褶很多

愛因斯坦（Albert Einstein，1879～1955）是家喻戶曉的天才物理學家，被認為是史上最聰明的人。人們在他死後取出了他的腦，進行各種調查分析。

譬如說，他的腦重量與同年齡男性差不多，但前額葉某些部位的皺褶較多、較長。前額葉是與計畫、推理、思考有關的區域。此外，腦的皺褶越多（越長），就表示表面積比一般人的腦還要大。

在從各種角度拍攝愛因斯坦的腦之後，人們

左半球

一般人的腦

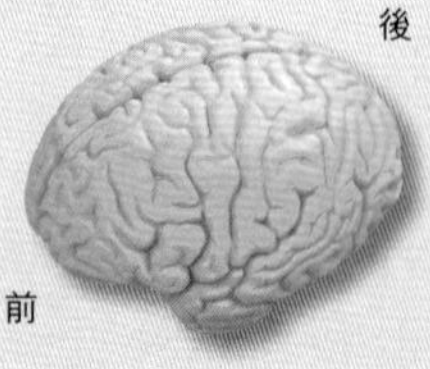

左半球（素描）

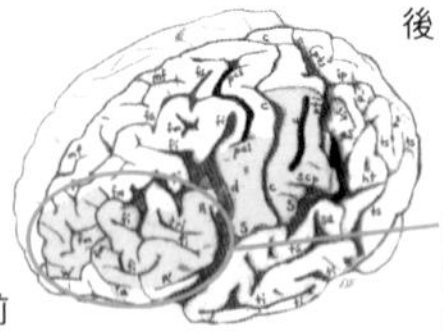

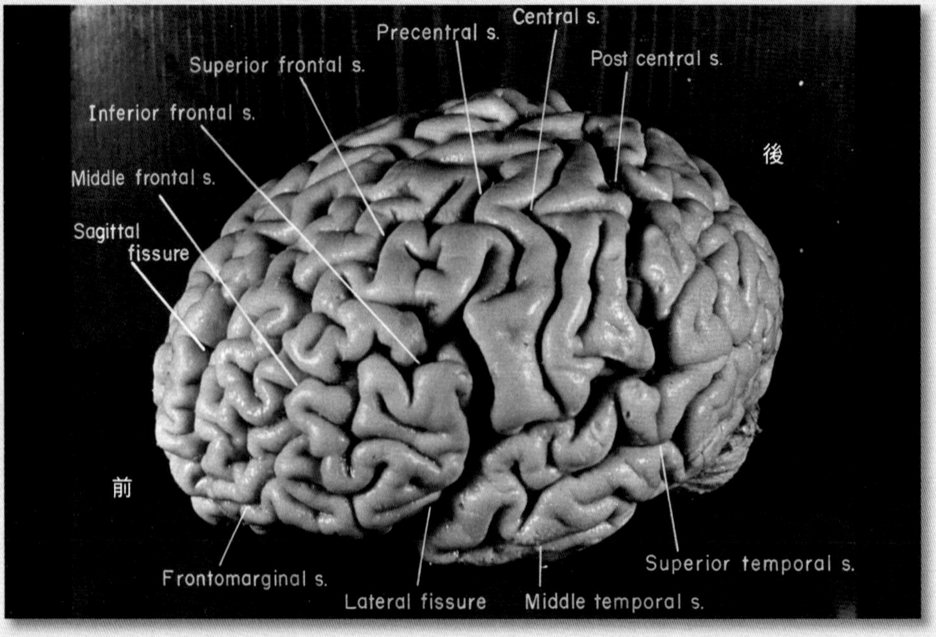

（OHA184.06.001.002.00001.00006）. OHA 184.06 Harvey Collection. Otis Historical Archives, National Museum of Health and Medicine.

把他的腦切成許多塊，製成數百個標本。後來科學家們從組織學的角度分析這些標本，發表了許多論文。一篇在2013年發表於英國神經科學雜誌《Brain》的論文，詳述了由這些照片分析腦中結構後得到的研究結果。

＊多數照片與標本原為取下愛因斯坦的腦的病理學家哈維（Thomas Harvey，1912～2007）的資產， 2010年時捐贈給了美國國家衛生與醫學博物館，交由該館保管。

愛因斯坦的腦（↓）

下圖為愛因斯坦的腦的記錄照片（照片中以英文標示各部位名稱）。一同列出的腦部素描中，黃色部分為愛因斯坦的腦與眾不同的地方，腦溝部分以紅色標示。

右半球（素描）

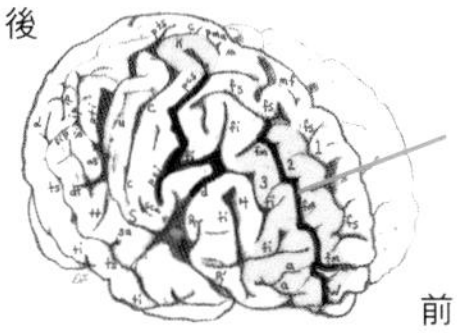

皺褶較長，此區域比一般人複雜。

右半球

(←)（素描）The images of Einstein's brain are published in Falk, Lepore & Noe, 2013, The cerebral cortex of Albert Einstein: a description and preliminary analysis of unpublished photographs, ***Brain*** 136(4):1304-27 and are reproduced here with permission from the National Museum of Health and Medicine, Silver Spring, MD.

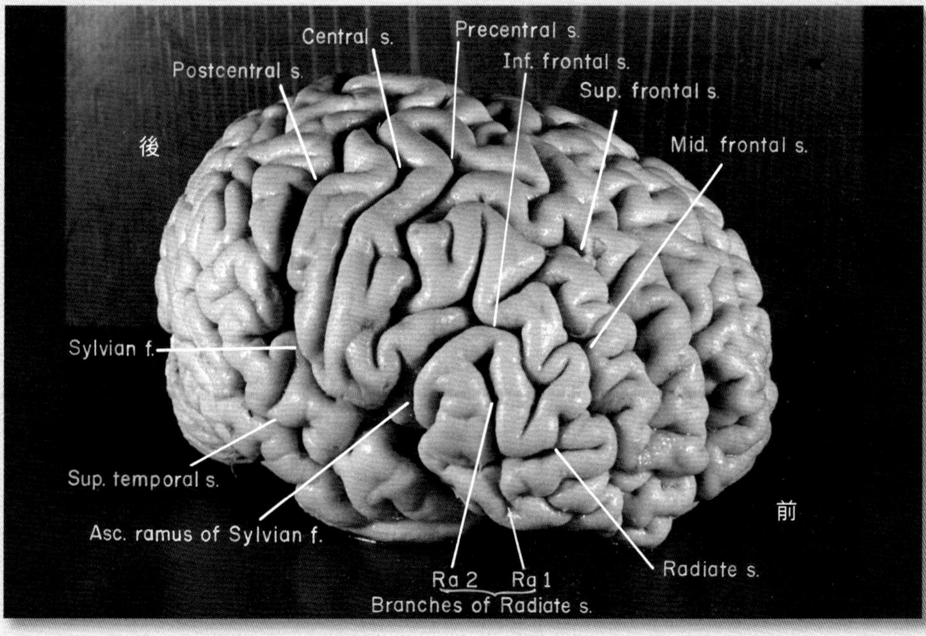

(OHA184.06.001.002.00001.00008). OHA 184.06 Harvey Collection. Otis Historical Archives, National Museum of Health and Medicine.

在愛因斯坦的胼胝體也發現了顯著的特徵

愛因斯坦的腦內，有與眾不同的特徵。

人的大腦可以分成右腦與左腦，連接兩者的是由大腦皮質神經元所延伸出的軸突束（胼胝體），可持續交換兩個腦半球的資訊。比較76歲的愛因斯坦、15名與他同齡的健康男性，以及52名更年輕健康男性的胼胝體，會發現愛因斯坦胼胝體的大部分區域都比其他人厚實。這表示通過胼胝體的神經纖維（軸突）數目較多，兩個腦半球間的連結也比較密切※。

由這些結果可以知道，愛因斯坦之所以擁有天才般的新穎想法，或許和他擁有廣大的前額葉皮質及厚實的胼胝體有關。不過，並不曉得這樣的腦部結構是愛因斯坦天生擁有，還是透過後天形成。

※：胼胝體也連接了兩腦半球的前額葉，這個區域與思考及決策有關。

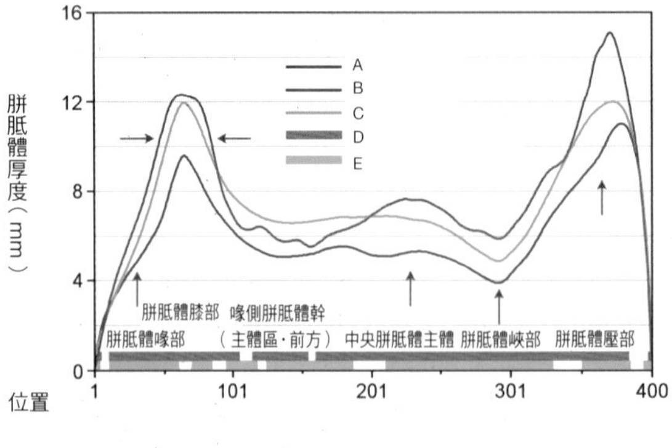

胼胝體厚度比較圖

照片中的胼胝體厚度與一般人的比較結果。愛因斯坦的胼胝體（紅線：A）在大部分區域，都比同齡（藍線：B）以及年輕族群（綠線：C）厚。紅色箭頭指出的位置，比年輕族群還要厚了10%以上。另外，紫色線段（D）及水藍色線段（E）分別表示愛因斯坦的胼胝體厚度與同齡、年輕人的胼胝體有顯著差異的區域。圖中的同齡、年輕人的胼胝體為平均值，不過個人間當然存在著差異。

愛因斯坦腦部
剖面照片

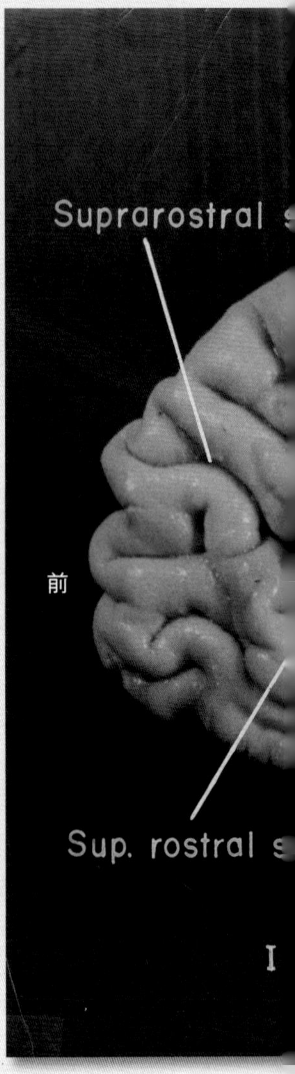

胼胝體各部位名稱

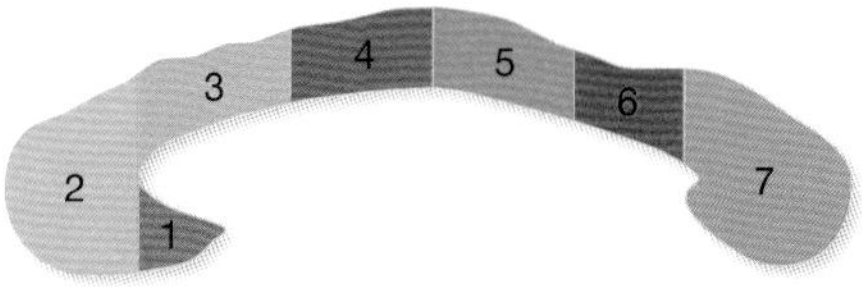

1：喙部
2：膝部
3：主體區・前方
4：前方中央胼胝體主體
5：後方中央胼胝體主體
6：峽部
7：壓部

（↙）（左下圖）The images and results of Einstein's brain are published in Men, Falk, Fan ***et al.*** 2013, The corpus callosum of Albert Einstein's brain: another clue to his high intelligence? doi:10.1093/brain/awt252 and are reproduced here with permission from Dr. Men and Shanghai Key Laboratory of Magnetic Resonance, East China Normal University, China.

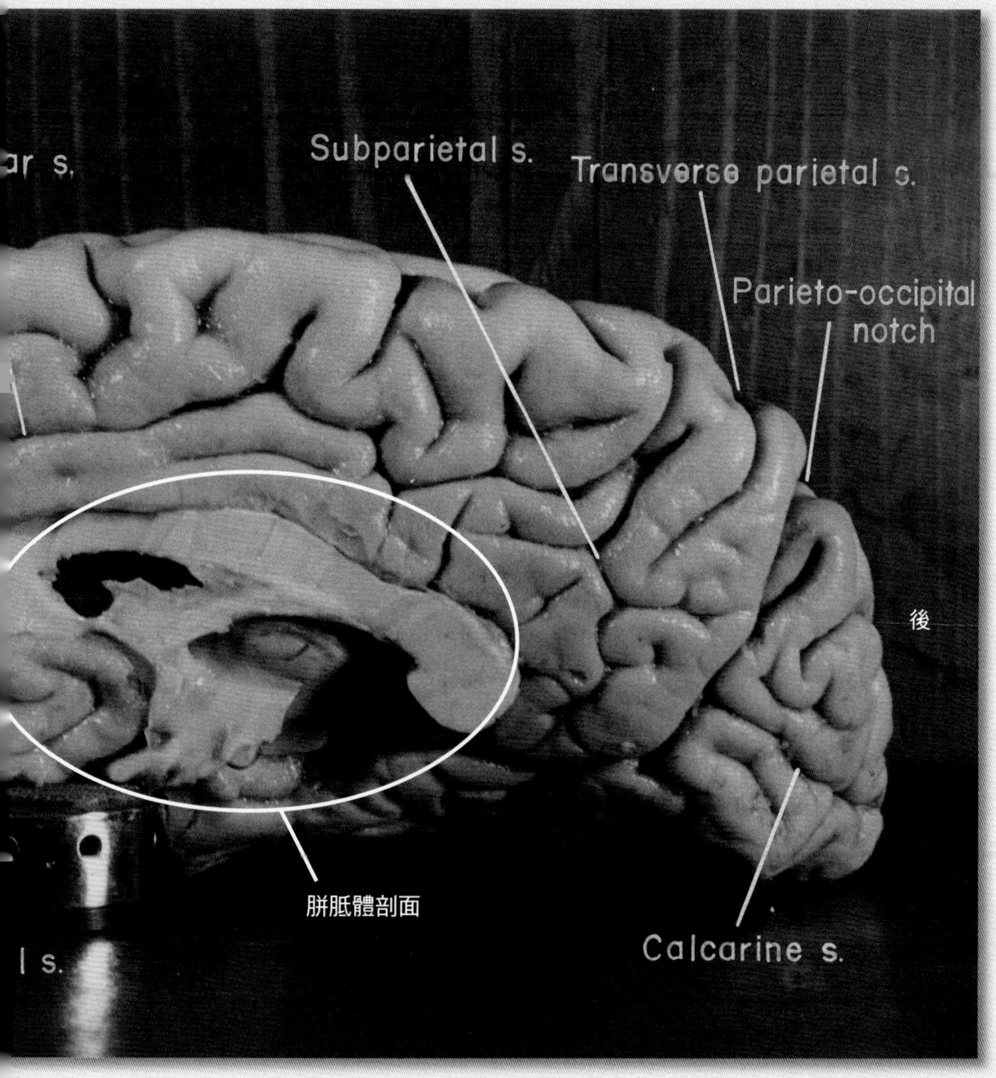

（OHA184.06.001.002.00001.00012）. OHA 184.06 Harvey Collection. Otis Historical Archives, National Museum of Health and Medicine.

凡人與天才差在哪裡呢？

在19世紀末時，心理學家們用兩種方法來區分凡人與天才。當一個人的發現、發明、作品達到了一般人難以企及的水準時，可以稱這個人為天才。另一方面，還可以用IQ（智商）測驗分數來判斷一個人是否為天才（IQ 140以上則視為天才）。

首先以IQ作為天才判斷基準的是提出「史丹佛-比奈智力量表」（Stanford-Binet Intelligence Scale，標準IQ測驗）的美國心理學家特曼（Lewis Terman，1877～1956）。特曼以1500位出生於1910年前後，且在IQ測驗中取得高分（140以上）的孩童為觀察對象，從1920年起持續追蹤35年，是個規模相當龐大的調查。這項調查原本的目的是想打破「天才兒童體弱多病、社交無能且片面發展」這個存在於當時社會的迷思。

特曼從肉體與精神上的發育、健康、性格與興趣、學歷與成績、職業上的成功、婚後生活的適應情形等面向分析這些孩子的人生。調查結果顯示，被認為富有創造力的研究對象，只有寥寥數人。也就是說，孩子在IQ測驗中獲得高分，不代表孩子未來一定是個富創造力的天才。

每個人都能成為天才嗎？

天才是從出生的那一刻起就是天才嗎？1869年時，英國遺傳學家高爾頓（Francis Galton，1822～1911）出版了《遺傳性的天才》（*Hereditary Genius*）。書中列出了許多族譜範例，試圖說明天才是遺傳而來。不過目前一般認為，那些被稱作天才的人們

夏目漱石

天才的腦特別大嗎？

過去人們曾研究過德國數學家高斯（Carl Friedrich Gauss，1777～1855）、日本作家夏目漱石（1867～1916）、日本植物學家暨民俗學家南方熊楠（1867～1941）等人的腦。人們常說「頭腦越好的人，腦越大（越重）」，但由這些調查結果，無法說明腦重量與智力的關聯※。

※：測定方法的可信度、死亡時的健康狀態等，也是待解決的問題。

變化中的腦

體素基礎形態測定法（voxel-based morphometry，VBM）是用MRI裝置獲得腦部影像，再以此分析腦部結構變化。許多研究都使用這種方法來分析不同人的腦部結構差異。舉例來說，一般人與熟練的計程車司機，他們腦中與空間記憶有關的「海馬迴」結構就不一樣。某些研究還發現，數學家的額葉比一般人還要大。事實上，目前仍不曉得腦在成長過程中會有什麼樣的變化，但可以確定腦的結構確實會動態改變。

之所以能達到某些優秀成就，不只需要雙親的遺傳※，成長環境也相當重要。

「天才」這個詞，或許會讓人有「一年到頭只沉浸於自己的專業領域，完全不關心其他事物」的印象。然而愛因斯坦很喜歡拉小提琴，達文西（Leonardo da Vinci，1452～1519）除了在藝術領域表現非常傑出之外，在建築學、工程學、天文學、解剖學等各式各樣的領域中，也留下了豐碩的成果。或許嘗試探索自身專業領域之外的知識，就是讓他們產生新穎靈感的基礎。

※：科學界尚未證明天才與遺傳有關。

拉小提琴的愛因斯坦

COLUMN

動腦後再行動的聰明「烏鴉」

烏鴉是日本常見的野生動物。可以看到五種烏鴉，最常見的是「巨嘴鴉」(*Corvus macrorhynchos*)與「小嘴烏鴉」(*Corvus corone*)。前者有巨大的鳥喙，常在街道間活動，發出「咔～咔～」的鳴叫聲。後者的鳥喙細長，常見於郊外農村，叫聲為「嘎～嘎～」。

由過去的研究與觀察到的例子可以知道，烏鴉的智力相當高，甚至有些接近人類的行為。本專欄要特別介紹的是巨嘴鴉。

烏鴉會善用工具

烏鴉常給人智力高的印象，最具代表性的例子就是「撬開胡桃」。烏鴉會將胡桃放在汽車會經過的馬路上，待汽車輾破外殼後，再取中間的果仁來吃。也就是說，烏鴉會把汽車當作工具使用。

許多地方的人們都曾目擊過這樣的場景，但不是所有個體都會這麼做，只有一部分「聰明」的烏鴉才會。烏鴉撬開胡桃的方法也有很多種，在日本宮城縣仙台市觀察到的例子中，烏鴉會突然降落在行進中的汽車前方，阻止汽車繼續前進，然後把胡桃放在地上，像是在對汽車說：「喂！幫我壓破！」

研究鳥類生態的日本東京大學榮譽教授樋口廣芳說，如果烏鴉撬開胡桃時失敗，便會改變胡桃的位置，就像是在嘗試錯誤一樣。這種相當有彈性的行動模式，在鳥類中僅見於烏鴉，甚至可以說烏鴉是「鳥界的靈長類」。

也有許多目擊者說烏鴉會把貝類從高空丟下，待外殼撞擊道路地面而破裂後，再吃貝肉。此時，烏鴉還會一起急速下降，以免貝殼撞擊地面後彈到別處。

此外，也有人目擊到烏鴉會「玩遊戲」。遊戲的定義比較困難，不過一般都有「看起來沒有特定目的」、「反覆做相同的動作」等特徵，被認為是一種高智慧動物才有的行為。

據觀察，烏鴉玩的遊戲包括「躺在雪坡上滑下來」、「抓著電線倒掛搖擺」、「滾動球去撞某個東西」等等，甚至還會「把鹿糞放入鹿的耳朵

會玩遊戲的烏鴉、使用工具的烏鴉（→）

A：將胡桃放在汽車前的小嘴烏鴉。

B：將鹿的糞便放入鹿耳內，像是在玩的巨嘴鴉。

C：京都某個神社內，置於戶外的蠟燭一個個消失。小偷就是巨嘴鴉。巨嘴鴉會用牠巨大的鳥喙，把燃燒中的蠟燭裁斷帶走（可能是因為烏鴉喜歡蠟燭中的油脂）。

內」。宮城縣石卷市金華山的巨嘴鴉，對鹿群來說是個大麻煩。

鶴立雞群的發達大腦

日本宇都宮大學農學部的杉田昭榮教授（當時的頭銜）曾解剖烏鴉與其他常見鳥類的腦並進行比較，發現烏鴉的大腦明顯較發達。不同鳥類，腦的大小也各有不同，杉田教授將大腦重量除以腦幹（負責與維持生命有關的功能）重量定義為「腦內比」，視其為衡量智力的一個標準。雞與鴿為1.6、鴨為3.1、麻雀為3.4，而巨嘴鴉是5.4、小嘴烏鴉則高達6.1※。也就是說，烏鴉大腦的發達程度在鳥類中可以說是鶴立雞群。

人類或哺乳類的智力高低，主要由大腦皮質決定，然而鳥類幾乎沒有大腦皮質，因此鳥類的腦常被認為比哺乳類的腦「低等」※。但隨著研究進展，人們逐漸發現這樣的想法有誤。現在的科學家認為鳥類的腦就像哺乳類的大腦皮質一樣，可以發揮高等腦功能。

※編註：若根據杉田教授的定義，人類的「腦內比」約為32.7%。

※：因為鳥類大腦中，被認為較低等的腦部位（紋狀體）較大。

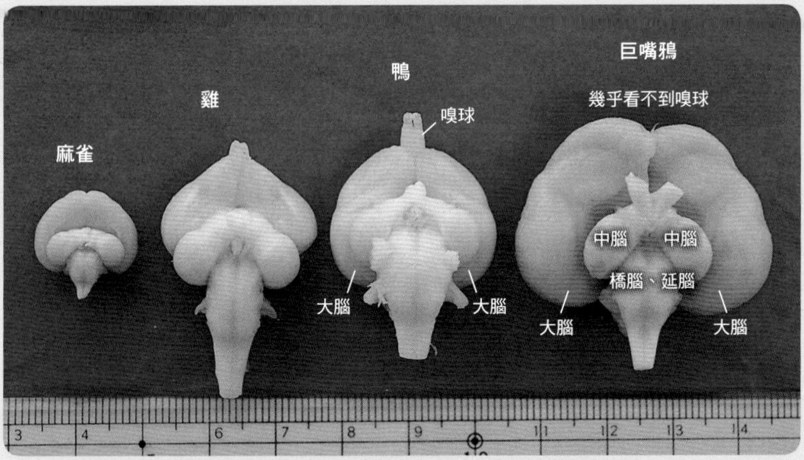

烏鴉的大腦很大

雞、鴨、烏鴉（巨嘴鴉）的腦幹（中腦、橋腦、延腦等）大小並沒有差很多，大腦的大小卻有明顯差異，這或許就是烏鴉有很高智慧的原因。另外，烏鴉腦中負責嗅覺的嗅球並不發達，幾乎退化成了痕跡器官。換言之，比起嗅覺，烏鴉的活動比較仰賴視覺。

＊參考資料：樋口廣芳《烏鴉的新聞，觀察奮鬥記》文一綜合出版，2021年

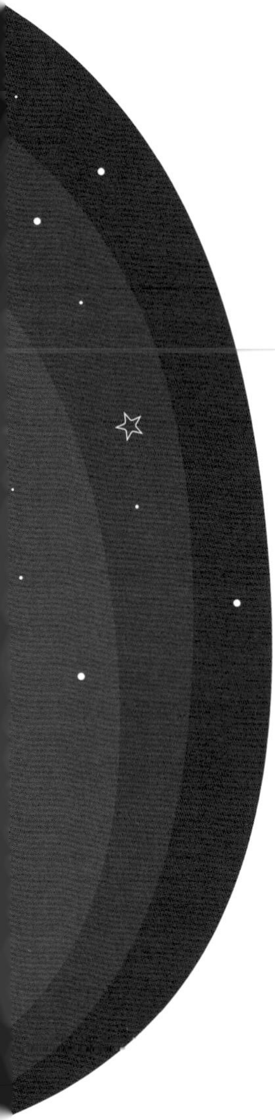

3

睡眠

Sleep

如翹翹板般上下起伏的清醒與睡眠

不只是人類，鳥、大象、魚等動物也會睡眠，可見睡眠對動物來說是不可或缺的活動之一。

在真正進入睡眠狀態之前，會感覺到「睡意」，這與食慾或性慾同屬於「生理需求」。也就是說，當需要睡眠時，腦中就會有某種機制開始作用，產生「睡意」，催促我們進入睡眠狀態。

那麼，我們是如何在清醒與睡眠狀態間轉換的呢？下視丘、腦幹等區域，有促進清醒的神經元集團（清醒中樞），以及促進睡眠的神經元集團（睡眠中樞）。兩者關係就像翹翹板一樣，一邊活躍時，另一邊就沉靜。舉例來說，腦內各個細胞製造出來的神經傳導物「腺苷」（adenosine），會讓翹翹板往睡眠側傾斜（使睡眠中樞佔優勢）。另一方面，下視丘製造的神經傳導物「食慾素」（orexin），則會讓翹翹板往清醒側傾斜（使清醒中樞佔優勢）。

動物都會睡眠

黑鮪魚
到了晚上，水族館飼養的黑鮪魚會突然降低游泳速度，並維持6秒左右。一般認為牠們就是在這段時間內睡眠。就魚類、兩生類、爬行類而言，通常難以從腦波嚴格區分牠們是否處於睡眠狀態，稱作「行動睡眠」（類睡眠狀態）。

信天翁
信天翁、海鷗、海豚的左右大腦半球可交替進入睡眠狀態，稱作「半球睡眠」。故信天翁可一邊飛行一邊睡覺。

非洲象
非洲象可一邊警戒周圍，一邊站著打瞌睡，稱作「立眠」（無法於REM期進行），睡眠時間約3小時。小象則可在雙親的保護下躺著睡覺。

清醒中樞與睡眠中樞

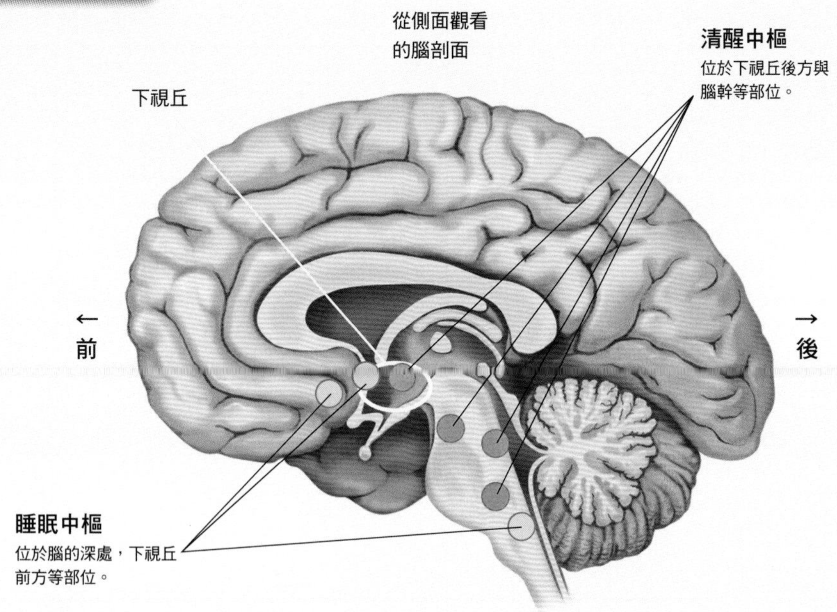

(↓)我們清醒時的情況

清醒中樞佔優勢。清醒中樞會將清醒訊號傳送至腦的各部位，抑制睡眠中樞活動。清醒中樞可被食慾素等物質活化。

(↓)我們睡眠時的情況

睡眠中樞佔優勢。睡眠中樞會抑制清醒中樞的作用，使其無法傳送出清醒訊號。睡眠中樞可被腺苷等物質活化。

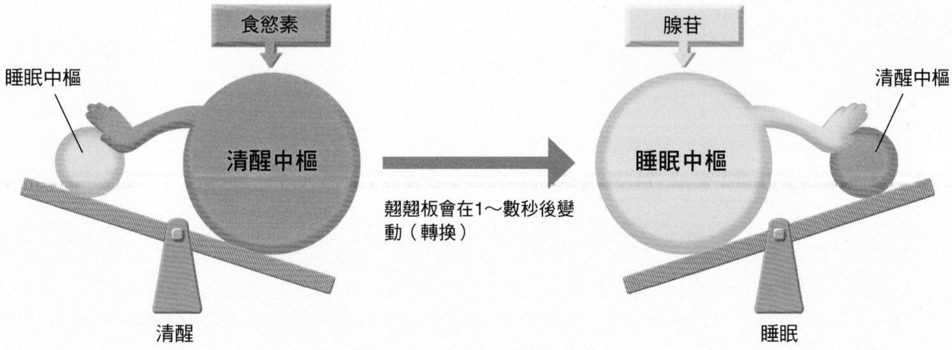

當個體需要從清醒狀態轉換至睡眠狀態時，便會感覺到睡意。

由「生理時鐘」與「睡眠壓」控制的睡眠

睡眠由兩個要素控制。一個是體內約以24小時為週期的「生理時鐘」。腦會依照生理時鐘發出清醒訊號，通常於晚上9點左右達到高峰，其後迅速減弱※。我們之所以到了晚上就會想睡覺，正是因為這個要素（晝夜節律控制）。

另一個要素則是代表睡眠慾強度的「睡眠壓」。清醒時，睡眠壓會逐漸累積，累積到一定程度時，就會開始想睡。在夜深或是白天時想要睡覺，就是由於這個要素造成（體內平衡控制）。

生理時鐘的控制與睡眠壓的控制，彼此獨立。譬如熬夜後的早晨，可能會覺得頭腦莫名清楚；到國外旅行時，會因為「時差」而在奇怪的時間想睡覺等例子，就是因為兩個系統的節律（高峰時間）出現落差。

許多與睡眠有關的主題，無法只靠這兩個系統來說明。譬如體溫也與睡意有關，而飯後的睡意則是因為滿足食慾後，食慾素分泌量減少的關係。此外，因為突然的興奮使得「睡意消失」之現象，則與腦內多巴胺（dopamine）有關（→第112頁）。

※編註：正常作息的人起床後，開始分泌有提神作用的睪酮，清醒力會逐漸增強，以克服逐漸累積的睡眠壓，通常兩者在睡前1～2小時都達到高峰。當有催眠作用的褪黑激素開始分泌時，清醒力便迅速下降。

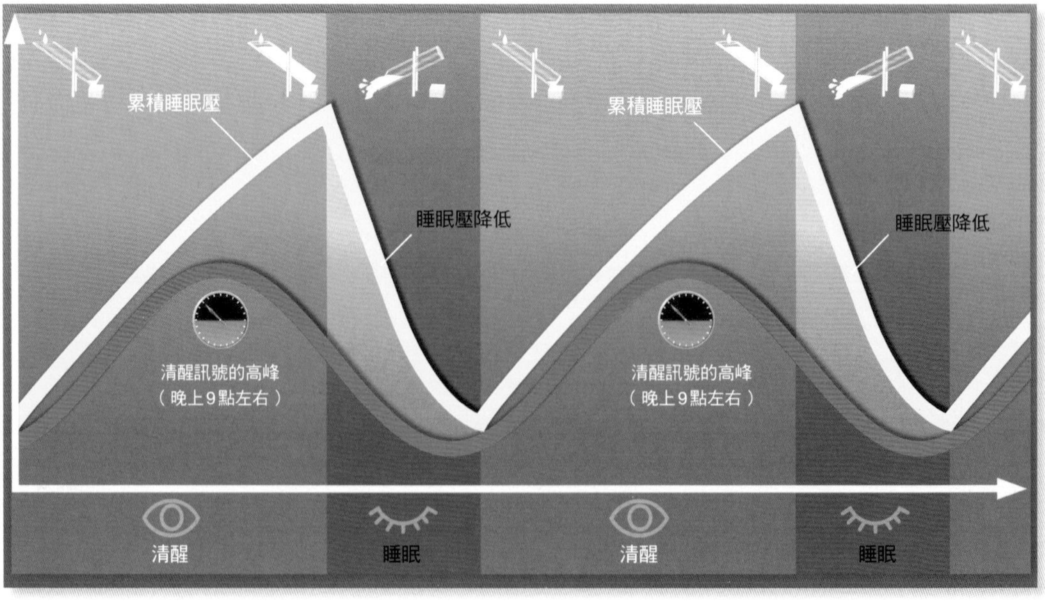

睡眠機制「雙歷程模式」

睡眠與清醒由睡眠壓（黃色）與構成生理時鐘的清醒訊號波（紅色）控制。清醒訊號減弱時，會讓人想睡覺，在消除睡眠壓以前，會一直保持睡眠。

積累於「添水裝置」中的「睡眠壓」

睡眠壓的積累，就像日本庭園中常見的「添水裝置」一樣。當其開口朝上時，代表個體處於清醒狀態，而代表睡眠壓的「水」會持續注入「添水裝置」中。當睡眠壓累積到一定程度時，「添水裝置」會傾斜，代表個體進入睡眠狀態。還有一個原因會讓「添水裝置」轉換成倒下狀態，那就是前一節介紹的食慾素。開始睡眠後，便可消除睡眠壓。

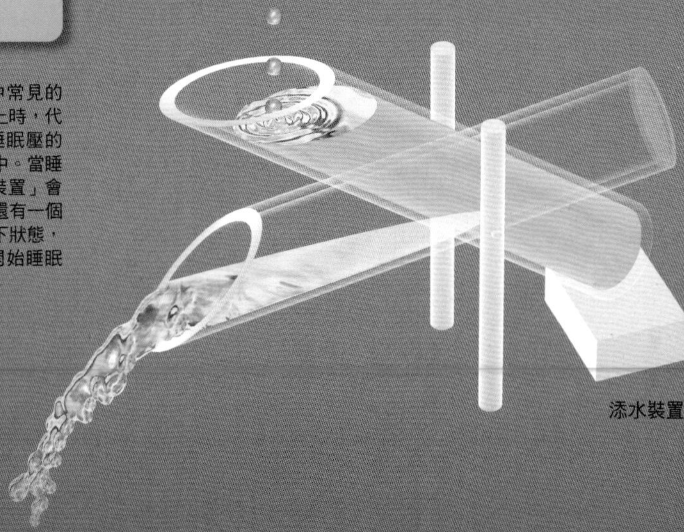

「生理時鐘」與「睡眠壓」的積累為獨立運作

每個人的生理時鐘週期各有差異，有些人略多於24小時，有些人則略少於24小時。生理時鐘由全身的每個細胞共同建構而成，不過控制這個生理時鐘的標準時鐘，位於腦的下視丘的「視交叉上核」（suprachiasmatic nucleus）。

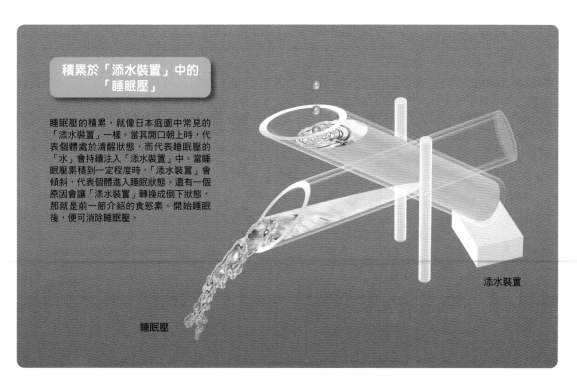

生理時鐘示意圖

睡眠的本質

目前還無法清楚說明睡意（睡眠壓）的本質是什麼，不過腦中由80種蛋白質構成之蛋白質群的化學變化，是其中一種可能。這個蛋白質群稱作「睡眠需求磷酸化蛋白質」（Sleep-Need-Index-Phosphoproteins，SNIPPs）。

日本筑波大學國際綜合睡眠醫學研究所（IIIS）的柳澤正史教授與劉清華教授等人的研究團隊，於2018年進行了小鼠實驗，發現在小鼠清醒時，會持續進行SNIPPs的磷酸化（化學變化），睡眠時便會逐漸消除。這種機制就像「添水裝置」與水的關係一樣。

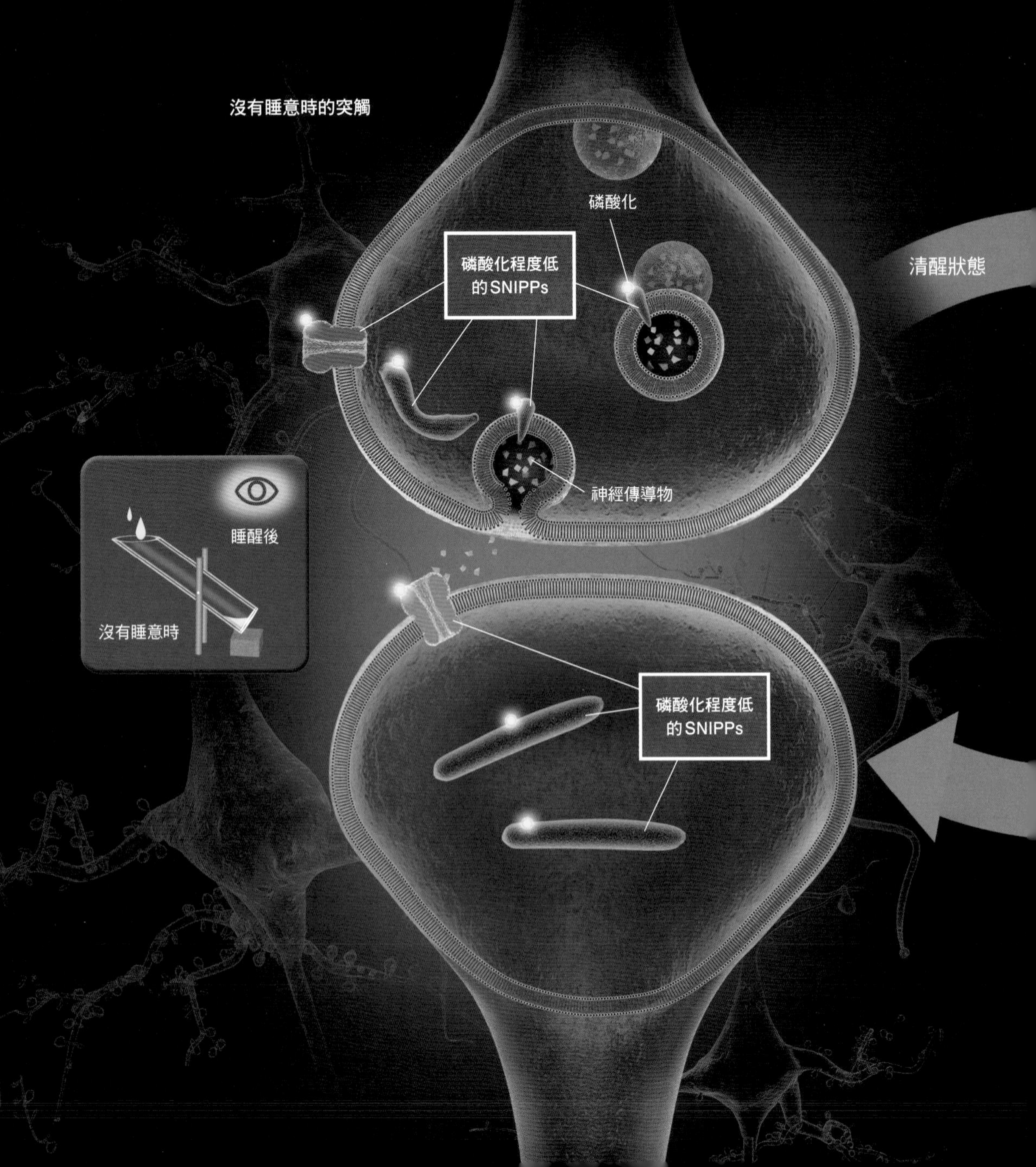

專欄 COLUMN

「睡眠負債」無法馬上還清

若睡眠不足狀態持續累積，經過數天或數週後，就會慢性化，成為「睡眠負債」。這不只會大幅降低白天時的表現，也會造成許多健康風險。若不想產生睡眠負債，就要確保每天有睡足必要的睡眠時間。即使放假時想「補眠」而睡得特別久，也無法完全償還。但有研究結果指出，與一週內一直處於睡眠不足狀態的人相比，假日補眠的人死亡率會比較低。

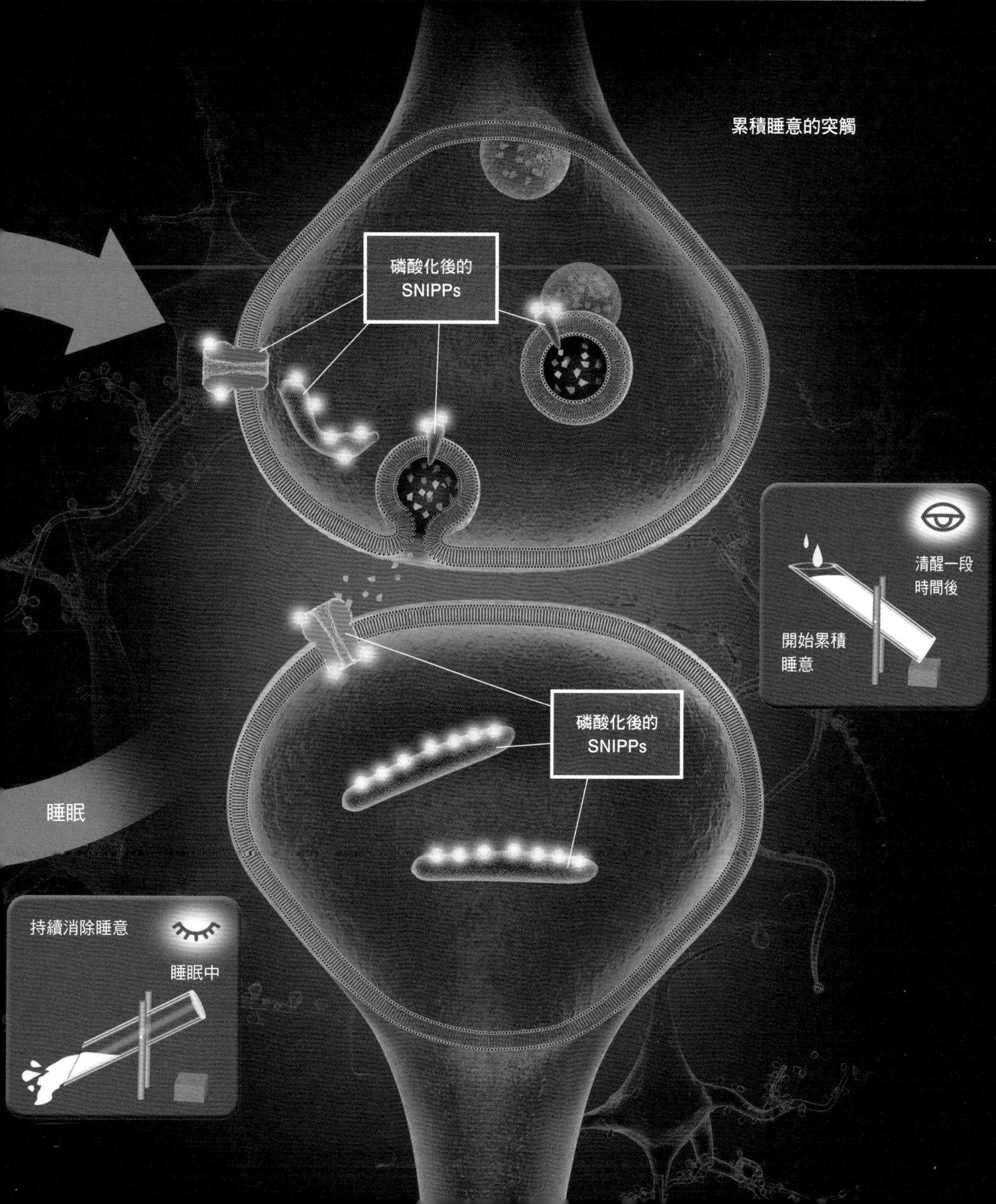

非快速動眼睡眠與快速動眼睡眠會在一個夜晚中交替出現

睡眠狀況並非一直保持不變，而是包含了「非快速動眼睡眠」（non-rapid eye movement sleep，NREM）與「快速動眼睡眠」（rapid eye movement sleep，REM），兩者交替出現，以大約90分鐘為一個週期。在夜晚的睡眠中，會出現4～6次的「睡眠週期」（sleep cycle）。

NREM可再分成三個階段※。其中，階段3

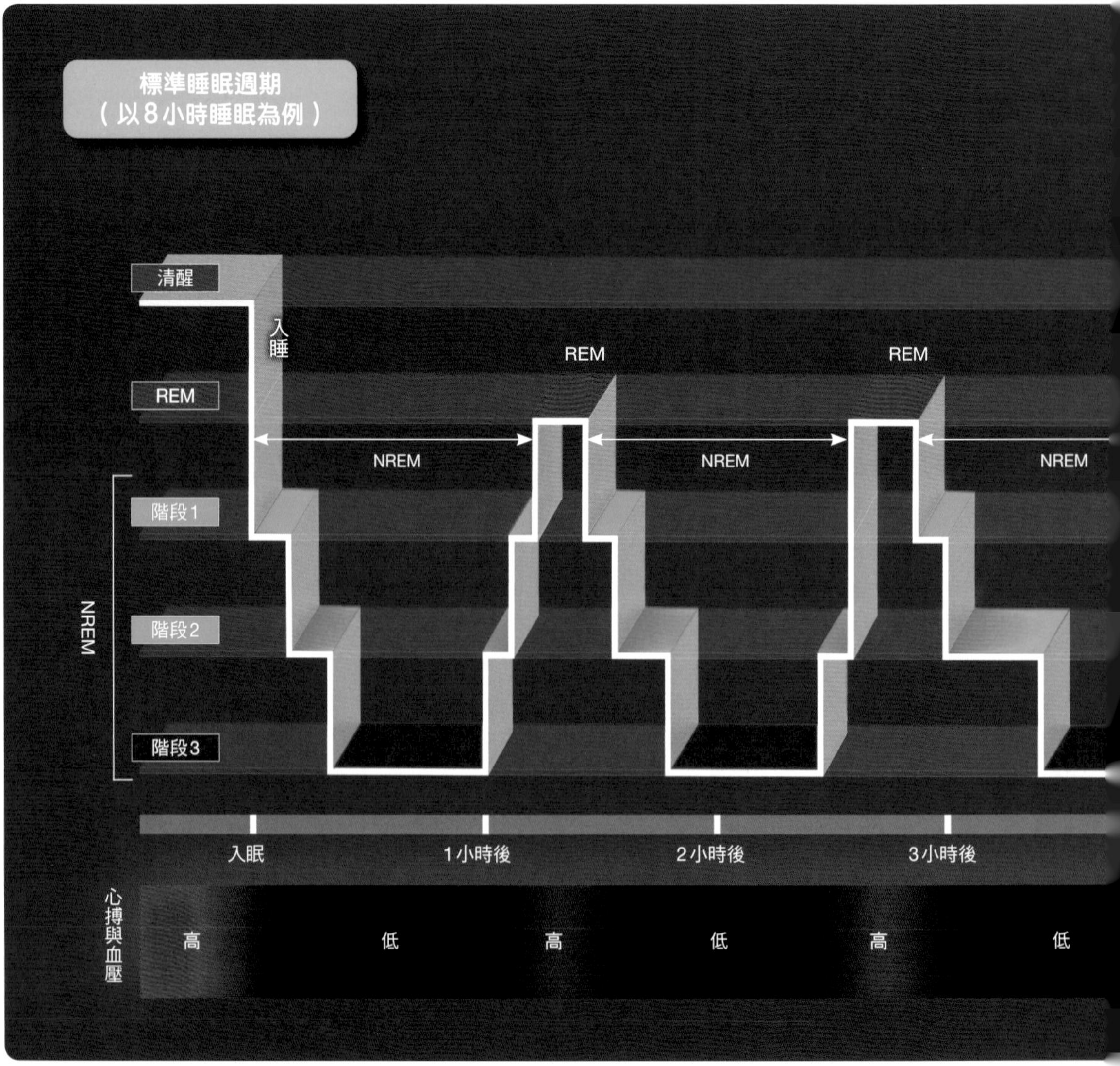

是最深層的睡眠，是腦與身體的重要休息階段。一般睡眠中，前60分鐘左右是NREM，而第一次NREM中，階段3的時間最長。隨著週期次數的增加，NREM佔整個睡眠週期的比例會逐漸下降，所以如果在第一次進入NREM期時好好睡覺，就會有很好的睡眠品質。

一次睡眠週期為90分鐘。若剛好在睡眠週期結束時自然醒來，就會讓人在起床時神清氣爽。事實上，如果在階段3時中斷睡眠，會有明顯的煩躁感；如果在REM，或是NREM的階段1、階段2中斷睡眠，則影響較輕微。不過每個人的睡眠週期各有不同，同一個人的睡眠週期也會有很大的變化，還會受到壓力、年齡、寢具等各種因素的影響，所以上述內容當作參考就好。

※：過去科學家們將NREM分成四個階段（階段1～4），近年來則不再區分階段3與4，統稱為「階段3」。

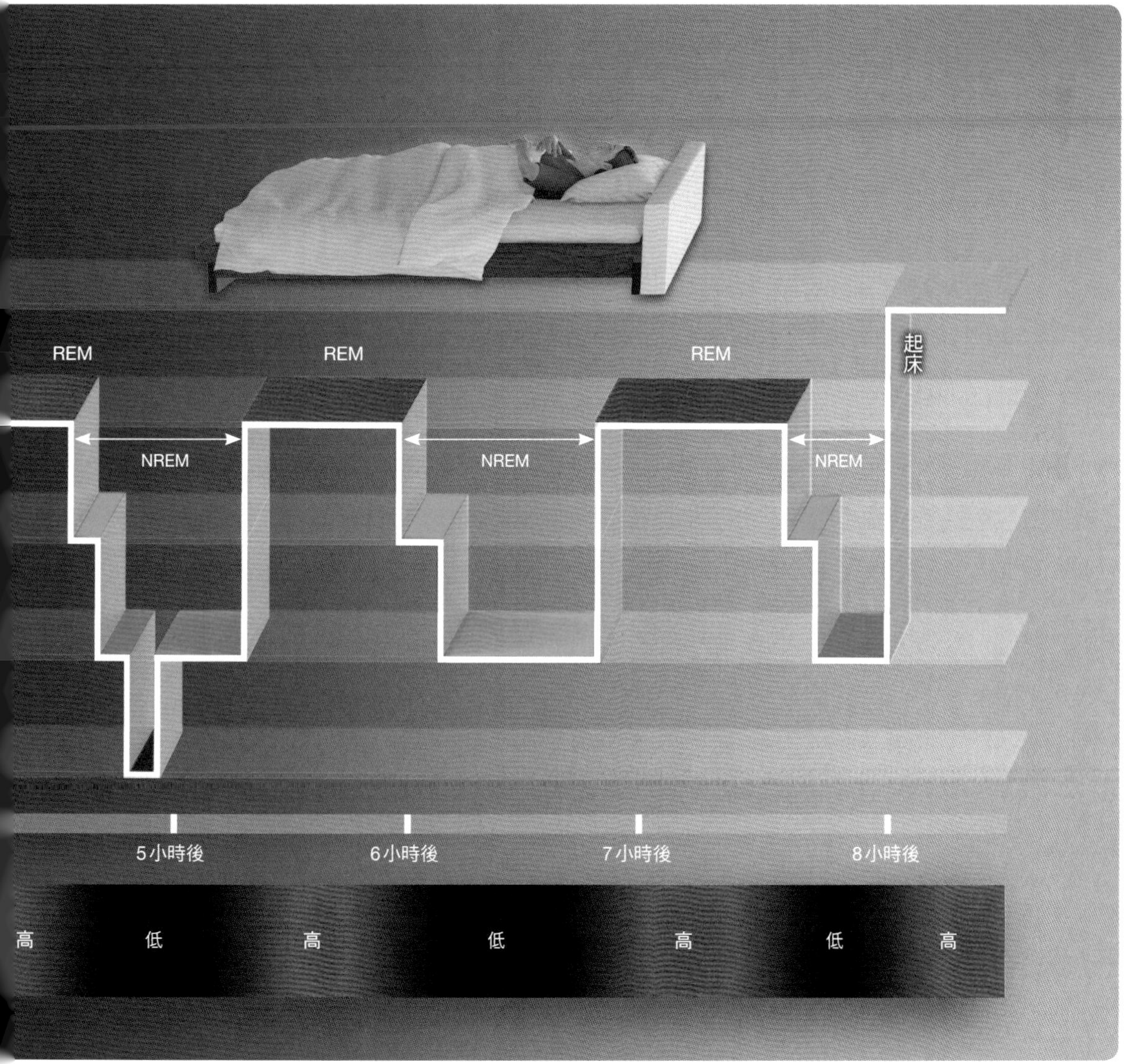

非快速動眼睡眠各階段的腦波差異

可以透過睡眠時的「腦波」差異，分辨NREM的各個階段。腦波是透過頭部表面電極讀取到的電波訊號，這些電波來自腦中神經元的活動。

清醒（眼睛閉著時）且放鬆的腦，會釋放出「α波」。當睡著約1秒後，腦波的波形便會改變，成為振幅較小的腦波（階段1）。

進入階段2後，會出現所謂的「睡眠紡錘波」(sleep spindle)，是振幅較大的腦波。

進入睡眠程度最深的階段3時，會出現名為「δ波」的大振幅波形。第96頁介紹的柳澤教授提到，出現δ波表示此時的大腦神經元會反覆一起休息、一起活動。目前雖然還不曉得這種「神經元的同步」有什麼意義，不過可以把釋放δ波的腦想成是休眠模式下的電腦，在沒有鍵控的情況下進行離線維修。另外也有研究認為，睡眠紡錘波、慢波等腦波，與「海馬迴的暫時記憶轉移至大腦皮質並固定下來」的過程有關。

近年研究指出，NREM對記憶的固定與強化來說相當重要。所謂的記憶，是腦中神經元形成連結，並進一步強化這個連結所產生的現象。當腦進入NREM時，腦會去除不需要的神經元連結，重新建構記憶並強化記憶。

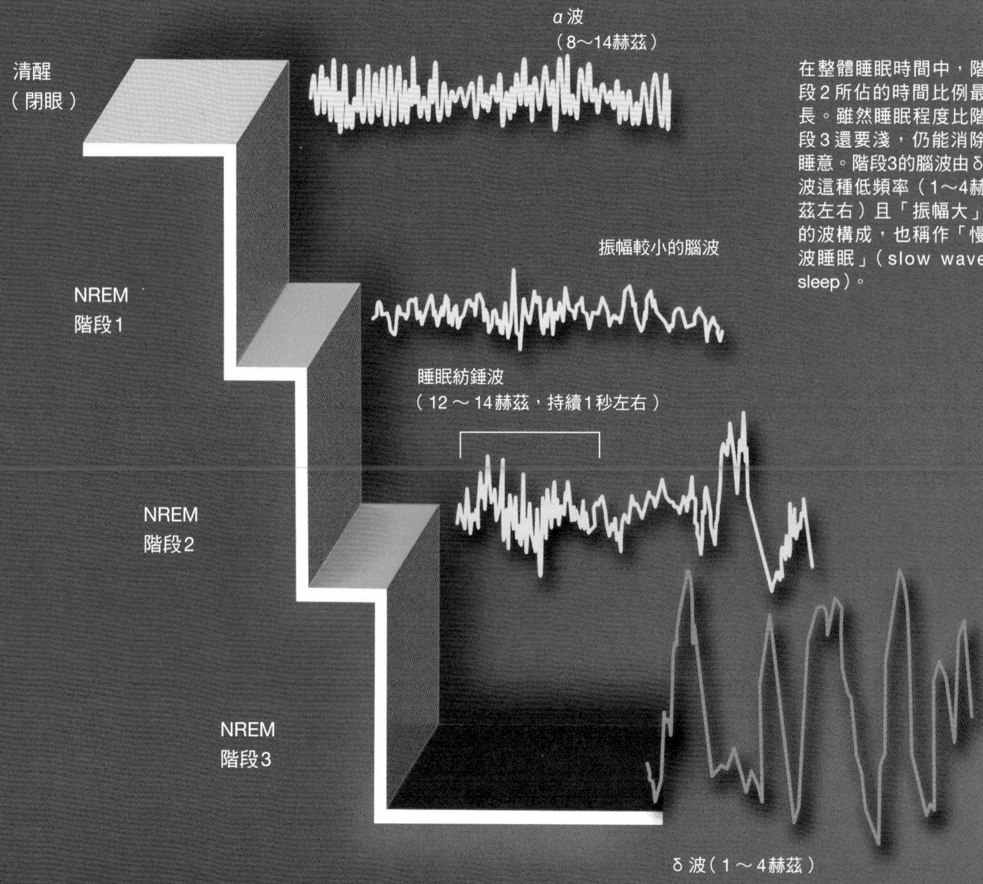

在整體睡眠時間中，階段2所佔的時間比例最長。雖然睡眠程度比階段3還要淺，仍能消除睡意。階段3的腦波由δ波這種低頻率（1～4赫茲左右）且「振幅大」的波構成，也稱作「慢波睡眠」（slow wave sleep）。

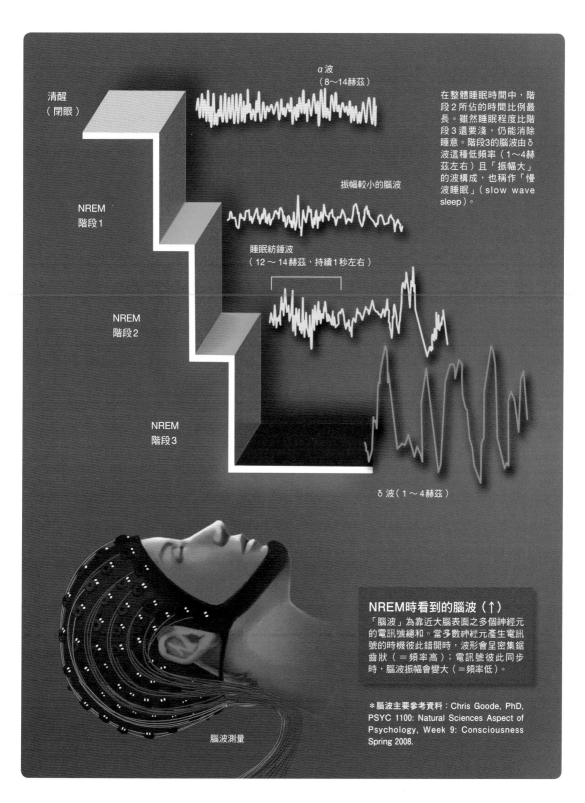

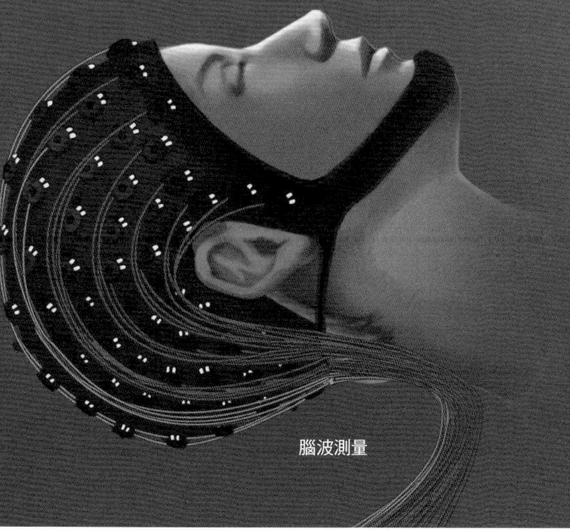

NREM時看到的腦波（↑）

「腦波」為靠近大腦表面之多個神經元的電訊號總和。當多數神經元產生電訊號的時機彼此錯開時，波形會呈密集鋸齒狀（＝頻率高）；電訊號彼此同步時，腦波振幅會變大（＝頻率低）。

＊腦波主要參考資料：Chris Goode, PhD, PSYC 1100: Natural Sciences Aspect of Psychology, Week 9: Consciousness Spring 2008.

接近清醒狀態時，快速動眼睡眠時期的大腦

快速動眼睡眠又稱REM睡眠，在這個時期，眼球會小幅度地快速運動（快速眼球運動，參考右圖）。能進行REM的脊椎動物，主要為哺乳類與鳥類。

有趣的是，雖然仍處於睡眠期間，但REM時期的大腦比較接近清醒狀態。REM時的腦波波形與清醒時一樣為小幅振盪。我們可以透過fMRI等腦部活動視覺化技術，看出此時腦內多處區域比清醒時還要活躍。

像是「在空中飛行」之類的奇怪夢境，或是伴隨著喜怒哀樂、不安等感情的夢境，大多在REM時出現。這時期的大腦，與理性判斷有關的前額葉區域活動程度下降，不過產生視覺影像的視覺聯合區、掌控情感的杏仁核卻會活躍起來，一般認為這可能與作夢有關。順帶一提，我們也可能會在NREM時期作夢（通常是模糊而抽象的夢境）。

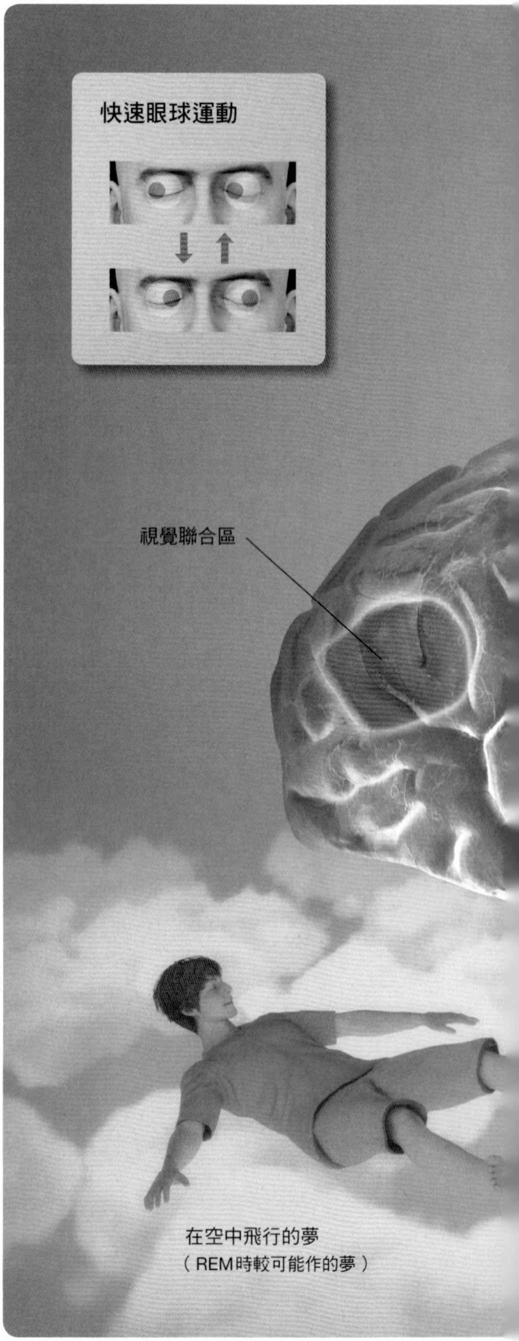

在空中飛行的夢
（REM時較可能作的夢）

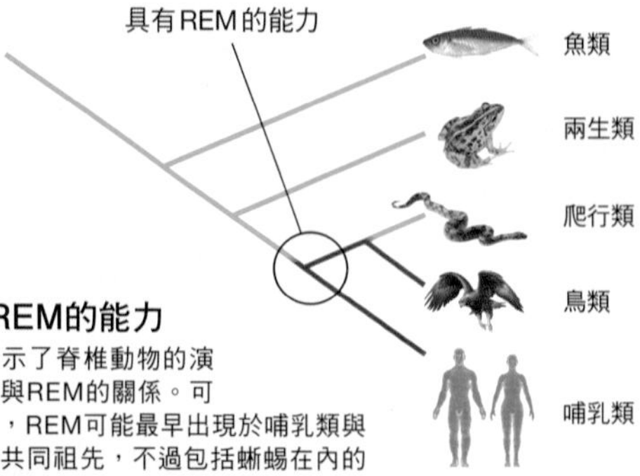

具有REM的能力

圖中顯示了脊椎動物的演化系統與REM的關係。可以看出，REM可能最早出現於哺乳類與鳥類的共同祖先，不過包括蜥蜴在內的部分爬行類，也有REM的能力。

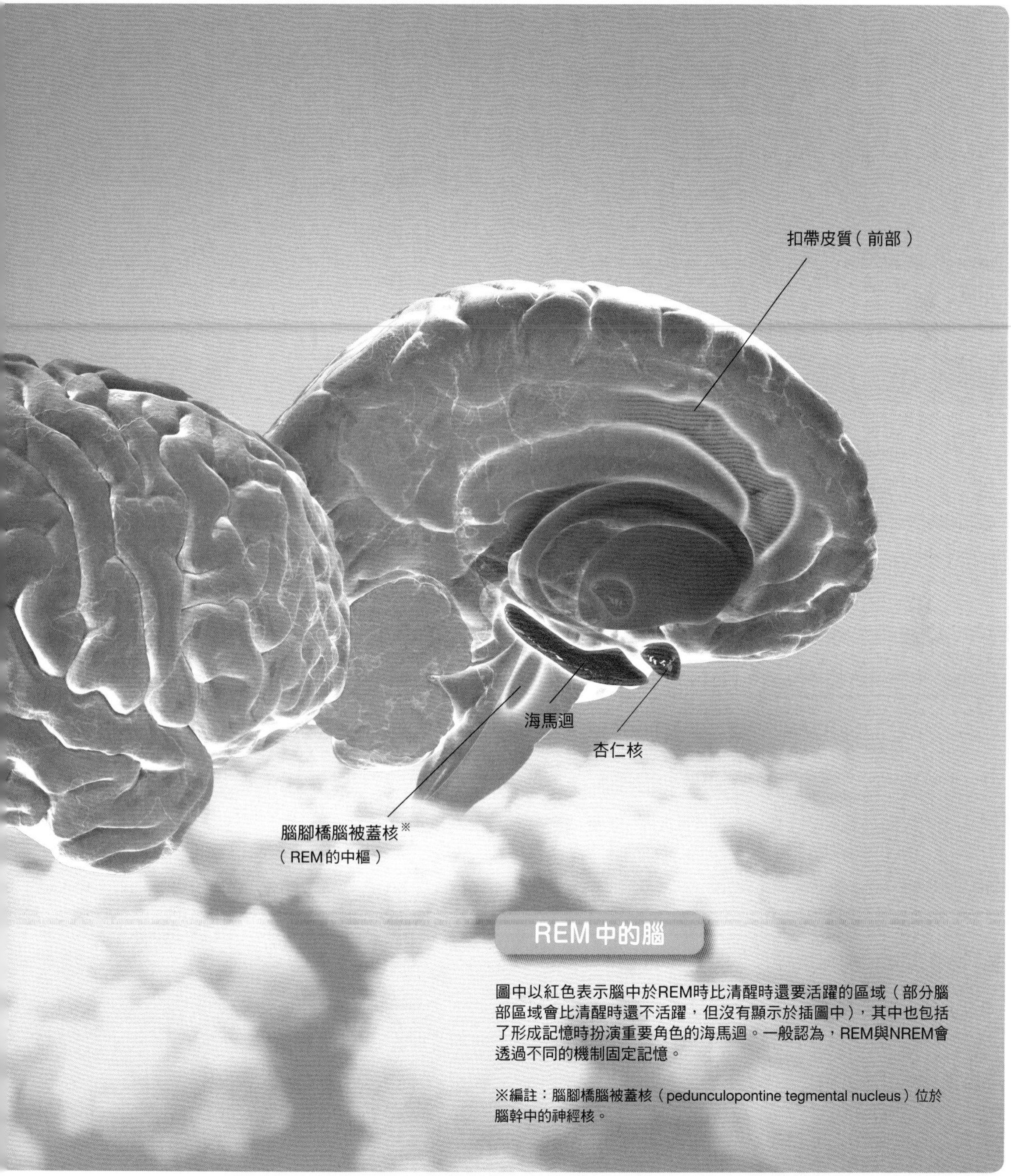

REM中的腦

圖中以紅色表示腦中於REM時比清醒時還要活躍的區域（部分腦部區域會比清醒時還不活躍，但沒有顯示於插圖中），其中也包括了形成記憶時扮演重要角色的海馬迴。一般認為，REM與NREM會透過不同的機制固定記憶。

※編註：腦腳橋腦被蓋核（pedunculopontine tegmental nucleus）位於腦幹中的神經核。

記憶會在睡眠中自由自在地彼此串聯？

作夢時，我們的腦中究竟發生了什麼事呢？

腦處於REM時期，會阻斷來自周圍的感覺資訊。另一方面，位於大腦下方的橋腦，則會釋放出「乙醯膽鹼」（acetylcholine）這種神經傳導物作為訊號，傳遞到大腦的多個區域。這會強烈刺激視覺聯合區，產生可以說是虛構視覺資訊的「夢」。

夢的「材料」就是保存於海馬迴、大腦皮質神經迴路（神經元的網路）中的「記憶」。清醒時，腦可以僅選擇必要的迴路，抑制不必要的資訊傳遞至意識。雖然在NREM睡眠

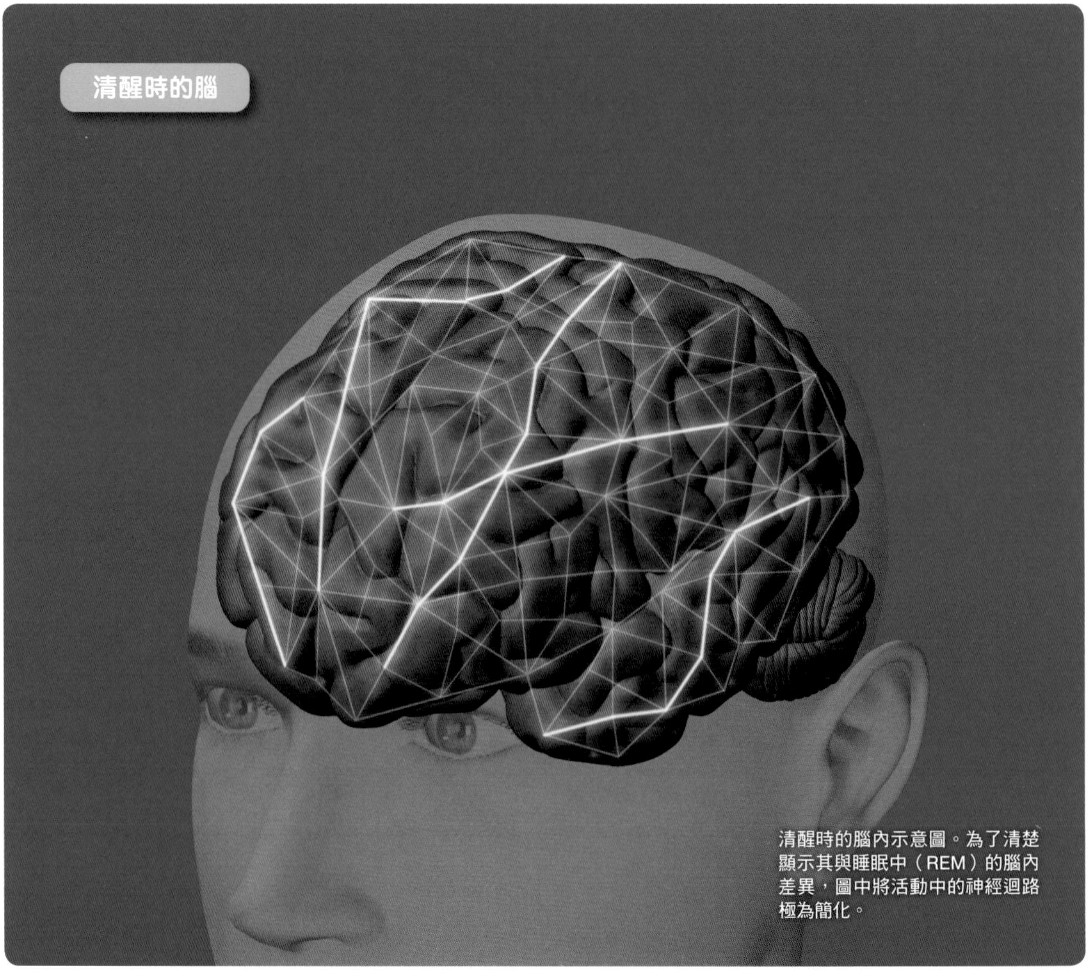

清醒時的腦內示意圖。為了清楚顯示其與睡眠中（REM）的腦內差異，圖中將活動中的神經迴路極為簡化。

中受到抑制，不過醒來後，沒有連接的記憶也可能會互相連結在一起。

許多在歷史上留名的天才，都曾有過「在夢中靈光一閃」的故事。譬如西班牙畫家達利（Salvador Dalí，1904～1989）有多幅作品畫出在夢中看到的景象。德國化學家凱庫勒（August Kekulé，1829～1896）也在夢中看到串連在一起的原子像蛇一樣扭動，頭部咬住尾部連成一圈，進而想到由6個碳原子排列成六邊形的「苯環」結構。

天才的靈光一閃

夢中的靈光一閃不只會發生在天才身上，一般人也會有這樣的體驗。不過，天才擁有遠高於凡人的集中力、興趣、努力，故腦中會累積相當龐大的知識與經驗，進而產生許多概念的組合（嶄新的發現或發想）。

睡眠中的腦

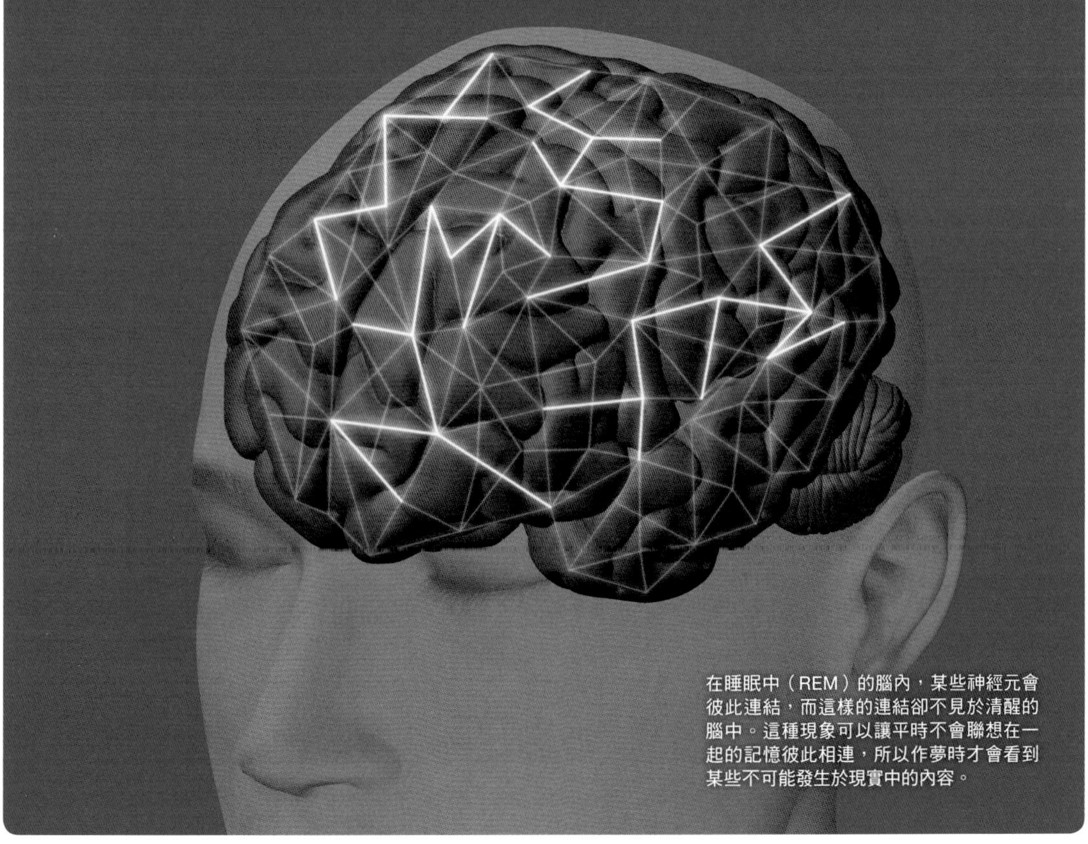

在睡眠中（REM）的腦內，某些神經元會彼此連結，而這樣的連結卻不見於清醒的腦中。這種現象可以讓平時不會聯想在一起的記憶彼此相連，所以作夢時才會看到某些不可能發生於現實中的內容。

那個「靈異現象」肇因於特殊的腦作用

俗稱「鬼壓床」是睡覺時身體突然動彈不得的現象。許多人認為鬼壓床是靈異現象，不過醫學上稱為「睡眠麻痺」(sleep paralysis)，是可以用科學角度說明的。

當人進入睡眠狀態之後，一開始會先進入NREM時期。不久後，身體會保持在休息狀態，腦卻會進入接近清醒狀態的REM。如果壓力太大，或者睡眠週期長期處於不規律狀態，這個順序就會亂掉，在入眠的最初階段就直接進入REM，而鬼壓床就是發生在這個時期。

鬼壓床的人所見的東西，全部都是「夢」。不過在鬼壓床的過程中，意識通常會比一般的NREM還要清楚，因此會有許多不覺得那是夢的鮮明體驗（入睡幻覺）。

在哪些狀況下容易發生鬼壓床呢？江戶川

鬼壓床症狀
- 恐怖感
- 幻覺與幻聽
- 無法發出聲音
- 無法移動身體
- 感覺旁邊有人
- 好像有什麼東西壓在身上
- 好像有什麼東西在觸碰自己

之所以無法移動身體，是因為腦無法將指令傳送到肌肉。而會感到呼吸困難，是因為加速呼吸的交感神經與減緩呼吸的副交感神經發生衝突（→第138頁）。

大學的福田一彥教授提出了以下兩個要素，一個是「1小時以上的長時間午睡」。原本在REM之前，會有一段「NREM時期」，但在長時間午睡後預先用掉了這段NREM時期，使得晚上睡覺時馬上進入REM期，便容易出現鬼壓床現象。

另一個要素則是「仰躺」睡姿。如果是側躺，容易因無法保持姿勢而改變睡姿（改變睡姿的動作可能會妨礙睡眠）。不過仰躺對肌肉的負擔較小，故較容易進入REM。

另外，福田教授的研究指出，多數人約在十多歲時首次體驗到鬼壓床，在這之後發生頻率會逐漸降低。不過目前尚不清楚原因出在生物學上的因素，還是因為年齡增長造成生活型態改變進而影響睡眠。

鬼壓床的機制

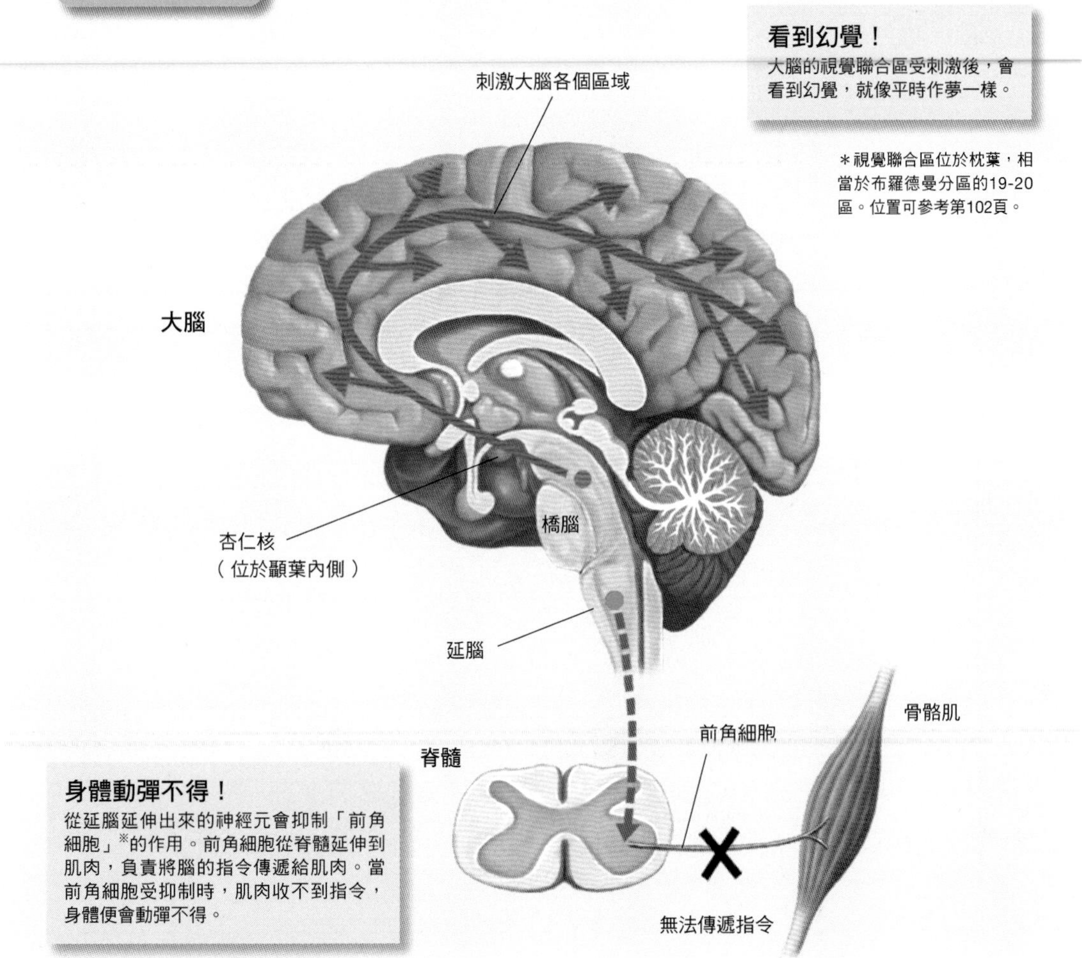
看到幻覺！
大腦的視覺聯合區受刺激後，會看到幻覺，就像平時作夢一樣。
＊視覺聯合區位於枕葉，相當於布羅德曼分區的19-20區。位置可參考第102頁。
刺激大腦各個區域
大腦
杏仁核
（位於顳葉內側）
橋腦
延腦
脊髓
前角細胞
骨骼肌
無法傳遞指令
身體動彈不得！
從延腦延伸出來的神經元會抑制「前角細胞」※的作用。前角細胞從脊髓延伸到肌肉，負責將腦的指令傳遞給肌肉。當前角細胞受抑制時，肌肉收不到指令，身體便會動彈不得。

※編註：脊髓灰質的前端部分稱為前角（anterior horn），內含運動細胞。

「呵欠」是為了提醒腦要清醒過來

在無聊的課程或無聊的會議中，常讓人不自覺地「打呵欠」。過去人們認為打呵欠的原因是室內的氧氣不足，不過目前的研究結果指出，腦部組織溫度上升，才是觸發呵欠的原因※（有研究報告指出，室內的氧氣濃度下降，或是二氧化碳濃度上升，並不會影響打呵欠的頻率）。

呵欠可以在當下提醒腦應該要清醒過來。運動員比賽前或是音樂家演奏前等「重要場合之前」，也時常會打呵欠。這是因為作為腦中呵欠中樞的下視丘「室旁核」（paraventricular nucleus），同時也是心理壓力、肉體疼痛的處理中樞。動暈症（暈車、暈船等）或空腹時打的呵欠，也可能是由相同原因造成。

不過常打呵欠也可能是睡眠時呼吸中止症等疾病的症狀，若呵欠過於頻繁，可至呼吸胸腔內科看診確認一下比較保險。

※編註：打呵欠可增加心率和血流量，將大量空氣傳遞到大腦，為這一區域的血液降溫。

貓會靠打呵欠抒發壓力

貓是日常生活中常見的動物，在牠們跳躍失敗，或是看到陌生人的時候，常會打呵欠。這種行為稱作「替代性活動」（displacement activity），也就是靠打呵欠來克服心理動搖與壓力。除了打呵欠之外，替代性活動還包括磨爪子、舔毛等行為。

呵欠的觸發

腦部組織溫度過高，是誘發呵欠的原因之一。

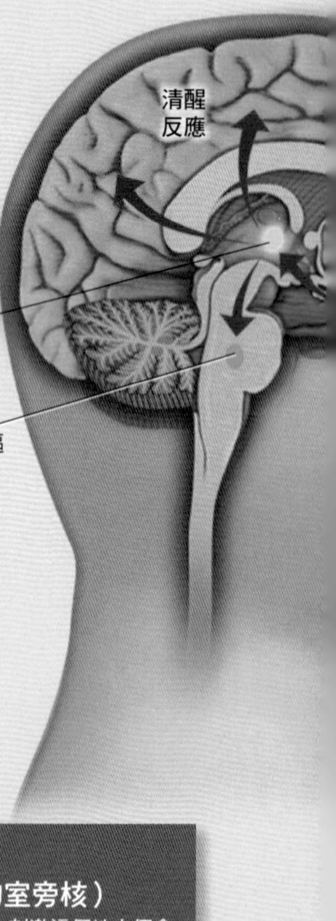

呵欠中樞
（下視丘的室旁核）
在動物實驗中，刺激這個地方便會誘發呵欠。室旁核是處理疼痛與心理壓力的中樞。

＊圖中畫出了室旁核對大腦與呼吸中樞發出指令的路徑。

與打呵欠同時出現的各種反應

大腦清醒
主要是由臉部肌肉刺激清醒中樞（腦幹網狀結構），使大腦清醒。室旁核也可不透過肌肉運動，由其他路徑直接刺激清醒中樞。

流淚
老鼠打呵欠時也會產生流淚。

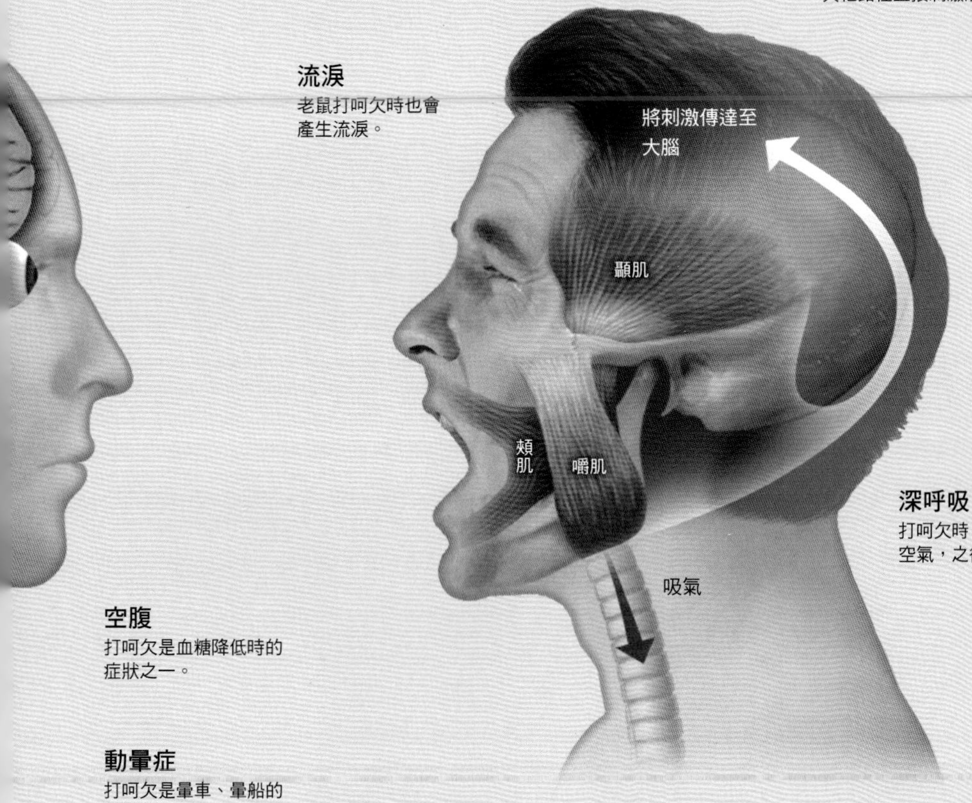

深呼吸
打呵欠時，會吸進大量空氣，之後再吐出。

空腹
打呵欠是血糖降低時的症狀之一。

動暈症
打呵欠是暈車、暈船的症狀之一。

伸展肌肉
打呵欠時，臉頰上的「嚼肌」等肌肉會用力拉開，有時也會有全身「伸展」開來的感覺。

又強又亮的光會擾亂睡眠節律

到了晚上，松果體（pineal body）會釋放有生理時鐘功能的「褪黑激素」（melatonin）到全身。體內褪黑激素增加時，會產生強烈睡意，引導進入睡眠狀態。另一方面，若早上起床時沐浴在強光（太陽光等）下，便會重置生理時鐘，並抑制褪黑激素分泌，使腦在清醒狀態下活動。

若晚上沐浴在強光下，會將生理時鐘往回撥1～2小時，延後褪黑激素的分泌時間（光本身會抑制褪黑激素的分泌）。結果便會造成我們睡得不好。

各種強光中，近年來較受關注的是智慧型手機或電腦畫面發出的光，其中又以「藍光」最受關注。眼睛視網膜上排列著許多「神經節細胞」（ganglion cell），部分神經節細胞可感受到藍光。神經節細胞與生理時鐘的調節有關，所以如果晚上看到過多藍光，會打亂原本的生理時鐘。

延緩生理時鐘的藍光（→）

可將眼睛視為一種相機。「視細胞」的功能相當於相機的底片（或是感光元件），而「神經節細胞」則可判斷環境亮度，功能相當於攝影時的測光表。

部分神經節細胞（感光性視網膜神經節細胞）可依照接收到的藍光資訊，調節生理時鐘。

智慧型手機的光

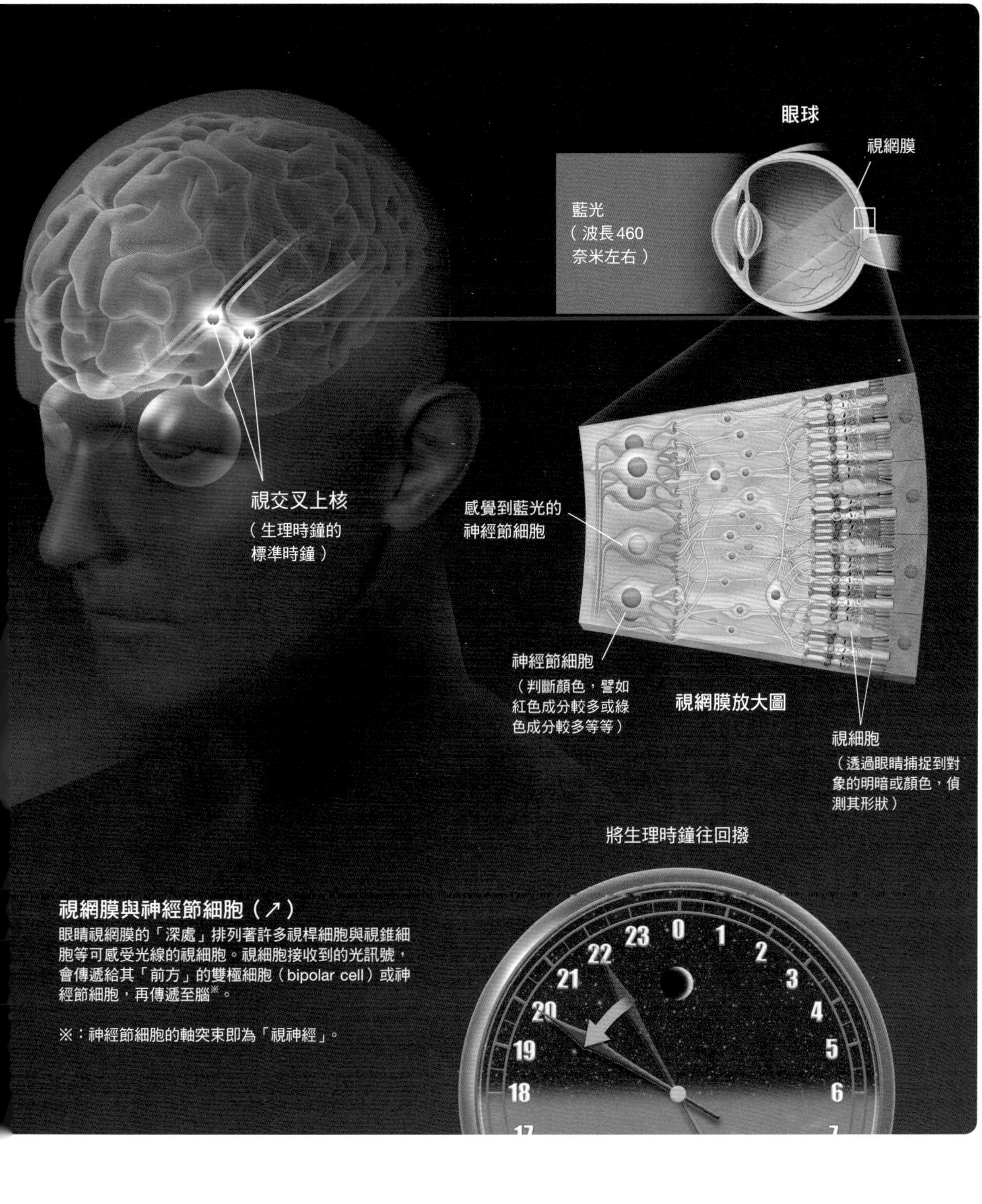

視網膜與神經節細胞（↗）

眼睛視網膜的「深處」排列著許多視桿細胞與視錐細胞等可感受光線的視細胞。視細胞接收到的光訊號，會傳遞給其「前方」的雙極細胞（bipolar cell）或神經節細胞，再傳遞至腦※。

※：神經節細胞的軸突束即為「視神經」。

阻斷助眠物質反應的「咖啡因」

當我們覺得無聊時，經常會想睡覺，而當覺得有幹勁，或者對眼前的事物很有興趣時，就會清醒過來。目前我們尚未完全瞭解其中的機制，但日本筑波大學睡眠醫學研究所的拉撒路（Michael Lazarus）副教授與大石陽助理教授團隊於2017年發表的研究結果中，揭開了謎團的一隅。

大腦基底核中有個被稱為「依核」（nucleus accumbens）的區域，其上有許多擁有神經傳導物「腺苷」受體的神經細胞。研究團隊在小鼠實驗中已知，這些受體與腺苷結合後會促進小鼠睡眠。另一方面，若給予小鼠牠們愛吃的巧克力、愛玩的玩具，或是讓異性小鼠同居，小鼠腦部的「腹側蓋區」（ventral tegmental area）就會釋放「多巴胺」，抑制依核的活動，促使個體清醒過來。

另外，咖啡與茶裡面含有的「咖啡因」，也有阻斷腺苷作用的效果。咖啡因的化學結構與腺苷相似，能與腺苷受體結合，阻斷受體的反應。這樣一來，便讓腺苷無法與受體結合，使我們保持在清醒狀態。

腦內咖啡因的運作機制

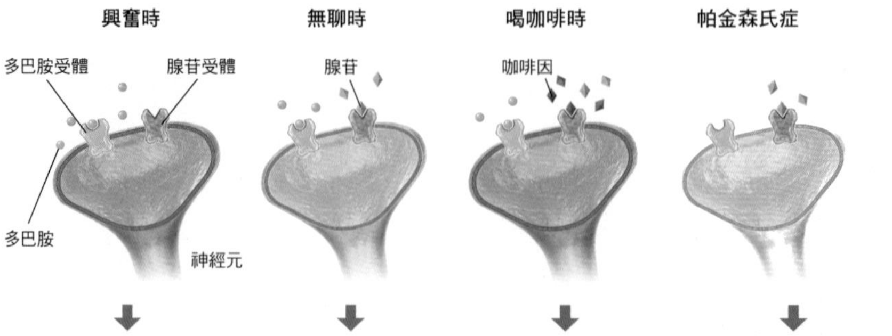

依核神經元上的多巴胺受體與多巴胺結合後，會抑制神經元運作，使個體保持清醒。

當腺苷與腺苷受體結合之後，就會抑制多巴胺的作用，依核神經元順利運作，使個體想睡。

咖啡因形狀與腺苷類似，易與腺苷受體結合（阻礙腺苷作用），使個體保持清醒。

多巴胺較少，使腺苷作用過強。依核神經元過度活躍，抑制個體的活動。

＊「帕金森氏症」患者的多巴胺分泌量極少，個體的活動量相當低。

強烈睡意突然襲來的「猝睡症」

柳澤教授的研究團隊於1998～1999年※時，發現「食慾素」能讓清醒中樞處於優勢。一開始人們認為食慾素是控制食慾的物質，不過後來有人發現天生無法製造食慾素的小鼠會突然沉睡，才確認到食慾素是讓人類穩定處於清醒狀態時的必要物質。

小鼠突然沉睡的這種症狀稱作「猝睡症」（narcolepsy）。若是沒有食慾素，個體就無法穩定維持清醒狀態，強烈睡意可能會在任何時間、任何地點突然襲來，使個體在數秒內陷入沉睡。另外，因為這種個體會頻繁切換清醒與睡眠狀態，也可能在睡眠時突然醒來。可能會讓人在日常生活中，導致嚴重事故與嚴重失敗，屬於相當嚴重的疾病（睡眠障礙）。

由小鼠實驗可以知道，若將食慾素直接注入腦中，便可改善猝睡症的情況，但目前尚未找到治本方法（可緩和症狀的藥物）。順帶一提，即使服用含食慾素的藥物也沒有用，因為食慾素的分子過大，無法抵達腦中。

※：教授當時人在美國的德州大學。

猝睡症機制
腦的神經元表面有食慾素的受體。當食慾素與受體結合時，可以維持個體清醒。當體內無法製造食慾素時，便會導致猝睡症（睡眠障礙）。

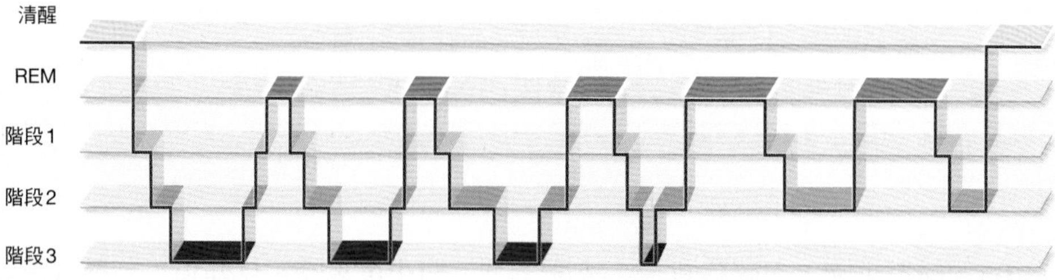

正常睡眠 REM並非於入眠後馬上出現，而是在NREM之後出現。

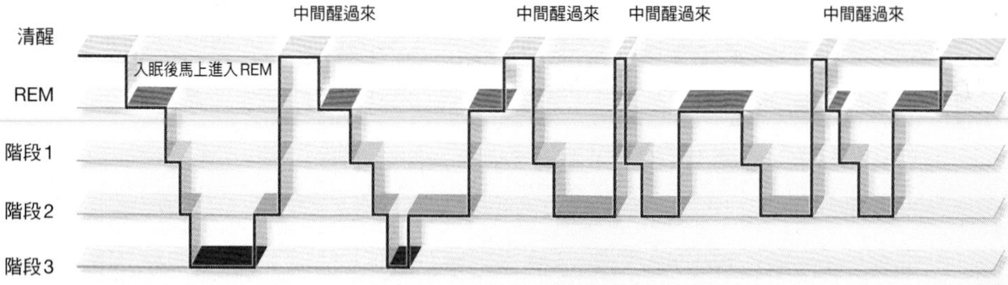

猝睡症患者的睡眠 入眠後馬上進入REM，或者出現其他不規則睡眠狀況，常會睡到一半醒過來。

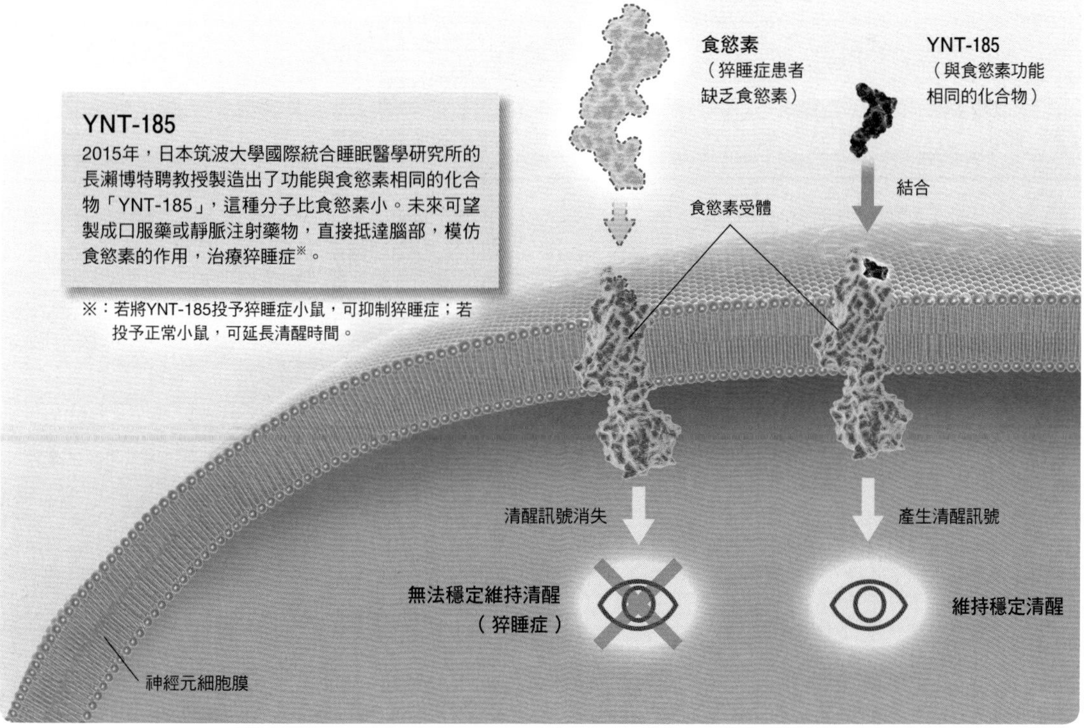

YNT-185

2015年，日本筑波大學國際統合睡眠醫學研究所的長瀨博特聘教授製造出了功能與食慾素相同的化合物「YNT-185」，這種分子比食慾素小。未來可望製成口服藥或靜脈注射藥物，直接抵達腦部，模仿食慾素的作用，治療猝睡症※。

※：若將YNT-185投予猝睡症小鼠，可抑制猝睡症；若投予正常小鼠，可延長清醒時間。

針對食慾素作用機制開發的「助眠藥」

當我們長期處於失眠狀態時，會使用助眠藥。助眠藥大致上可分成兩種，分別是「鎮定腦部，引導個體睡眠」，及「抑制腦的清醒機制，使個體自然產生睡意」。

前者例如「苯二氮平受體作用藥」（benzodiazepine），其有效成分可刺激腦內的苯二氮平受體，促進有催眠、鎮靜功能的神經傳導物「GABA」作用。苯二氮平受體作用藥的藥效強、安全性高，但在個體起床後藥效仍會持續，反而容易妨礙生活，譬如會肌肉鬆弛、無法施力、容易跌倒、暈眩，另外還容易產生依賴性（成癮性）、耐藥性、反彈性失眠（rebound insomnia）※等副作用。

另一方面，能自然引發睡意的助眠藥近年來漸受矚目，「食慾素受體拮抗藥」就是其中之一。顧名思義，這種藥物會阻礙食慾素與受體結合，引導個體入眠。而「褪黑激素受體作用藥」的作用與調節生理時鐘、引發睡眠的褪黑激素相同，故有調節生理時鐘，改善失眠、睡眠清醒節律等藥效。

※：停藥後，失眠情況會比以前更嚴重的症狀。

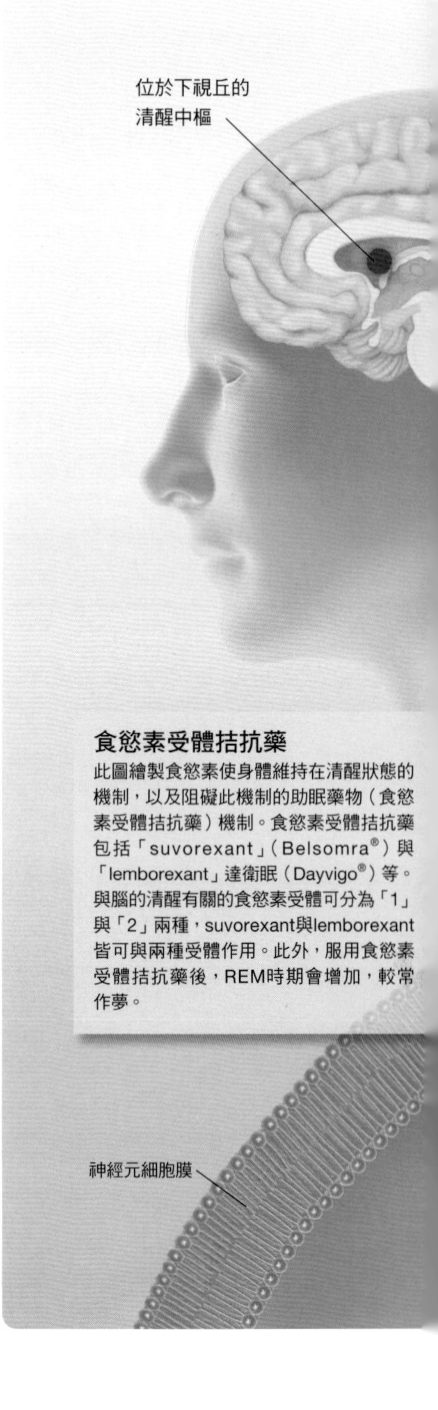

食慾素受體拮抗藥
此圖繪製食慾素使身體維持在清醒狀態的機制，以及阻礙此機制的助眠藥物（食慾素受體拮抗藥）機制。食慾素受體拮抗藥包括「suvorexant」（Belsomra®）與「lemborexant」達衛眠（Dayvigo®）等。與腦的清醒有關的食慾素受體可分為「1」與「2」兩種，suvorexant與lemborexant皆可與兩種受體作用。此外，服用食慾素受體拮抗藥後，REM時期會增加，較常作夢。

專欄 COLUMN 芥川龍之介與助眠藥

在苯二氮平類助眠藥出現以前（20世紀前期），人們使用的是與清醒作用有關、作用於大腦皮質或腦幹以改善睡眠障礙的「巴比妥酸類」（Barbituric acid）助眠藥。譬如「佛羅拿」（Veronal）就曾在芥川龍之介的小說《齒輪》中登場。佛羅拿的副作用很強，服用量過多的話會致死，易產生依賴性、耐藥性，目前已幾乎不使用。

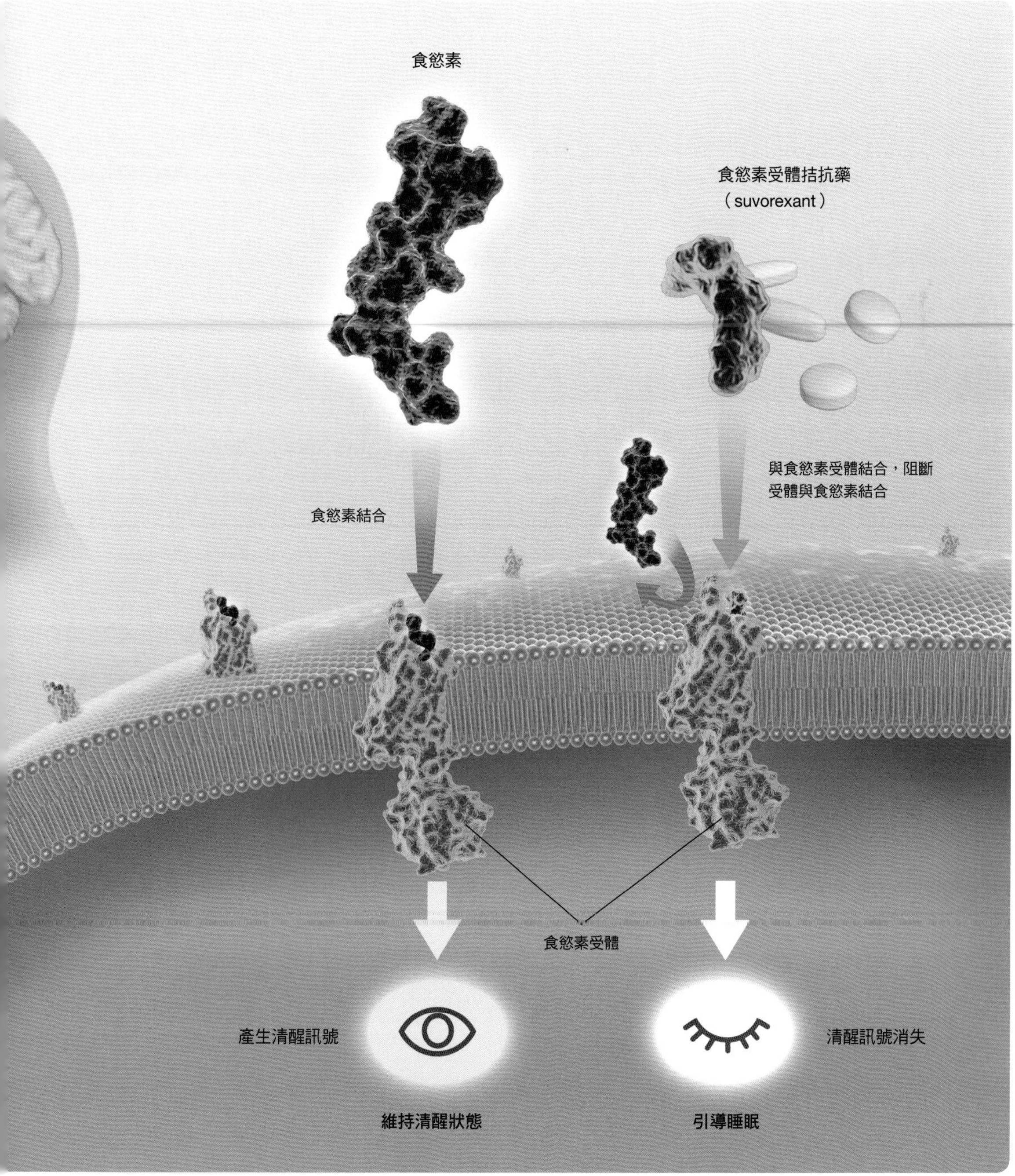
食慾素
食慾素受體拮抗藥
（suvorexant）
與食慾素受體結合，阻斷
受體與食慾素結合
食慾素結合
食慾素受體
產生清醒訊號
清醒訊號消失
維持清醒狀態
引導睡眠

COLUMN

科學也有證據支持「孩子多睡長得快」

當我們熱衷於某個興趣，沉浸其中無法自拔時，常會熬夜到天亮。若是熬夜，會增加一天的活動時間，但出錯的頻率會增加、判斷力也會下降。一項報告指出，熬夜後，腦功能會下降到接近酒醉時的狀態。

那麼，人如果不睡覺的話又會如何呢？

加德納的斷眠實驗

人類的連續斷眠紀錄中，美國聖地牙哥高中生加德納（Randy Gardner，1946～）應是相當著名的紀錄之一。1964年時，17歲的加德納選擇「斷眠對人體的影響」作為自由研究主題。於是在睡眠研究權威（創造出「睡眠債」一詞）史丹佛大學睡眠研究中心創辦人德門特（William Dement，1928～2020）博士的見證下，開始挑戰不睡覺。

加德納在頭腦清醒的時候，和平常沒什麼差別。不過當睡意來襲時，就會出現各種症狀。譬如在斷眠第2天時，無法固定住視覺焦點。第4天時會出現幻覺，譬如把道路標誌誤認為人（也出現了失去片段記憶的情況）。第7天時講不出通順的話語，第8天時連發音都不清楚。而且在實驗期間，研究團隊觀察到他的手指與眼球在顫抖，連睜開眼皮都有些困難。在斷眠期間，加德納完全沒有吃下或喝下咖啡等有興奮作用的食物。

加德納的斷眠共持續了11天（264小時），超過了當時的世界紀錄「260小時」。他在實驗結束後睡了14小時40分鐘。

長期斷眠會對腦造成損害，是相當危險的行為，資料顯示後來加德納也留下了後遺症。這也是現代實驗倫理不允許的實驗（以前長期斷眠曾經被當作拷問或是刑罰方式），絕對不能

斷眠實驗開始

早上6點起床。

無法固定視覺焦點。

情緒不穩定，想吐。

欠缺集中力，看到幻覺。

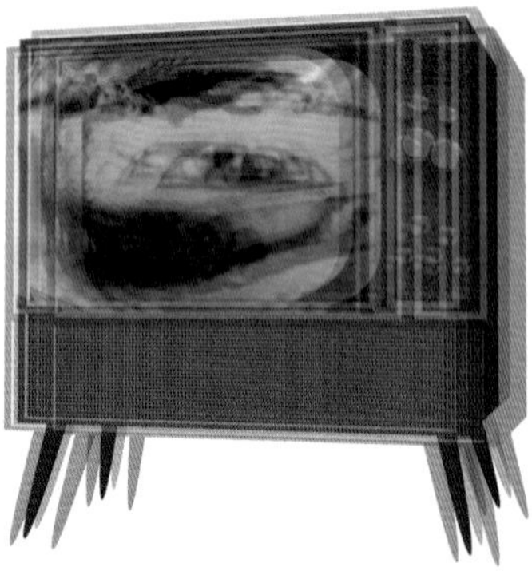

12月29日

斷眠第2天，加德納已難以固定視覺焦點。眼睛相當疲勞，所以之後他便不再看電視。

12月31日（→）

出現幻覺，把道路標誌看成人。另外，集中力與記憶力皆開始下降※。

模仿。

生長激素會在睡眠時分泌

自古以來，人們就常說「睡得多的孩子長得快」，這句話事實上有現代科學證據支持。在孩子的身體成長過程中，「生長激素」

加德納的斷眠實驗（↓）

以下列出加德納在實驗進行期間，每一天出現的症狀。其他斷眠實驗中也有類似症狀，故可說是一般情況下的症狀。

斷眠實驗結束

斷眠第5天	斷眠第6天	斷眠第7天	斷眠第8天	斷眠第9天	斷眠第10天	斷眠第11天	斷眠第12天
January 1	January 2	January 3	January 4	January 5	January 6	January 7	January 8
斷續續地出幻想。	立體視覺能力下降。	明顯無法說出通順的話語。	發音變得不清楚。	思考片段化，無法唸完一段句子。	記憶力與言語相關能力低落。		早上6點就寢。

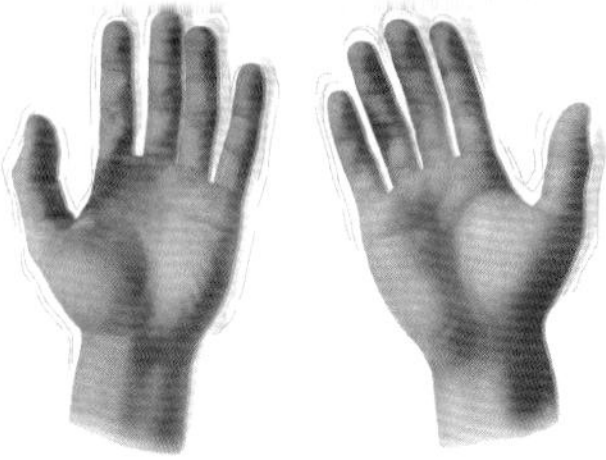

在實驗期間，若加德納伸直手臂，手指就會開始抖動。另外，就算他想睜大眼睛，也難以撐開眼皮（眼瞼下垂），眼球也有些微顫抖的現象。隨著斷眠日數的增加，說話速度越來越慢，也說得越來越不通順，抑揚頓挫逐漸消失。

※：研究人員推測，加德納的腦可能在他自己沒有注意到的情況下，進入了短時間的睡眠狀態「微睡眠」。

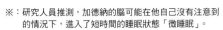

1月4日、5日
斷眠第8天，發音變得不明確。到了第9天，甚至沒辦法把一句話說完。

（growth hormone）扮演相當重要的角色。在被視為深度睡眠的NREM階段3，特別是第一次NREM時，生長激素的分泌量特別多。

腦垂腺（pituitary gland）所釋放的生長激素可透過血液流經全身，促進全身骨骼伸長、肌肉增大。生長激素在青春期（約10～20歲）的後期分泌最多，之後會逐漸下降，與保持肌肉量、維持正常新陳代謝等功能有關。也就是說，不管是小孩還是大人，好好睡覺都非常重要。不過要注意的是，睡眠時間越長，並不表示身體就會成長得比較快或比較健康。

4

腦的運作、疾病

How the human brain works / Brain disease

腦並沒有分成「男腦」、「女腦」

坊間盛傳「男生比較不懂得傾聽」、「女生比較不擅長讀地圖」等說法。提出這些說法的人認為，男女的腦中結構、性質並不相同，譬如男性的空間認知能力較好、女性的語言能力較好等等。

不同性別的人，腦的結構會不一樣嗎？統計資料顯示，男性的大腦較大，女性腦中連接左右大腦半球的「胼胝體」較厚，但腦的結構基本上相同。另外，比起男女間的差異，腦在個人間的差異還比較大，所以若要說明男女能力或氣質的不同，光靠腦的差異還不夠充分（或是資料不足）。

關於腦的結構、功能，也有人說「腦越大（或是皺褶越多），就越聰明」。實際觀察許多腦標本後發現，腦的大小或額葉的總面積，確實與智商（IQ）大致成正比，不過這之間的關係並沒有強到能用個人腦部大小來估算智力高低。

不同個體的「腦」之間有很大的差異

目前並沒有證據能證明「男生（女生）比較擅長或不擅長某件事」。

談到能力差異時，與腦的形態、體積、重量相比，腦整合或處理資訊的能力、傳遞資訊的神經機制等更為重要。不過，目前還不曉得神經迴路如何形成，與各種特定能力又有什麼關係。

右腦型人類為「藝術型」，左腦型人類為「邏輯型」？

想必有不少人都聽過「右腦型（常用右腦的人）擅長藝術，左腦型（常用左腦的人）擅長邏輯」，這個說法正確嗎？大腦左右半球在某些功能上有一定差異，這是事實。在掌握物體於空間中的位置時，右大腦半球（右腦）較佔優勢※。另一方面，發揮言語相關功能時，則多是左大腦半球（左腦）較佔優勢。

雖說在特定功能上，左右大腦半球的活動量有一定差異，但如果直接將其連結到藝術性能力、邏輯性能力、氣質的話，不免過於武斷。而且，即使其中一個半球較佔優勢，

將受試者分成：①抑制左腦運作（右腦運作較活躍）、②抑制右腦運作（左腦運作較活躍）、③僅一開始給予刺激後馬上停止，接著給予偽刺激等三個組別。刺激結束後，請受試者回答使用火柴棒的益智問題。結果①的答對率約為60%，②與③皆約20%。

這個實驗結果顯示，每個人都有可能提升自己的能力。不過，這種行為在倫理上有許多問題，許多研究者對其抱持否定態度。

①

促進右腦活動　抑制左腦活動

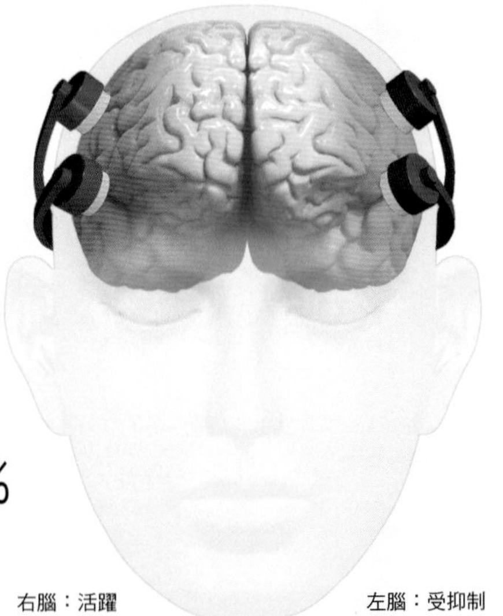

答對率 60%

右腦：活躍　左腦：受抑制

益智問題的內容

試移動 1 根火柴棒，修正原本錯誤的數學式。在受試者接受刺激之前，會先請他們回答與問題 1 解法相同的27個問題。因此，在面對需用到不同解法的問題2與問題3時，會被解問題1時的框架圍限，導致在解問題 2 與 3 時陷入困境。

一般認為，左腦擅長記住有固定型式、常態化的事物，右腦則在想出新方法時扮演重要角色。對受試者的腦施予電刺激，或許能讓「思考僵化」的腦，產生暫時性的變化。

問題　以下是以火柴棒排列而成的羅馬數字計算式，請移動一根火柴棒，改成正確的計算式。

1.　答案

也不表示只有那個半球在運作。

澳洲雪梨大學「精神研究中心」主任史奈德（Allan Snyder）博士等人在2011年做了一個實驗，研究人員在短時間內以人工方式改變受試者左右腦的運作平衡。結果發現，抑制左腦的組別（右腦較活躍的組別），在回答研究人員給予的「益智問題」時，答對率較高。

※：右大腦半球的活動量相對上比左大腦半球高。

史奈德博士的實驗（↓）

研究人員將電極配置於特定區域，在皮膚上方通以微弱電流。此時負極下方的神經元活動會活躍起來，正極下方的神經元活動則會被抑制。這種狀態可持續到電流中斷後的1小時內。史奈德博士等人便是透過這種「經顱直流電刺激」（transcranial Direct Current Stumulation，tDCS）方法，對60名慣用右手的受試者做實驗。

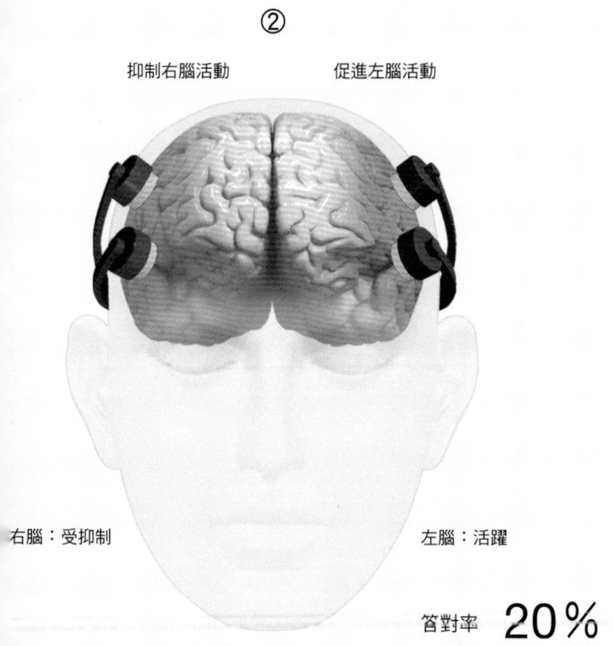

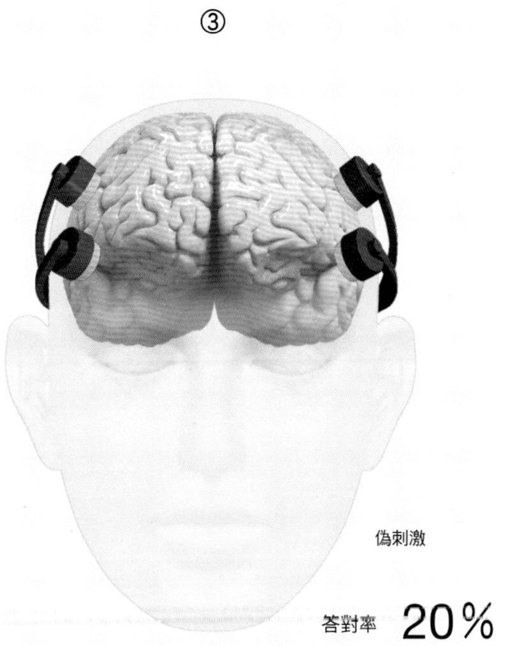

2.

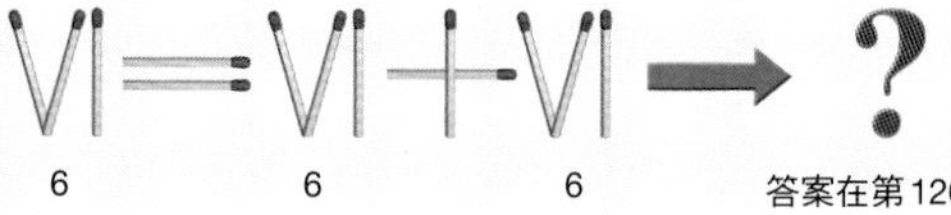

答案在第126頁

3.

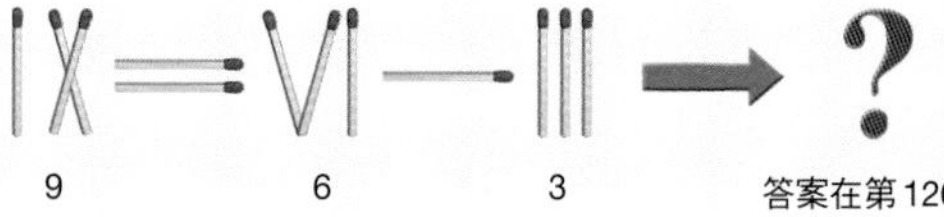

答案在第126頁

SECTION 48

empathy

同理心

讓我們產生同理心的激素「催產素」

每個人都有不同的性質與特徵，理解並能夠體會他人心情的「同理心」也是其中之一。除了人類之外，小鼠、狗、象等哺乳類動物皆有「同理心」。

同理心與「催產素」（oxytocin）這種激素有關，催產素由腦的下視丘（室旁核與視上核）製造，由腦垂腺分泌。催產素可以促進生產※、減輕壓力、緩和疼痛。若參與神經活動（做為神經傳導物），則可以產生同理心、愛情、信賴感、安心感、社會性等效果。

肌膚接觸、給嬰兒哺乳等行為，可提升血液中的催產素濃度。在人與狗的實驗中，當兩者對看時，會促使兩者分泌催產素。不過，關於催產素的作用機制，目前仍有許多不明瞭之處。

※：有些引產（labour induction）用藥中含有催產素成分。

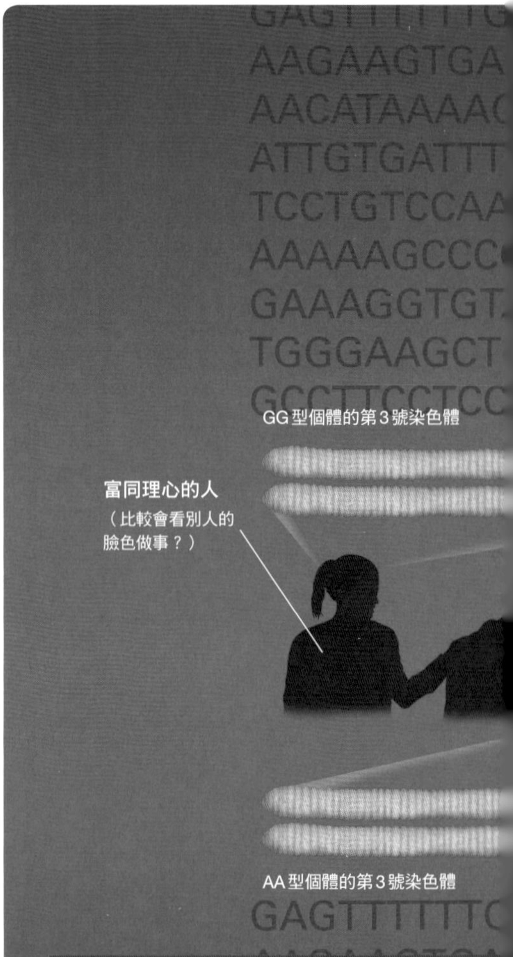

影響同理心的催產素受體基因類型

在腦中神經元之間的相接處，會用到「催產素受體（Oxytocin receptor，OXTR）傳遞訊號，其基因可以成「G」與「A」兩種類型。原則上，遺傳資訊會包含個同種類基因，這兩個基因的單核苷酸多型性（single nucleotide polymorphism，SNP）組合共有「GG」「GA」、「AA」等三種。

在「同理心測試」中，會檢驗受試者是否能從對方眼神中，正確解讀對方的情感。結果顯示，GG型個體績的平均值，約比GA型、AA型還要高5%左右。研究果亦指出，在受試者從表情讀取情感時，與喜怒哀樂認知有關的杏仁核，也會變得比較活躍。

第125頁問題的答案

問題2

問題3

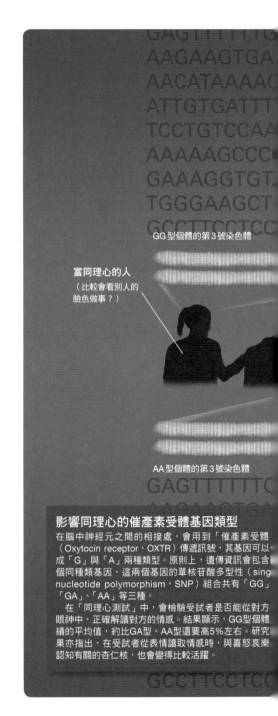

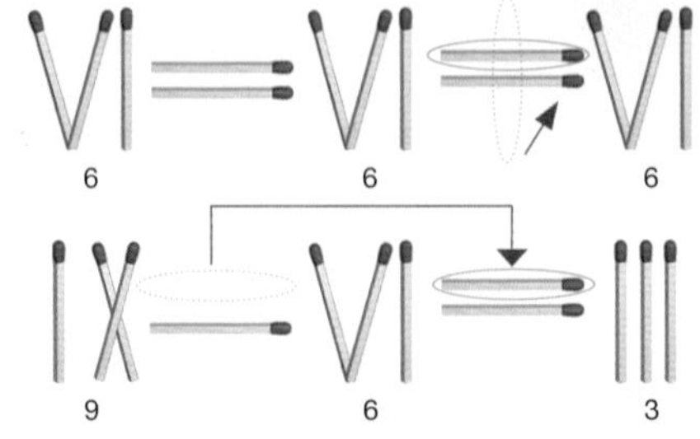

※：人類擁有的遺傳資訊，基本上沒有太大差異。不過，個人之間或種族之間的鹼基序列，在某些位置上有所差異（稱為單核苷酸多型性，簡稱SNP），這些差異顯示出了每個個體的性質、特徵、個性。

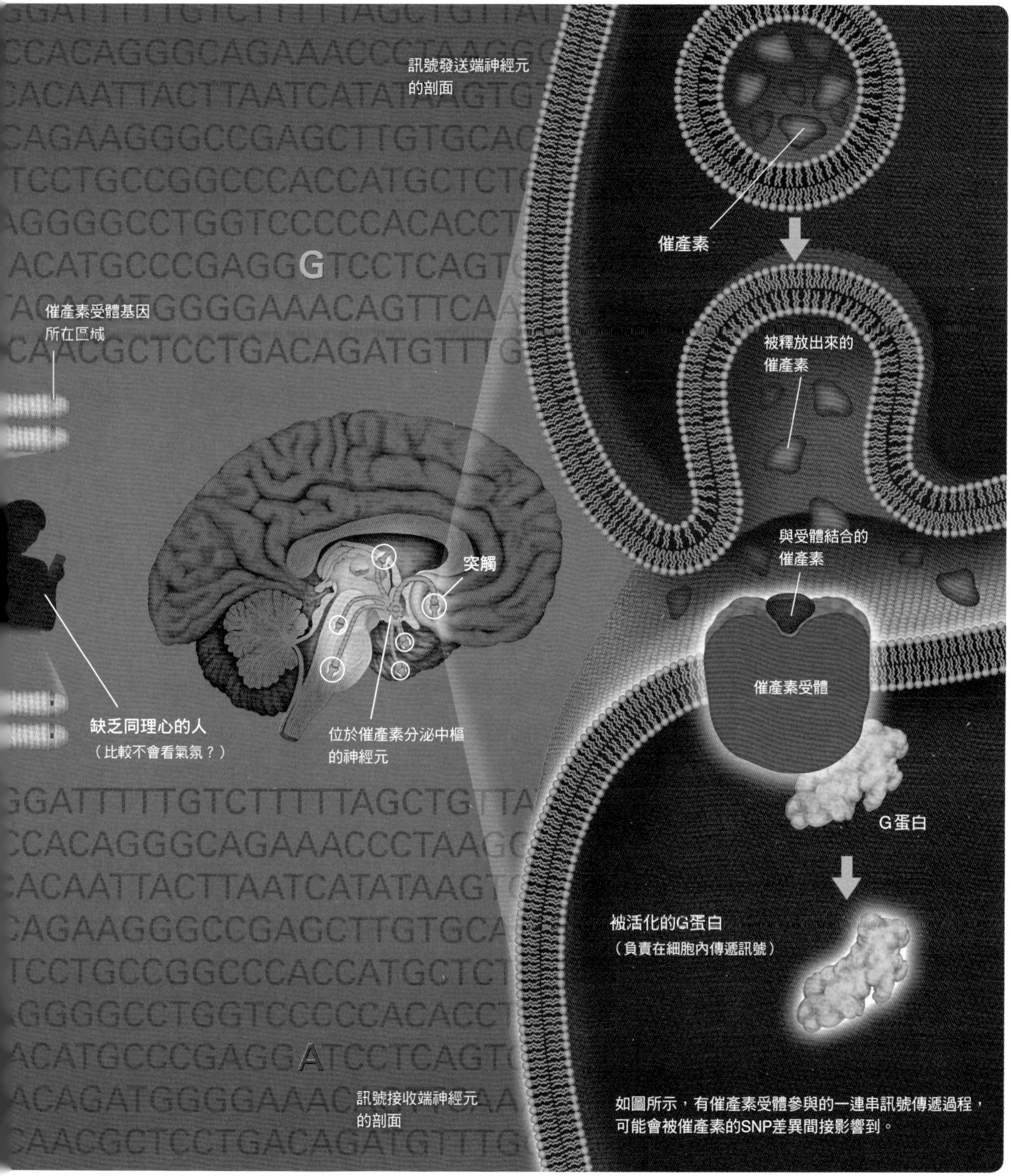

如圖所示，有催產素受體參與的一連串訊號傳遞過程，可能會被催產素的SNP差異間接影響到。

與攻擊性有關的「單胺氧化酵素A」

於腦中發揮作用，且與情感有關的神經傳導物包括「多巴胺」、「正腎上腺素」（noradrenaline）、「血清素」（serotonin）等。多巴胺與快感及慾望有關，正腎上腺素與學習及恐懼控制有關，血清素則可控制不安及睡眠，與穩定精神有關。

某個家族中，有許多常做出衝動行動、攻擊性行動的成員，罪行包括縱火、強姦、暴露狂等等。荷蘭的遺傳學家，布魯納（Han Brunner，1956～）試著研究這個家族的基因，發現該家族的「單胺氧化酵素 A」（monoamine oxidase，MAO-A）這個蛋白質的基因有異常，家族中有多名男性成員完全無法製造MAO-A。

MAO-A有讓多巴胺、血清素氧化的作用。氧化後的神經傳導物會失去功能，被排出至神經元之外。無法製造MAO-A的男性成員，性格皆有攻擊性，故布魯納博士的團隊認為，MAO-A與人類的「攻擊性」有很密切的關係。這項研究成果發表於1993年的科學期刊《*Science*》。

＊布魯納博士團隊之後的研究結果顯示，攻擊性高的人（特別是男性），男性激素以及促進血管收縮、血壓上升的「腎上腺素」等激素分泌量相對較高。

如果沒有MAO-A，
就會變得很有攻擊性（→）

圖中是MAO-A作用在血清素上的樣子。「色胺酸」（tryptophan）這種胺基酸是製造血清素時的原料。色胺酸經多種酵素作用後，會從「5-羥色胺酸」（5-hydroxytryptophan）一步步轉變成血清素。

MAO-A可將血清素轉變成「5-羥吲哚乙醛」（5-hydroxyindole acetaldehyde），使其失去神經傳導物的活性，被排出至神經元外。

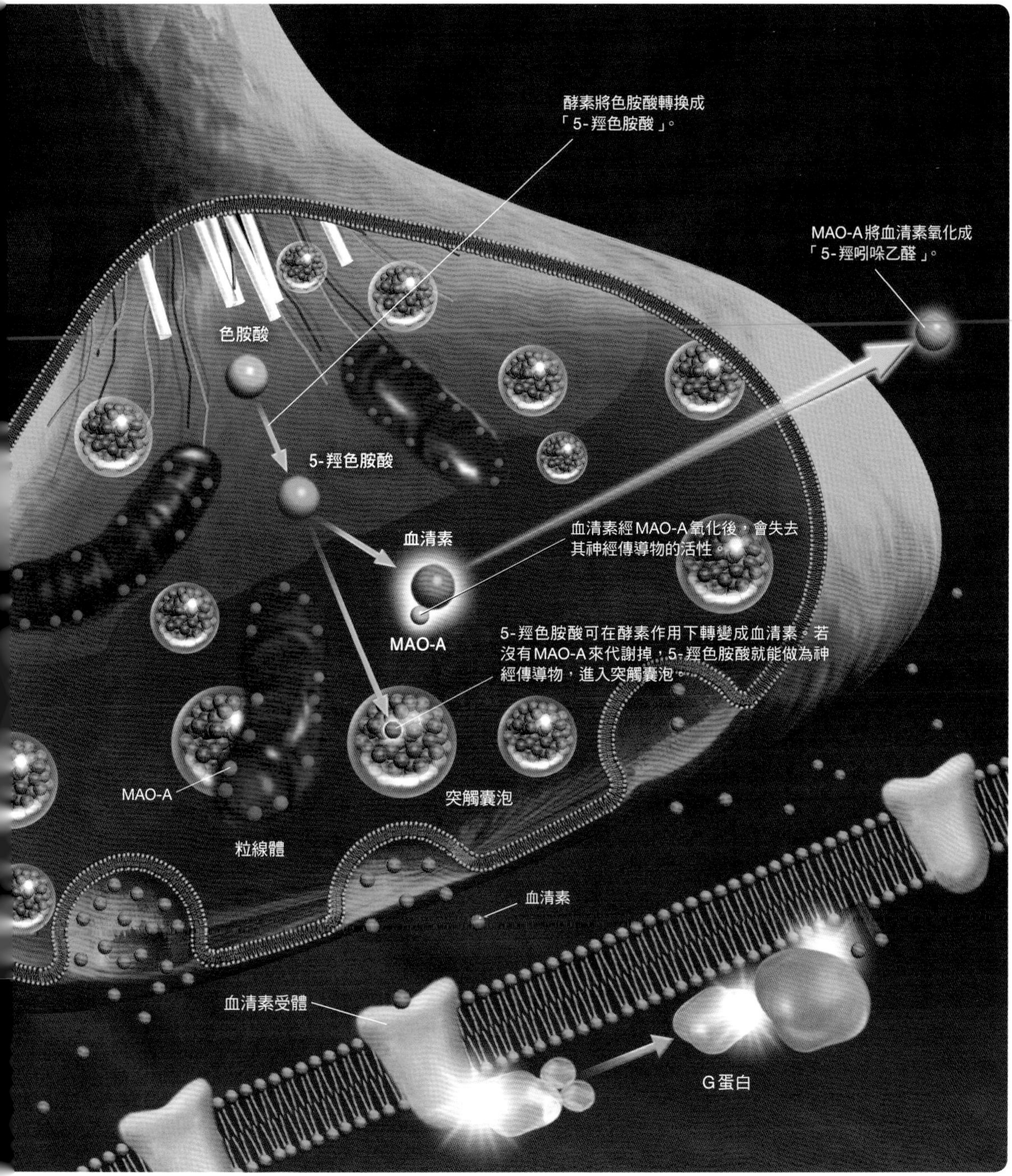
酵素將色胺酸轉換成
「5-羥色胺酸」。
MAO-A將血清素氧化成
「5-羥吲哚乙醛」。
色胺酸
5-羥色胺酸
血清素
血清素經MAO-A氧化後，會失去
其神經傳導物的活性。
MAO-A
5-羥色胺酸可在酵素作用下轉變成血清素。若
沒有MAO-A來代謝掉，5-羥色胺酸就能做為神
經傳導物，進入突觸囊泡。
MAO-A
突觸囊泡
粒線體
血清素
血清素受體
G蛋白

音痴與非音痴的差別在哪裡呢？

我們會把無法唱出正確音階的人，稱作「音痴」。音痴並非罕見特質，那麼音痴與非音痴之間，究竟有什麼差別呢？

聲音的源頭來自喉嚨的「聲帶」，這是空氣進出肺部時會通過的「門」，聲帶的開闔，可以調整聲音的高低。另外，改變口與舌的形

「骨傳導」讓我們難以聽出自身聲音的音高

我們聽到的自身聲音，與他人聽到的「我的聲音」並不完全一致。因為前者聽到的是外界空氣振動經耳朵傳入內耳的聲音（空氣傳導），與發聲器官的振動經顱骨直接傳入內耳的聲音（骨傳導）混合後的產物。空氣傳導與骨傳導的聲音在頻率上略有差異（音高會有微小差異）。因此，有時候很難正確判斷自身聲音的音高。

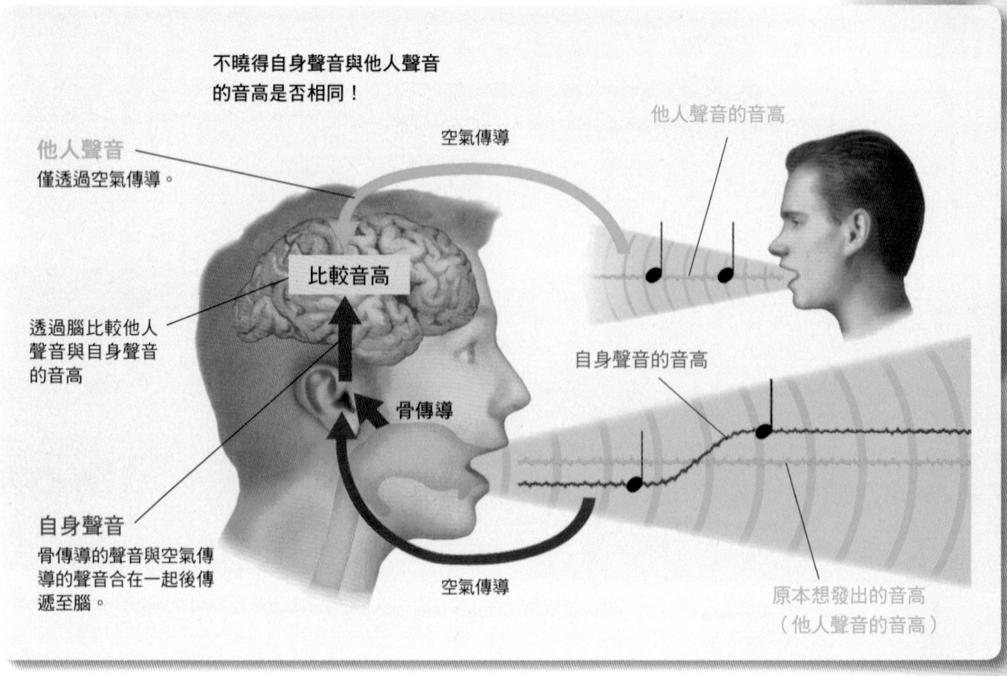

狀，可以讓聲音有不同的變化。連續性地進行這些「運動」，便可唱出歌。

就像我們可以聽到來自外界的聲音一樣，也可以透過內耳聽到自己發出的聲音（參考第32頁）。此時，若想發出的音高，與聽到的音高有落差，腦就會對發聲器官的肌肉下達指令，將發出的聲音修正成正確的音高。但在音痴的成長過程中，並沒有學到應該要確認兩個音高的差異，所以唱出來的音高就會與心中所想的音高出現落差。不過在經過一定訓練後，便可改善音痴狀況。

感覺資訊的不一致所導致的「動暈症」

有些人在搭車或搭船時，會暈車或暈船，稱作「動暈症」(motion sickness)。動暈症與腦及感覺器官（特別是耳朵與眼睛）有關。

以坐車為例，當汽車拐彎時，耳內器官會向腦報告汽車「拐彎了」，但看著車內的眼睛卻會將汽車「沒彎」的資訊傳給腦。這種知覺矛盾會讓自律神經（autonomic nerve）失衡，產生嘔吐等症狀。

太空人的「暈太空」也能用相同機制說明。在無重力環境下，就算身體飄浮傾斜，耳石器（otolith organ）內的「耳石」（參考右頁圖）也不會動，所以感覺不到姿勢變化。然而半規管（semicircular canals）、眼睛卻會將姿勢變化的資訊傳遞給腦，產生資訊矛盾。

另一方面，如果過去經驗（記憶）與從感覺器官輸入之多種感覺資訊的組合產生矛盾時，也會有動暈症情況。譬如長時間搭船的人，他們的腦會逐漸記住船上物體的移動模式，暈船情況會逐漸減輕。不過當航行結束回到陸地上後，又會開始暈，這種情況也叫作「暈陸」。

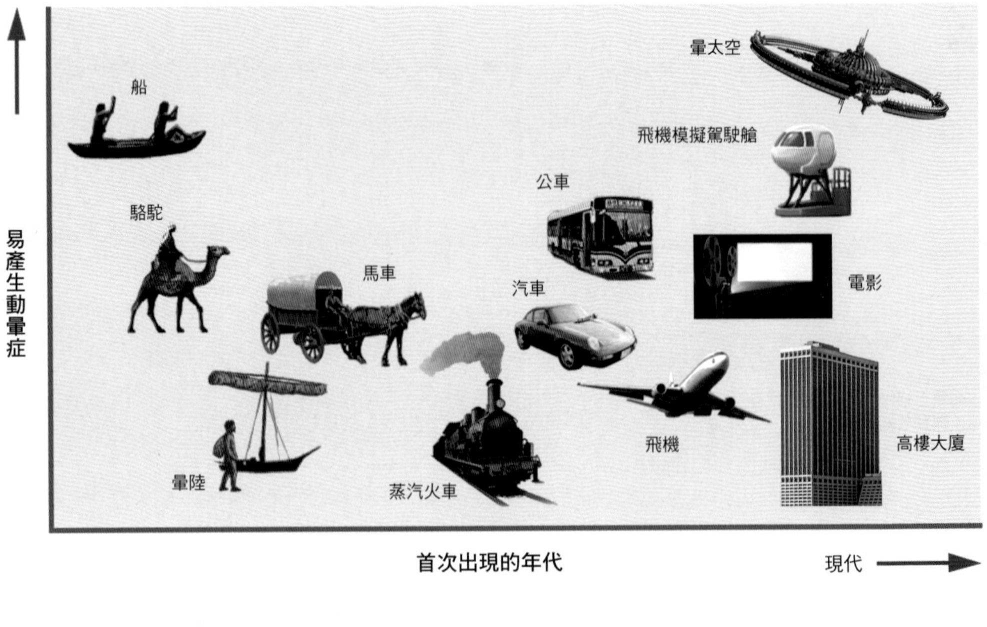

常見的動暈症如暈車與暈船，不過像是欣賞虛擬影像、騎駱駝等活動，也會有動暈症現象。上圖中，易產生動暈症的程度（縱軸）僅供參考，可能與實際情況不同。

產生動暈症的機制

神經系統產生動暈症的機制尚不明瞭，目前常用「感覺矛盾說」來說明動暈症。所謂的感覺矛盾，包括「感覺資訊之間的矛盾」，以及「感覺資訊與腦中記憶的感覺資訊產生矛盾」等。

動暈症首先會出現輕微症狀，如呵欠打不出來、睡意、倦怠感、疲勞等。接著臉色會變得蒼白、暈眩頭痛、感到想吐。這些症狀雖然因人而異，但最後都會發生嘔吐，可謂其共通點。

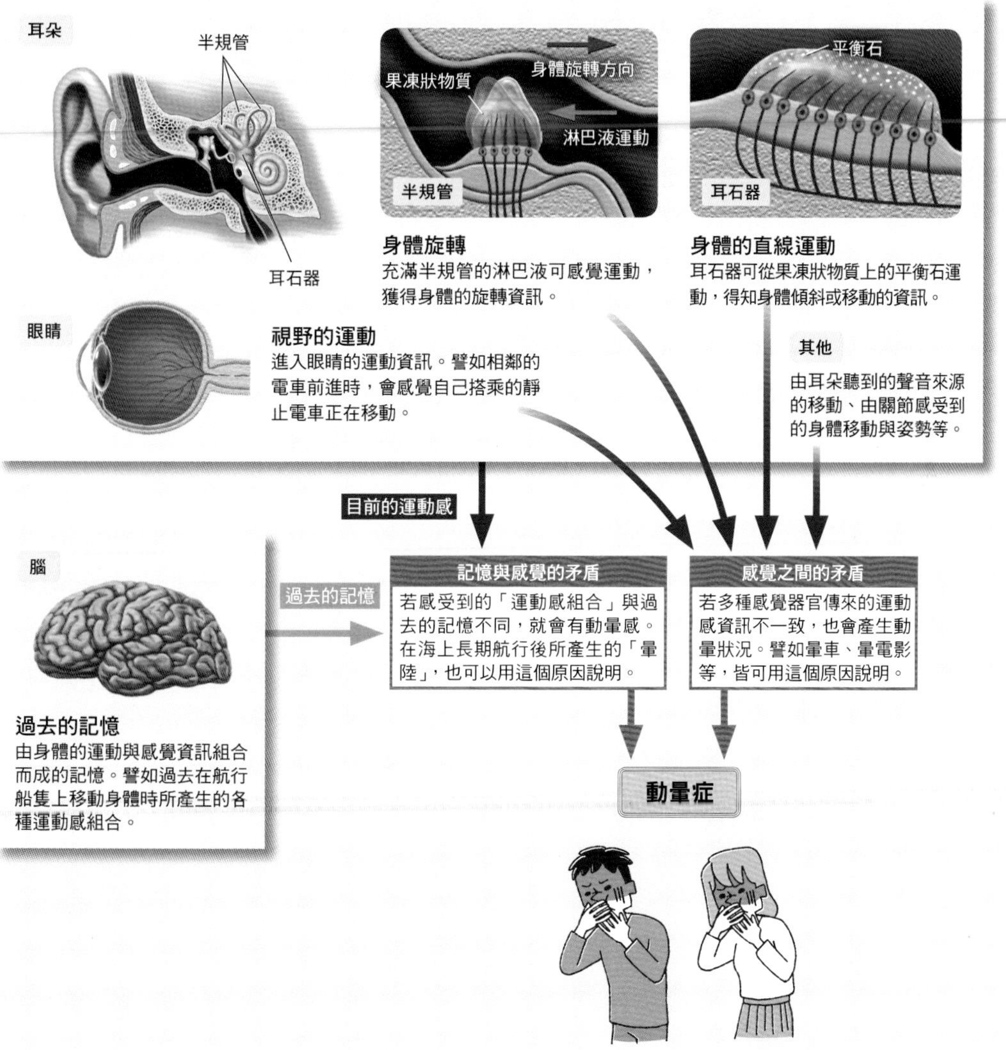
耳朵
半規管
耳石器
果凍狀物質
身體旋轉方向
淋巴液運動
半規管
平衡石
耳石器
身體旋轉
充滿半規管的淋巴液可感覺運動，獲得身體的旋轉資訊。
身體的直線運動
耳石器可從果凍狀物質上的平衡石運動，得知身體傾斜或移動的資訊。
眼睛
視野的運動
進入眼睛的運動資訊。譬如相鄰的電車前進時，會感覺自己搭乘的靜止電車正在移動。
其他
由耳朵聽到的聲音來源的移動、由關節感受到的身體移動與姿勢等。
目前的運動感
腦
過去的記憶
記憶與感覺的矛盾
若感受到的「運動感組合」與過去的記憶不同，就會有動暈感。在海上長期航行後所產生的「暈陸」，也可以用這個原因說明。
感覺之間的矛盾
若多種感覺器官傳來的運動感資訊不一致，也會產生動暈狀況。譬如暈車、暈電影等，皆可用這個原因說明。
過去的記憶
由身體的運動與感覺資訊組合而成的記憶。譬如過去在航行船隻上移動身體時所產生的各種運動感組合。
動暈症

食慾其實是由腦控制

當肚子空空時，就會想要吃食物；吃下一定量食物後，就會有飽足感而吃不下更多食物。這種所謂的「食慾」是由腦控制。

「葡萄糖」(glucose) 是腦與身體活動時的能量來源。血液中葡萄糖濃度即所謂的血糖，腦部下視丘的「攝食中樞」(feeding center) 可感覺到血糖下降，讓肚子發出聲響，促使我們去找食物吃。

米、麵、麵包、番薯等食物皆含有大量醣類（碳水化合物），可做為葡萄糖的原料。醣類經體內「澱粉酶」(amylase) 等消化酵素分解後，會在小腸以葡萄糖的形式被吸收，進入血液中。腦部下視丘的飽食中樞 (satiety center) 感覺到血糖上升後，便會抑制食慾。

若有某些原因破壞了飽食中樞與攝食中樞的平衡，就會造成攝食障礙，包括拒絕吃下必要食物的「拒食症」(cibophobia)，以及無法抑制進食慾望的「暴食症」(bulimia)。

＊除了本節內容之外，食慾還與許多生理機制有關。

空腹感的產生機制與食慾不同（→）

血液中葡萄糖濃度下降時，會促進食慾。也就是說，食慾是腦察覺到體內細胞能量來源不足時，發出的訊號。空腹感的產生機制則與此不同。

空腹時（有空腹感時）

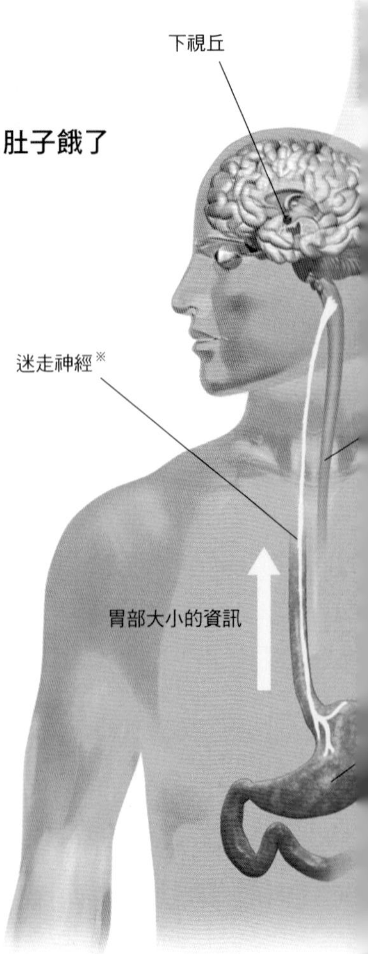

「食慾」是血糖下降時的感覺；「空腹感」則是血糖下降與胃中無食物的狀況同時出現時所產生的感覺。

此外，即使個體處於空腹狀態，如果沉浸在遊玩或工作中也可能無法馬上感覺到食慾。

※編註：迷走神經（vagus nerve）從延髓伸出，沿著食道兩旁，貫胸腔，直到腹部，支配呼吸系統、消化系統的絕大部分和心臟等官的感覺、運動和腺體的分泌；因此迷走神經損傷會引起循環、吸、消化等功能失調。

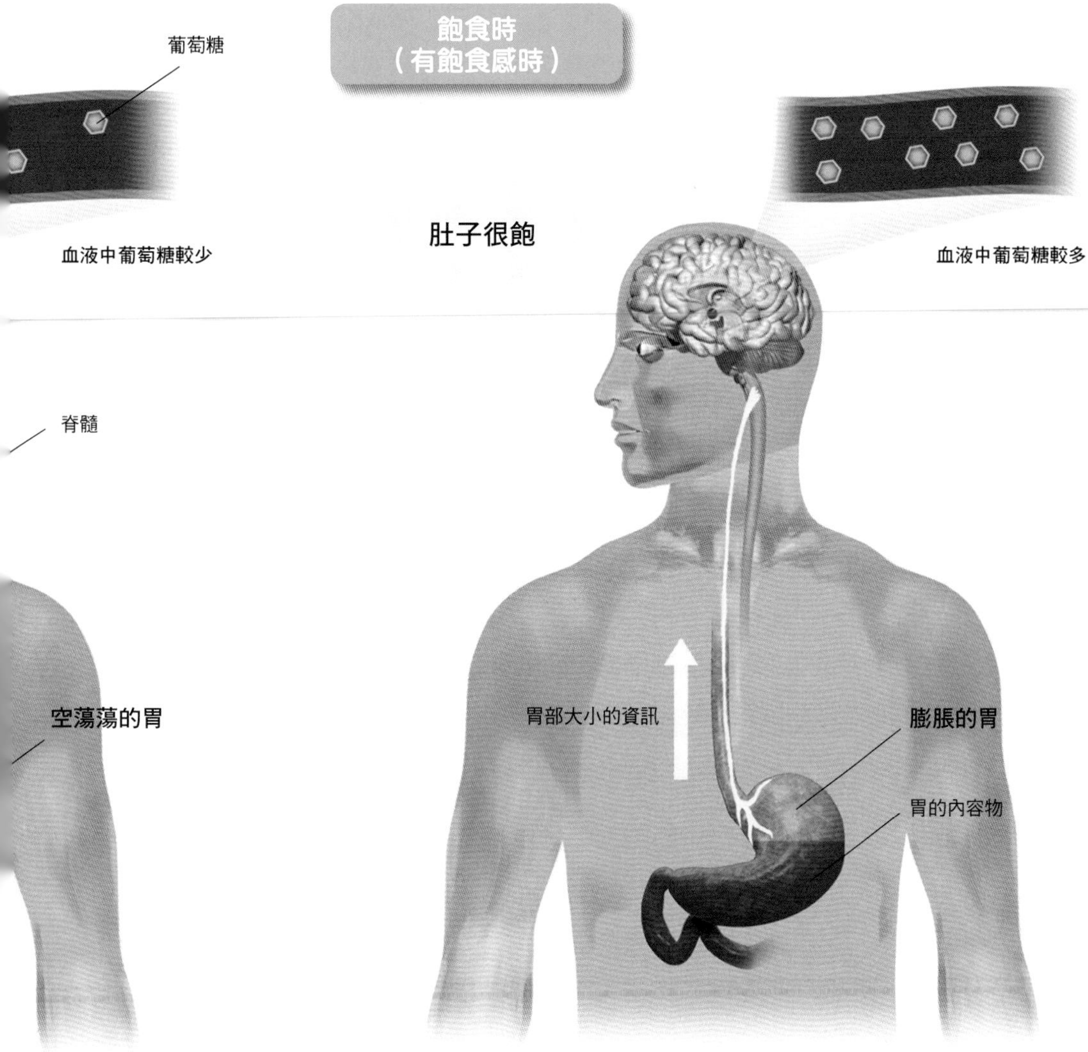

「很飽」為血糖上升時的感覺；「飽食感」則是血糖上升與胃中有食物的狀況同時出現時所產生的感覺※。食物離開胃之後，飽食感會逐漸衰減（＝開始有空腹感）。但此時血糖不會大幅下降（因為能量來源充足），如果繼續飲食的話就會造成肥胖。

※：血糖沒有上升，卻有食物進入胃中（例：攝取食物纖維或水時）；或者胃仍未膨脹，血糖卻上升時（例：慢慢品嘗一整套餐點時），也會有飽食感。

腦內神經傳導物讓人有「另一個肚子」與「吃上癮」的感覺

有不少人會在飯後一邊說著：「甜點裝在另一個肚子裡。」一邊吃下各種甜食。明明肚子已經很飽了，為什麼還有空間可以容納其他食物呢？

日本畿央大學的山本隆教授認為，當眼前出現很有魅力的甜點時，我們腦部的下視丘便會分泌與興奮、快感、慾望有關的「多巴胺」，還有與滿足感及幸福感有關的「β胺多芬※」（β-endorphin，一種腦內啡），以及能增加食慾的「食慾素」。這些神經傳導物會讓我們產生「想吃甜點」的慾望。

另一方面，分泌食慾素後，胃入口的肌肉會舒張，出口的肌肉則會收縮，使胃的內容物被送入十二指腸，於入口附近產生新的空間，讓新的食物可以進來。這個空間就是「另一個肚子」的本體。

為什麼油特別好吃？

除了甜食之外，我們也會覺得黑鮪魚肚、霜降牛肉、拉麵等富含油脂的食物相當美味，還可能會吃上癮。

舉例來說，日本龍谷大學農

喜歡甜食的人看到甜點時，下視丘會分泌食慾素，在胃中產生「另一個空間」。另外，食慾素也與清醒作用有關（參考第114頁）。

學部的伏木亨教授（當時的頭銜）曾做過「拉桿子的操作制約實驗」。這個實驗中，會先讓小鼠學習「拉下桿子就能得到食物，不過拉越多次桿子後，獲得食物所需要的拉桿次數也會增加」。

實驗結果顯示，如果食物是10%糖水，那麼小鼠平均拉50下桿子就會放棄了。但如果食物是玉米油，就會拉超過100下。這表示小鼠對玉米油的成癮性比糖水還要高。

之後的研究也顯示，小鼠的舌頭接觸到油脂時，腦內的β胺多芬前驅物質（最後會成為β胺多芬的物質）會增加。研究團隊也確認，在分泌β胺多芬之前，神經末端會先釋出多巴胺。

※：作用於腦的神經傳導物之一，與多巴胺合稱「腦內麻藥」，效果與止痛的「嗎啡」相似。

油脂可刺激腦內物質分泌，產生美味感

伏木教授認為，當舌頭上的受體接觸到油脂時，腦中的多巴胺會讓我們覺得「想要更多」，β胺多芬則會讓我們產生幸福感與快感，增強吃下油脂時的美味感。這就是為什麼即使油脂無味無香氣，也會讓人上癮的原因。

使體內環境維持在一定範圍內的「恆定性」

我們的身體有「恆定性」(homeostasis)，可以調節內臟或血管功能，將體內環境維持在一定範圍內。維持恆定性的系統主要包括以腦部下視丘為控制中樞的「自律神經系統」(autonomic nervous system)、「內分泌系統」(endocrine system)，以及「免疫系統」(immune system)等。

自律神經由「交感神經」(sympathetic nerve)與「副交感神經」(parasympathetic nerve)組成。兩者通常會連結到同一個內臟，但對該內臟的效果相反。舉例來說，當我們感受到壓力時，身體會出現心搏上升、瞳孔放大等現象，這就是交感神經造成的反應。相對地，當放鬆時，心搏下降、瞳孔縮小，則是副交感神經造成的反應。

另一方面，內分泌系統則是透過「激素」控制身體。內分泌系統會與自律神經系統聯合控制身體。下視丘接收到壓力訊號時，腎上腺(皮質)就會分泌激素「糖皮質素」(glucocorticoid)至血液，可促使身體準備好面對壓力、進入戰鬥準備狀態，而放鬆時則會分泌催產素等激素，減輕不安感、緩和疼痛。

＊免疫系統中的免疫細胞可攻擊、排除侵入體內的病原體或異物，維持健康(一定程度的免疫力)。

自律神經系統(→)

交感神經會從脊髓的胸部至腹部(胸髓至腰髓)伸出，進入位於脊髓左右的交感神經幹，再由此伸出至各個器官。交感神經佔優勢時，身體會進入較活潑的狀態。

副交感神經則會從腦幹與脊髓末端(薦髓)伸出至各個器官旁或器官內。副交感神經佔優勢時，身體會放鬆，進入適合攝取營養的狀態。

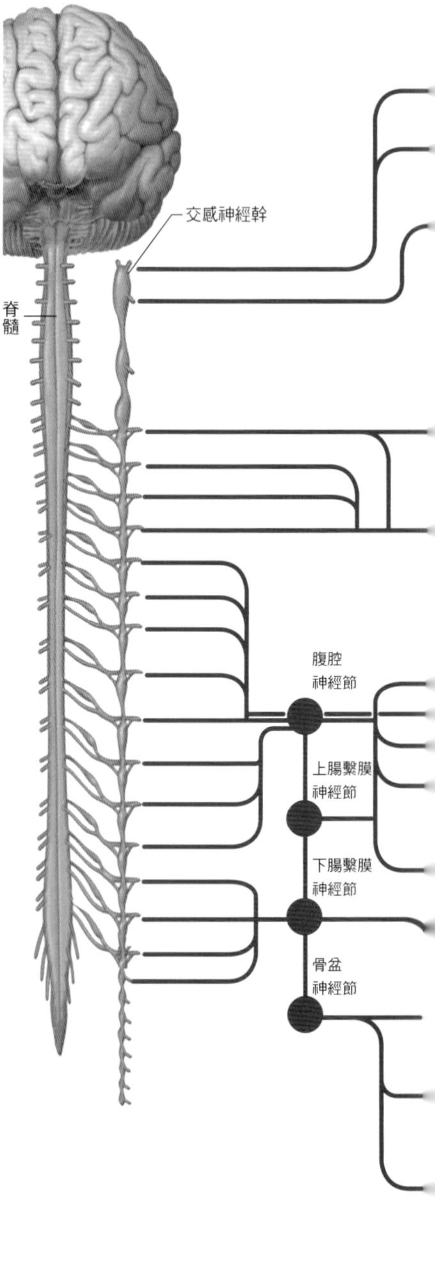

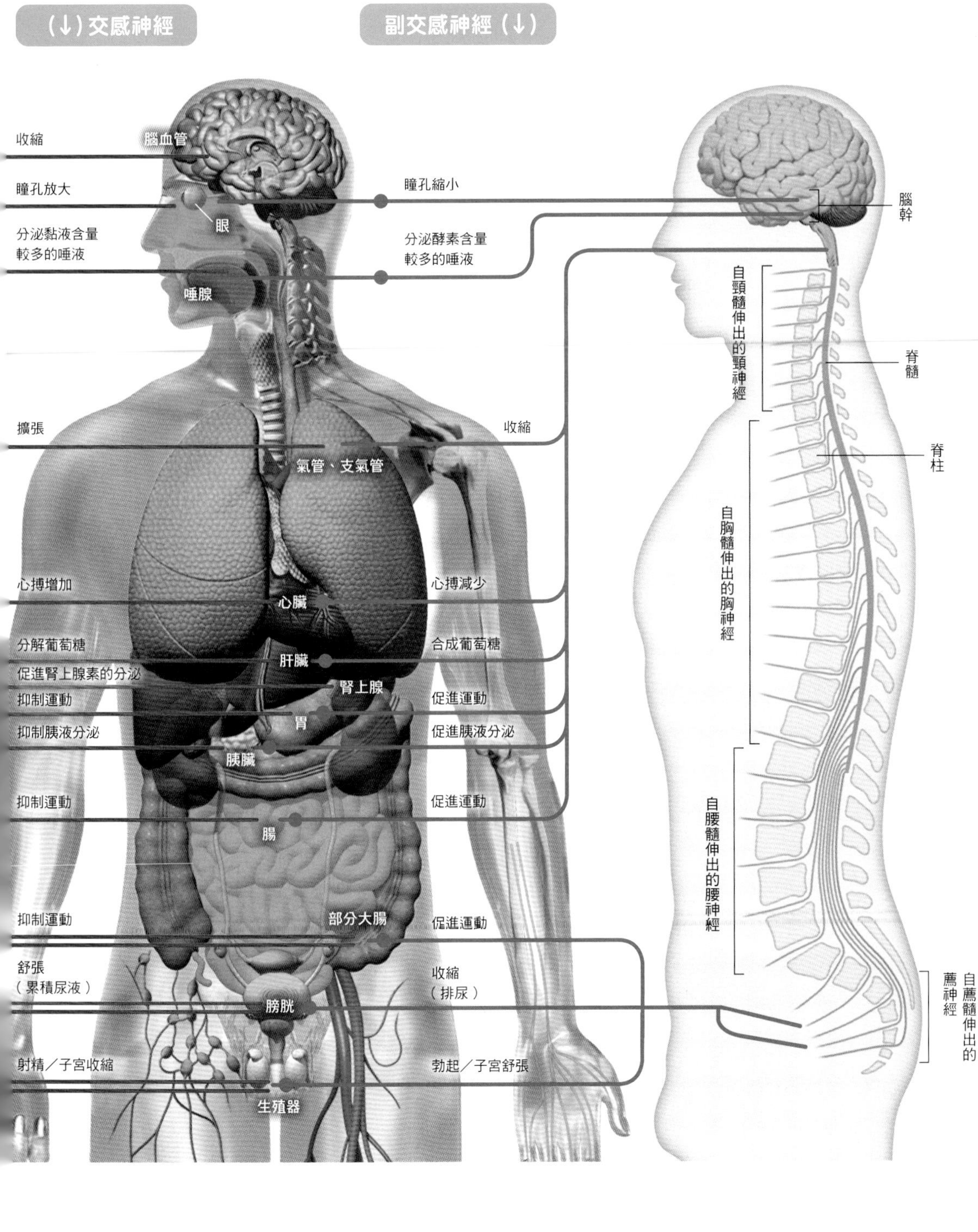
(↓)交感神經
副交感神經(↓)
收縮
腦血管
瞳孔放大
眼
分泌黏液含量
較多的唾液
唾腺
瞳孔縮小
分泌酵素含量
較多的唾液
擴張
收縮
氣管、支氣管
心搏增加
心臟
心搏減少
分解葡萄糖
肝臟
合成葡萄糖
促進腎上腺素的分泌
腎上腺
抑制運動
胃
促進運動
抑制胰液分泌
胰臟
促進胰液分泌
抑制運動
腸
促進運動
抑制運動
部分大腸
促進運動
舒張
（累積尿液）
膀胱
收縮
（排尿）
射精／子宮收縮
生殖器
勃起／子宮舒張
腦幹
自頸髓伸出的頸神經
脊髓
脊柱
自胸髓伸出的胸神經
自腰髓伸出的腰神經
自薦髓伸出的薦神經

自律神經有時會失去平衡

平時自律神經會像翹翹板一樣調節我們身體運作，但有時候會失去平衡。

在炎熱的夏天出門時，體內交感神經會開始運作，減緩腸胃蠕動，促進流汗，以調節體溫。進入開著冷氣的店面或房間時，副交感神經會開始運作，準備要停止流汗。不過，身體無法跟上急速溫度變化，交感神經仍繼續保持運作，此時便會進入「異常狀態」。如果這種狀況反覆出現，身體的節律便會失衡，無法適當切換交感神經與副交感神經。這會產生所謂的「熱病」（heat illness），自律神經失調。

若自律神經失調，個體會跟著陷入晝夜顛倒、壓力過多的狀態。通常，白天時交感神經佔優勢，使個體較能承受壓力；晚上時副交感神經佔優勢，使個體處於放鬆狀態，兩者會依照一定節律切換。若這個節律消失，個體將出現夜不能寐、腸胃失調等症狀（每個人的症狀輕重各不相同）。

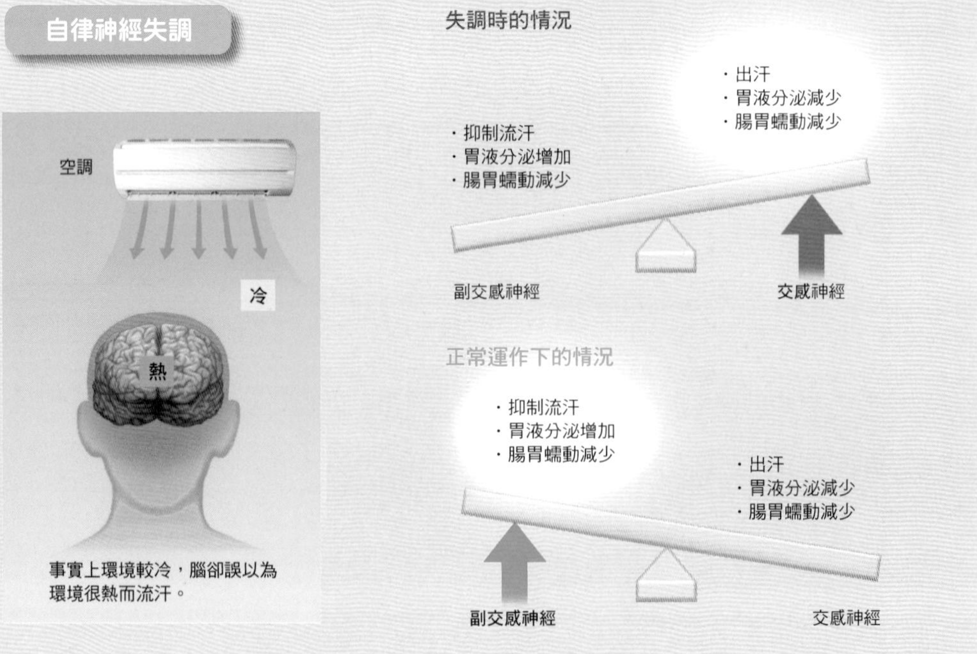

插圖中以熱病為例，描繪較誇張的自律神經失調狀態。若在炎熱室外與寒冷室內間反覆進出，那麼原本該佔優勢的副交感神經會被抑制，改由交感神經佔優勢，產生出汗等異常反應。

大腸運作機制與失調原因

腸胃的運作由自律神經控制（插圖中畫的是大腸）。壓力性便祕與腹瀉，主因就是自律神經失調。此外，控制排便的不是只有自律神經，也可以透過意識（肌肉）控制排便。

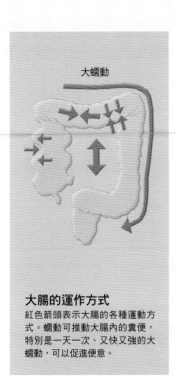

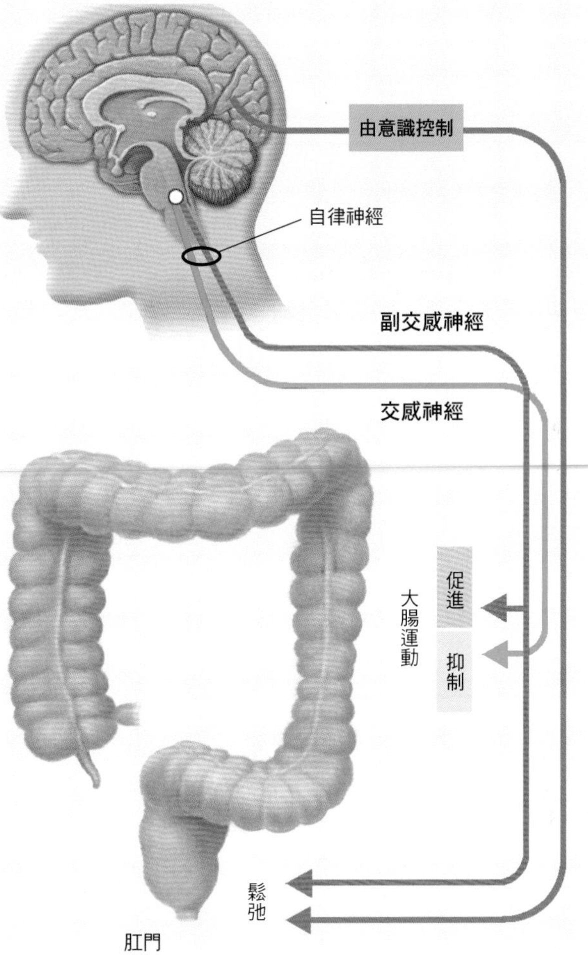

大腸的運作方式

紅色箭頭表示大腸的各種運動方式。蠕動可推動大腸內的糞便，特別是一天一次、又快又強的大蠕動，可以促進便意。

專欄 COLUMN　為什麼空腹時會讓人煩躁？

肚子餓的時候常會讓人覺得沒來由地煩躁。「沒有食物」對生物來說是很大的問題，會直接導致死亡。因此，空腹時交感神經會佔優勢，促進腎上腺髓質分泌腎上腺素，使身體處於活潑狀態，急於尋找食物，進而讓心情煩躁。

相對地，吃飽時會有睡意襲來，這就是副交感神經造成的現象。副交感神經可以在飲食之後促進消化道活動。流經小腸等消化道的血液增加後，流經腦的血液就會減少，進而減弱腦功能，產生睡意。

腦與身體累積「疲勞」的機制

在我們疲勞時，即使是簡單的工作也需要花費許多時間才能完成，還會產生許多失誤。疲勞是身體要「休息」的訊號，與疼痛、發熱一同稱作「身體的三大警訊」。小孩子常常動不動就睡著，就是因為他們不會去違抗這樣的訊號，而會直接休息。

疲勞究竟是如何產生的呢？一項研究報告指出，在強制大鼠運動之後，抽取出腦脊髓液，注入其他小鼠的腦室中，原本很有精神的小鼠，行動量會減少，並陷入疲勞狀態。原因出在腦脊髓液中的「轉化生長因子 β」（transforming growth factor-β，TGF-β）。

進階路徑描繪測驗法

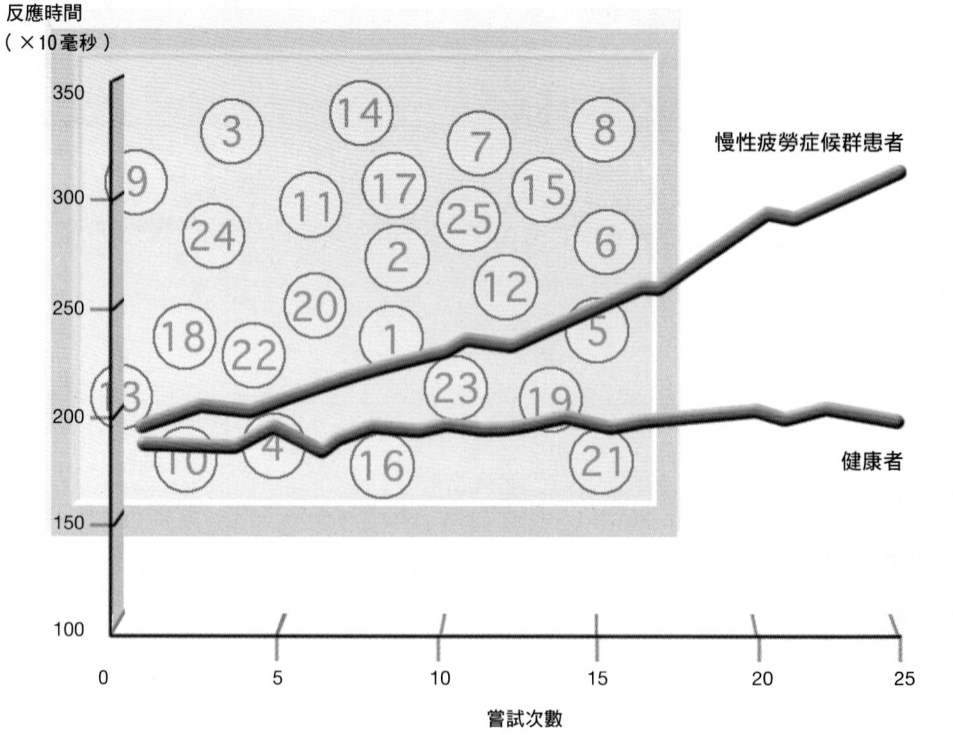

按下一個數字後，所有數字的位置都會改變，所以每次按下數字後皆須重新尋找下個數字的位置。隨著作業的進行（越來越疲勞），反應時間也會越來越長，而有慢性疲勞的人，反應時間延遲的情況又比健康的人明顯。

當病毒、細菌等病原體侵入體內時，身體會分泌TGF-β，是一種抗發炎細胞介素。

我們人類在運動時，腦內（體內）的TGF-β也會增加。運動結束進入休息狀態之後，TGF-β的生成會自然減緩，同時恢復疲勞。

疲勞的測定（↓）

疲勞的測定方式包括「進階路徑描繪測驗法」（Advanced Trail Making Test，ATMT）與「腕動計法」（Actigraphy）等。前者會將數字1～25散布在畫面中，受測者須依順序按下每個數字，由反應時間的延遲程度，測出受測者的疲勞程度。後者會在受測者手臂戴上腕動計，觀察一天的行動量。這種方法連寫字、操作電腦這種微小的運動都可以偵測到。用這些方法測定慢性疲勞者（慢性疲勞症候群患者）與健康者的疲勞度，會得到很不一樣的結果。

腕動計法

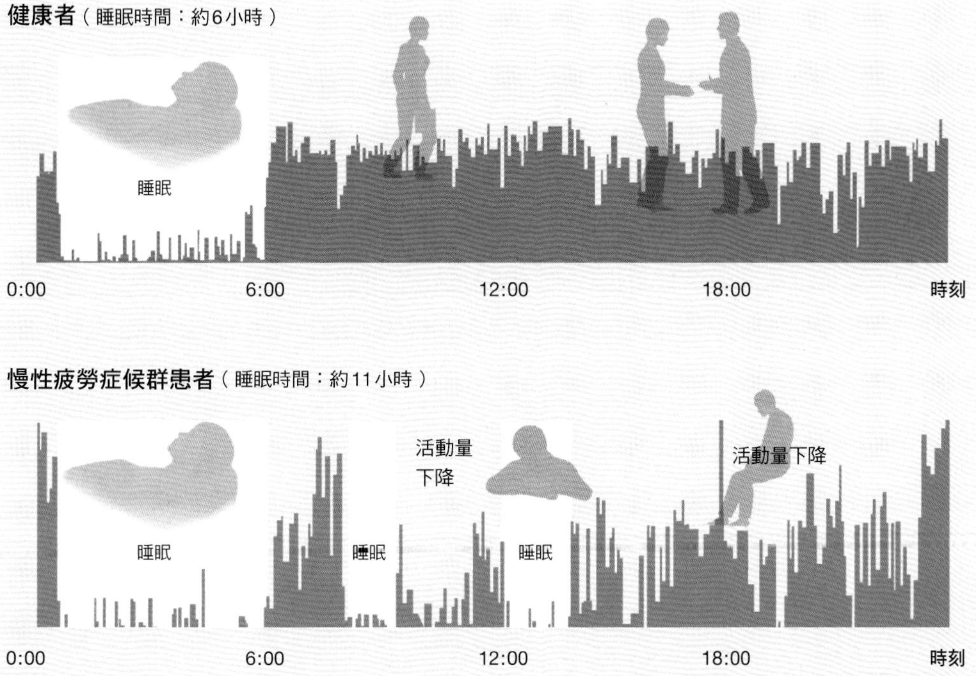

圖中縱軸為「移動次數」，橫軸為「時刻」。健康者在睡眠以外的時間也時常移動身體，慢性疲勞者則會時而休息、時而移動。

揮之不去的疲勞感，是腦內異常的訊號

即使休息，身體的慢性疲勞也可能不會消失。若慢性疲勞情況嚴重，就是所謂的「慢性疲勞症候群」(chronic fatigue syndrome)。慢性疲勞症候群的患者會有長期疲勞感、倦怠感，連維持日常生活都有困難，可能還會併發身體發熱、關節肌肉疼痛等症狀。

各種壓力是造成慢性疲勞症候群最主要的原因。當我們感到壓力時，免疫細胞（免疫系統）就會減弱，若此時感染病原體，免疫細胞就無法擋下病原體的攻擊。

另一方面，為了促進免疫細胞攻擊病原體，腦中負責免疫功能的細胞會釋放過多的TGF-β，使麩胺酸（glutamate）、GABA等

壓力造成的慢性疲勞

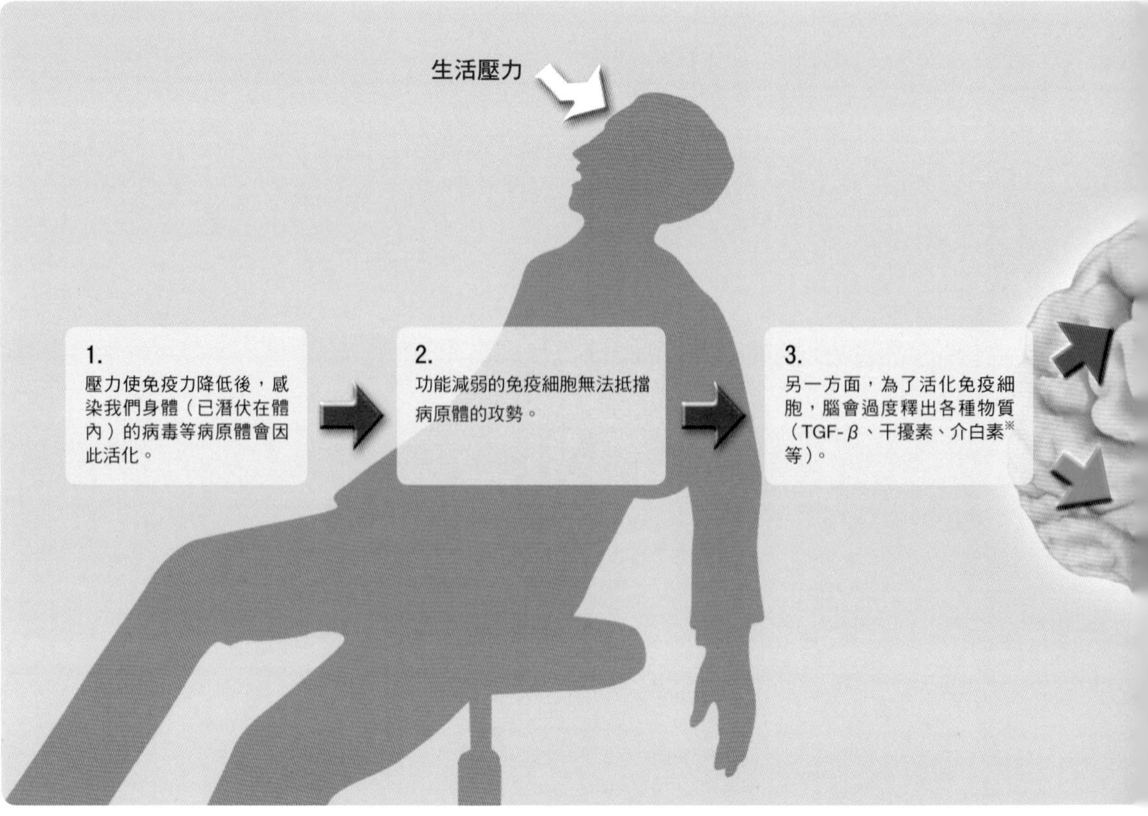
生活壓力
1.
壓力使免疫力降低後，感染我們身體（已潛伏在體內）的病毒等病原體會因此活化。
2.
功能減弱的免疫細胞無法抵擋病原體的攻勢。
3.
另一方面，為了活化免疫細胞，腦會過度釋出各種物質（TGF-β、干擾素、介白素※等）。

神經傳導物的合成量下降。這會讓腦內神經細胞無法順利傳遞訊號，造成集中力降低、身體倦怠感等症狀。

此外，慢性疲勞症候群的患者中，負責慾望、計畫、創造性的前額葉會萎縮（功能減弱）。也就是說，慢性疲勞是體內免疫系統失調、腦內出現異常的訊號。

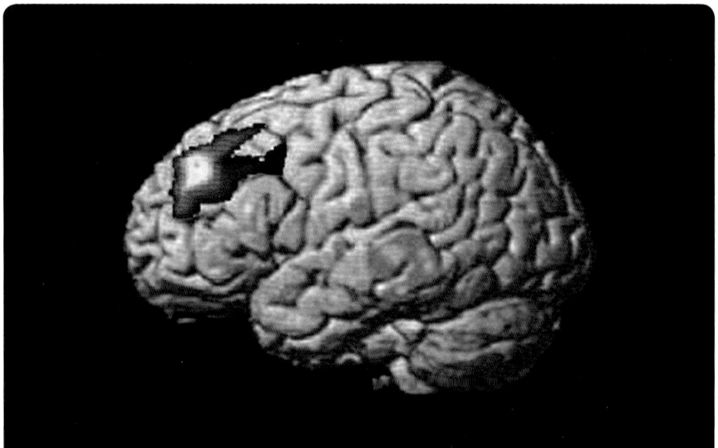

右圖照片為慢性疲勞症候群患者萎縮中的腦（上色部分）。症狀恢復後，這種萎縮會跟著復原。

＊圖像提供：日本理化學研究所 生命機能科學研究中心主任 渡邊恭良

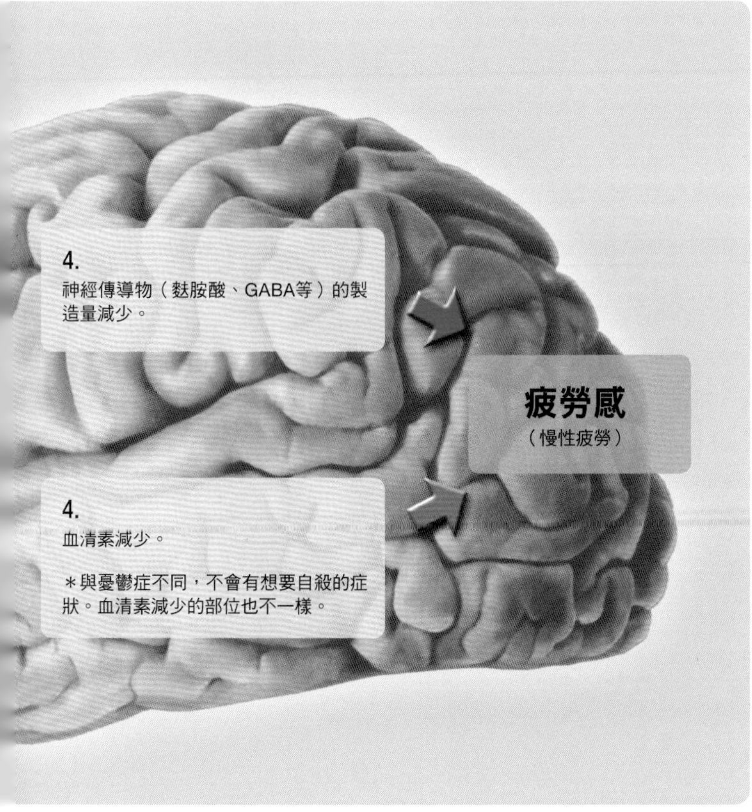
4.
神經傳導物（麩胺酸、GABA等）的製造量減少。
疲勞感
（慢性疲勞）
4.
血清素減少。
＊與憂鬱症不同，不會有想要自殺的症狀。血清素減少的部位也不一樣。

專欄 COLUMN 能量飲料只是在預借「精神」

有一些人感到疲勞時，會喝下能量飲料，讓身體變得更有精神，但這只是由有清醒作用的咖啡因，以及做為能量來源的醣類帶來的暫時性效果，疲勞本身並沒有消失（前節介紹腦內的TGF-β會減少），請特別注意。

Original
栄養
ドリンク
GOLD
energy drink

※編註：細胞感染病毒後分泌干擾素（interferon），能夠與周圍未感染的細胞上的相關受體作用，促使這些細胞合成抗病毒蛋白，防止進一步的感染。介白素（interleukin）又稱為白血球介素，可促進淋巴T細胞、B細胞及造血細胞的發育和分化。

COLUMN

真相是什麼？「測謊器」

在刑事電視劇或綜藝節目中，有時會看到識破謊言的道具「測謊器」，這應用了稱為「多頻道生理記錄儀」（polygraph）的裝置。多頻道生理記錄儀可同時偵測呼吸、心搏、皮膚電訊號活動的變化（冒手汗時，電阻會下降）等多種身體的生理反應，原本是在醫療現場，用來掌握、管理病患狀態的儀器。

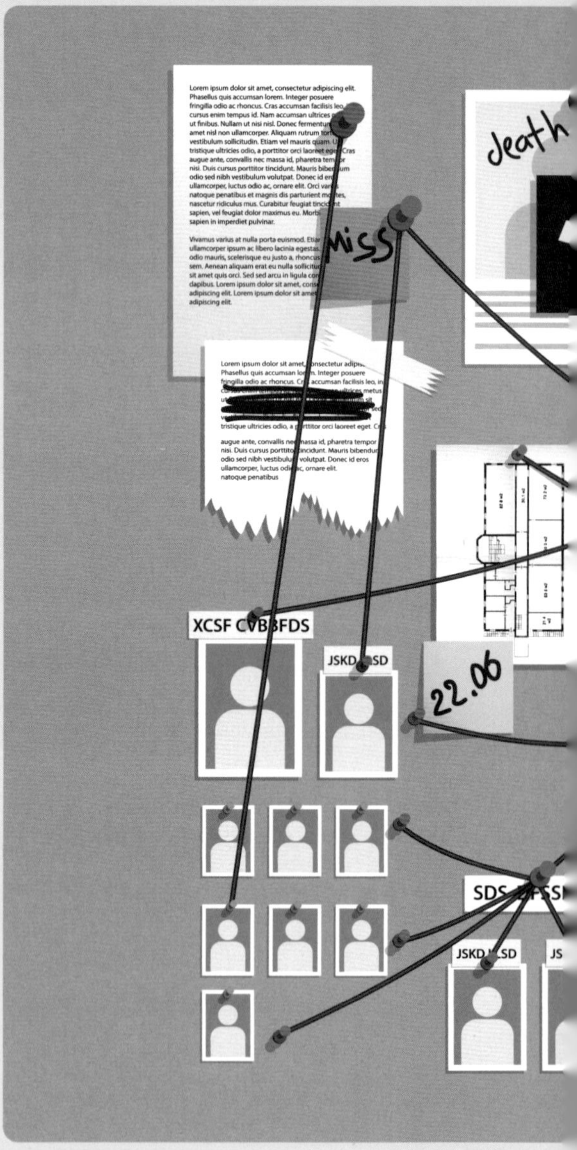

正確性較高的多頻道生理記錄儀測試

從戰後的1950年代起，多頻道生理記錄儀測試（隱藏訊息測試：Concealed Information Test，CIT）在日本就已成為警察的搜查方式之一，測試結果鑑定書也會被視為刑事事件的正式證據。

為避免誤會，要先說明的是，多頻道生理記錄儀測試並非調查受測者「是否在說謊」，而是調查受測者「是否知道」只有犯人才知道的事實，也就是尚未公諸於眾的凶器或現場狀況。

舉例來說，警察會詢問受測者「你是用〇〇當作凶器嗎？」其中〇〇會替換成各種物品，重複詢問嫌犯多次，並預設這些問題的答案皆為「不是」（或者皆為「是」）。假設凶器為「鐵鎚」，由於只有犯人知道這件事實，所以當〇〇為「鐵鎚」時，犯人的生理反應會與聽到其他問題時的反應不同。多頻道生理記錄儀可以偵測到這種反應的差異，並藉此成為「證據」的線索。順帶一提，多頻道生理記錄儀測試的正確性相當高，可達80%。

有些測試方式會用到腦波

然而，若在警察局接受多頻道生理記錄儀測試這種非正常的測試方式，有可能會影響到身體功能（生理反應）。此外，受測者可以用各種方法妨礙測試過程，因此目前有研究團隊在開發使用腦波的其他測試方式。

腦波源自許多神經元活動時的電訊號。當給予的刺激與過去發生的非日常體驗或行動有關時，腦內會出現名為「P300」※的腦波變化（模式）。受測者聽到問題後的0.3秒左右，便會無意識的誘發出P300，所以受測者無法控制這種腦波變化。不過，有人指出P300訊號也容易被受測者

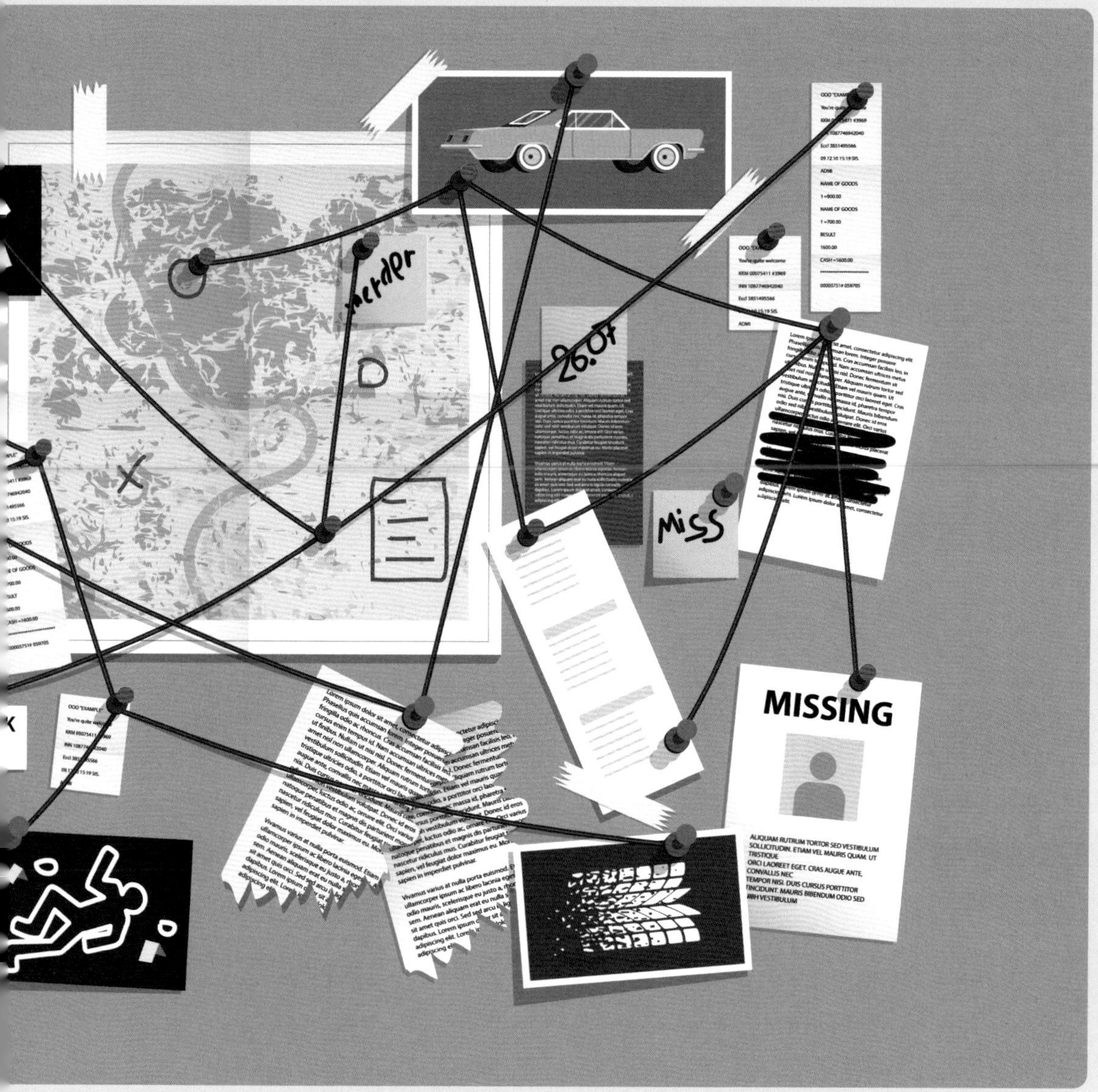

妨礙，目前也不清楚P300可追溯到多早以前的記憶，所以還需要更多研究才能投入應用。

＊順帶一提，P300可用於控制近年來研究、開發工作中常用到的「腦機介面」（Brain-Machine Interface，BMI）與「人機介面」（Brain-Computer Interface，BCI）。當個體因事故或疾病，使身體能力受限時，BMI或BCI技術可即時偵測人腦活動，判斷個體思考的事物，再依此操控機器（譬如與其他人交流）。

※編註：特定的心理事件刺激會在腦中誘發電壓波動，P300是在刺激開始後約300毫秒處出現正（positive）峰值的波。

腦因血管破裂、堵塞而喪失功能的「腦中風」

腦內為供應氧氣與營養，布滿了血管，總長度可達數百公里。如果規模如此龐大的血管某處出現血流不順的情況，就會讓神經元死亡，導致腦喪失功能。

這種情況稱作「腦中風」，大致上可以分成腦血管破裂的「腦內出血」、「蛛網膜下腔出血」，以及腦血管堵塞的「腦梗塞」等類別。不管是哪個類別，主因都是高血壓。血壓高時，腦血管管壁就會一直承受強烈壓力，最後使血管破裂，造成出血情況。症狀包括手腳麻痺、劇烈頭痛等。

而動脈血管因為硬化失去彈性，即所謂的動脈硬化，這也是腦梗塞的主因之一。動脈硬化的血管容易形成血栓（血塊），繼而堵塞血管，阻止血液流動。出現腦梗塞狀況時，不只會有手腳麻痺症狀，也無法說出流暢的話語。

此外，若腦以外的組織所產生的血栓順著血液流到腦，也可能會造成腦梗塞。

腦中風（→）

右方插圖整理了各種腦中風類型。日本厚生勞動省的統計資料顯示，日本每年約有112萬人罹患包含腦中風在內的各種腦血管疾病（2017年）※。

＊參考並加筆修飾自BodyParts3D, Copyright © 2008 生命科學綜合資料庫中心licensed by CC姓名標示－相同方式分享2.1日本”（http://lifesciencedb.jp/bp3d/info/license/index.html）。

※編註：根據臺灣健保署統計，2021年因腦中風就醫的患者41萬7,613人；新診斷為腦中風的人數為9萬4,251人。

腦內出血

脆弱的腦動脈因血壓過高而突然破裂出血，無法輸送血液的疾病。除了高血壓之外，吸菸、糖尿病、動脈硬化皆可能引發腦內出血。

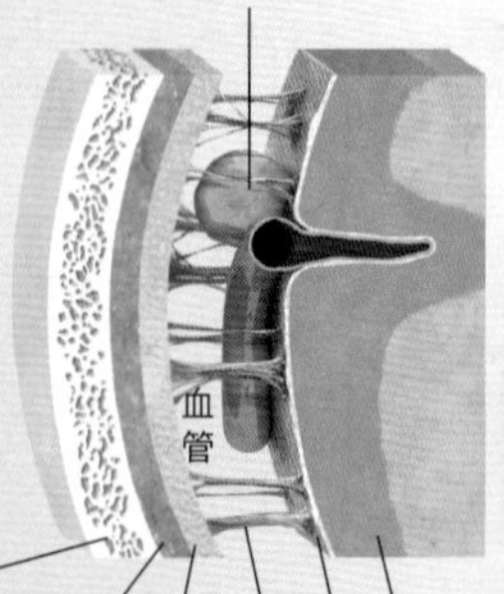

蛛網膜下腔出血

主要由動脈形成的「動脈瘤」破裂出血，便會造成蛛網膜下腔出血。出現蛛網膜下腔出血狀況時，血液會迅速擴散至蛛網膜下腔，壓迫到腦部，使人突然出現劇烈頭痛、嚴重意識障礙與呼吸障礙。

小洞性腦梗塞（↘）

腦內小動脈血管堵塞時造成的腦梗塞。受影響的區域較小，故容易在不知不覺中出現多處梗塞，最後造成失智症症狀，或者因為頻繁發作而演變成嚴重症狀。

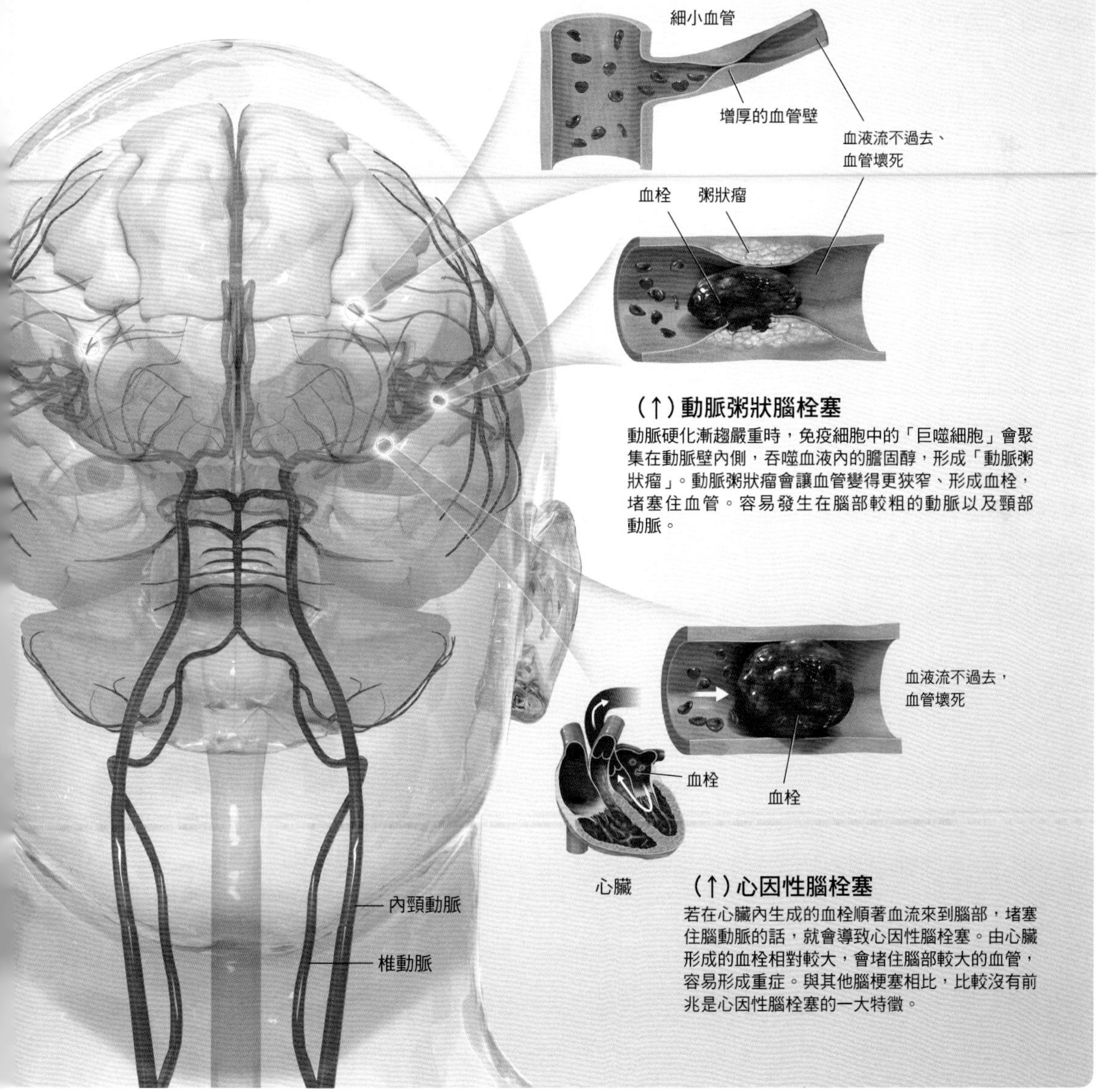

（↑）動脈粥狀腦栓塞

動脈硬化漸趨嚴重時，免疫細胞中的「巨噬細胞」會聚集在動脈壁內側，吞噬血液內的膽固醇，形成「動脈粥狀瘤」。動脈粥狀瘤會讓血管變得更狹窄、形成血栓，堵塞住血管。容易發生在腦部較粗的動脈以及頸部動脈。

（↑）心因性腦栓塞

若在心臟內生成的血栓順著血流來到腦部，堵塞住腦動脈的話，就會導致心因性腦栓塞。由心臟形成的血栓相對較大，會堵住腦部較大的血管，容易形成重症。與其他腦梗塞相比，比較沒有前兆是心因性腦栓塞的一大特徵。

腦梗塞的治療就是與時間賽跑

多數腦梗塞在發病之前都會出現徵兆，也包括「暫時性腦缺血」（transient ischemic attack，TIA）。TIA的發病原因與腦梗塞相同，會出現相同症狀，不過在數分鐘或數小時內就會消失。一項有關腦梗塞患者的調查結果顯示，每3人就有1人有TIA經驗。也有調查指出，曾有過TIA的人，約有30%會在5年內出現腦梗塞情況。

治療腦梗塞時，重點在於盡早取出造成梗塞的血栓，恢復血液正常流動。如果是在發病的4、5小時以內，可以採用「血栓溶解療法」（thrombolytic therapy），會使用藥物破壞固化血栓的「纖維蛋白」（fibrin），藉此溶解血栓，恢復血液正常流動。這種治療方式的效果很好，很少有人會有後遺症。

如果發病後已經超過4、5小時，或者血栓溶解療法無法溶解血栓時，就會使用「動脈

血栓溶解療法

用名為「組織血漿纖維溶酶原活化劑」（Tissue Plasminogen Activator，t-PA）的藥物溶解血栓，恢復血液的流動。發生腦梗塞的區域會因為缺氧使血管壁變得比較脆弱，所以如果在4、5小時以後才投予t-PA，不只無法發揮藥效，還會因為血管脆弱而導致腦出血，反而讓病情變得更嚴重。

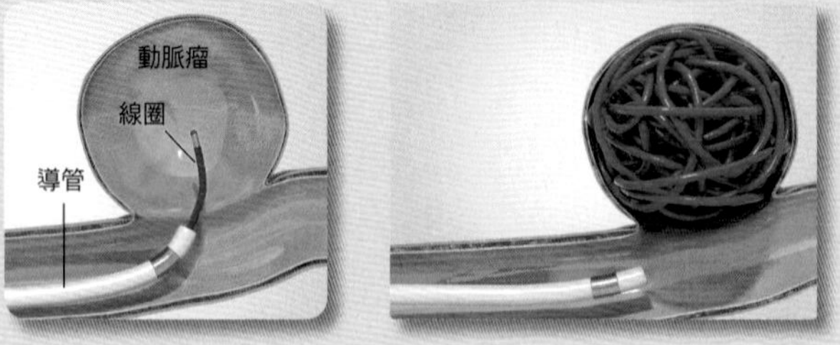

腦內出血、蛛網膜下腔出血的治療

腦內出血時，通常會用降血壓藥或止血藥來應對。

蛛網膜下腔出血時，通常會用導管插入鼠蹊部的股動脈，並延伸到腦部血管，用線圈塞住動脈瘤，這種方式稱作「線圈栓塞術」。或是打開顱骨，用「動脈瘤夾」從外側塞住動脈瘤，這種方式稱作「開顱夾除術」。

動脈取栓術

除了用支架捕捉血栓的方式之外，還有像吸塵器一樣把血栓吸出的方法。

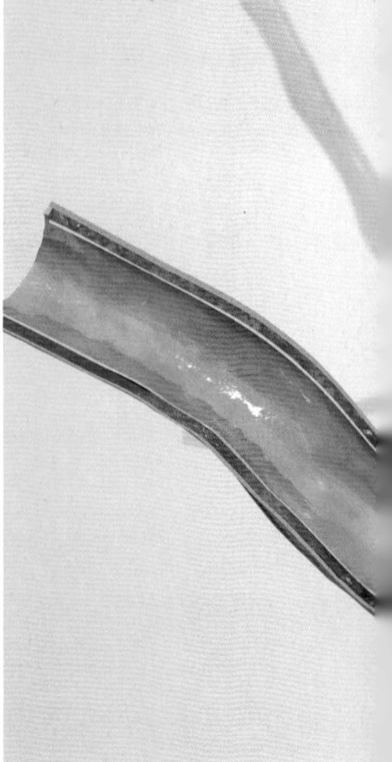

2.
將收納有網狀金屬支架的裝置展開，緩緩往回拉，讓支架牢牢纏住血栓。

取栓術」※（intra-arterial thrombectomy），會將導管（直徑1毫米左右的細管）插入患者大腿根部相對較粗的股動脈，使其延伸至腦部。導管抵達血栓所在位置時，先將引導用的金屬導線穿過血栓，接著將包覆著金屬製網狀「支架」的裝置沿著金屬導線穿過血栓後，遙控展開支架，緩緩往回拉，讓支架牢牢纏住血栓，搭配導管的抽吸，將血栓清入導管內，移出體外。

※：原則上，只有在發病後8小時內才能使用這種治療方法（有確認過其手術效果）。

腦梗塞的治療（↓）

可使用血栓溶解療法與動脈取栓術的期間，稱作「超急性期」（hyperacute period）。這個時期的治療成功與否，會大幅影響之後的復原情況。

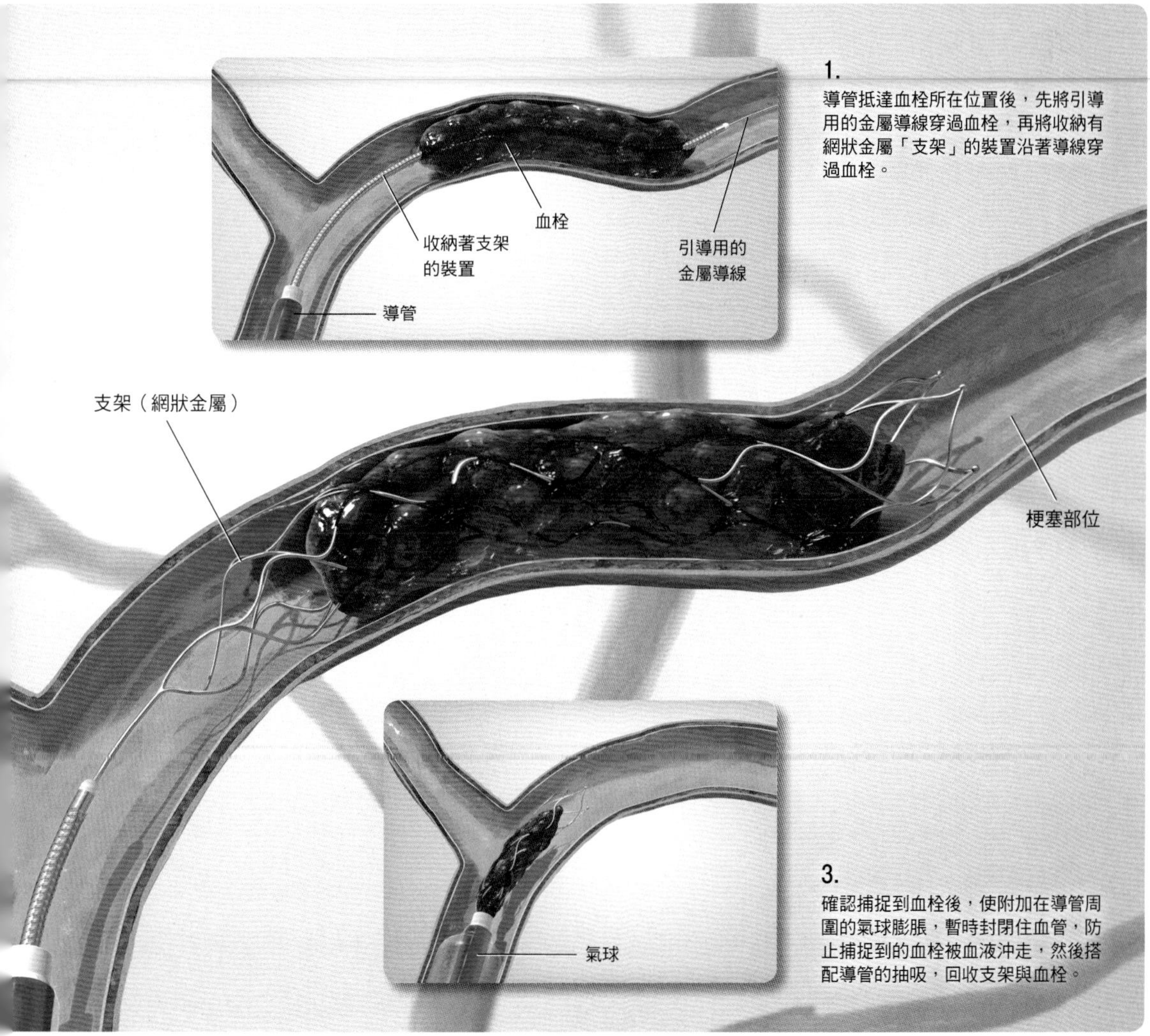

1.
導管抵達血栓所在位置後，先將引導用的金屬導線穿過血栓，再將收納有網狀金屬「支架」的裝置沿著導線穿過血栓。

3.
確認捕捉到血栓後，使附加在導管周圍的氣球膨脹，暫時封閉住血管，防止捕捉到的血栓被血液沖走，然後搭配導管的抽吸，回收支架與血栓。

因腦部障礙引起認知功能低落，造成生活障礙的「失智症」

「失智症」指的是因為後天性腦部障礙，失去認知功能※，進而造成生活障礙的狀態。失智症類型包括部分腦部萎縮的「阿茲海默型」（阿茲海默症，Alzheimer's disease）、易產生幻視與妄想的「路易氏體型」（路易氏體失智症，Lewy body dementia）、因腦中風而造成的「腦血管型」（血管型失智症，vascular dementia）等。

失智症中約有5成為阿茲海默症，其病因為腦中累積了過多「類澱粉蛋白β」與「tau蛋白」等異常蛋白質。隨著症狀惡化，神經元會陸續壞死，負責累積與整理記憶的海馬迴也會開始萎縮，並因此而產生記憶障礙與定向力障礙（disorientation，無法正確識別時間、地點、人臉等事物）。

日本厚生勞動省的統計資料顯示，1985年時，日本國內約有59萬名失智症患者；到了2025年，患者人數會增加到約700萬名。若以全球來說，2016年時，全球約有4700萬名失智症患者；到了2050年，患者數會超過1億名，在社會上或經濟上都將是很大的負擔。

※：掌握獲得的資訊，並依此做出判斷、行動。
※編註：2021年臺灣失智人口約31.2萬人，根據臺灣失智症協會推估，到了2026年，臺灣失智人口將達37.3萬人。

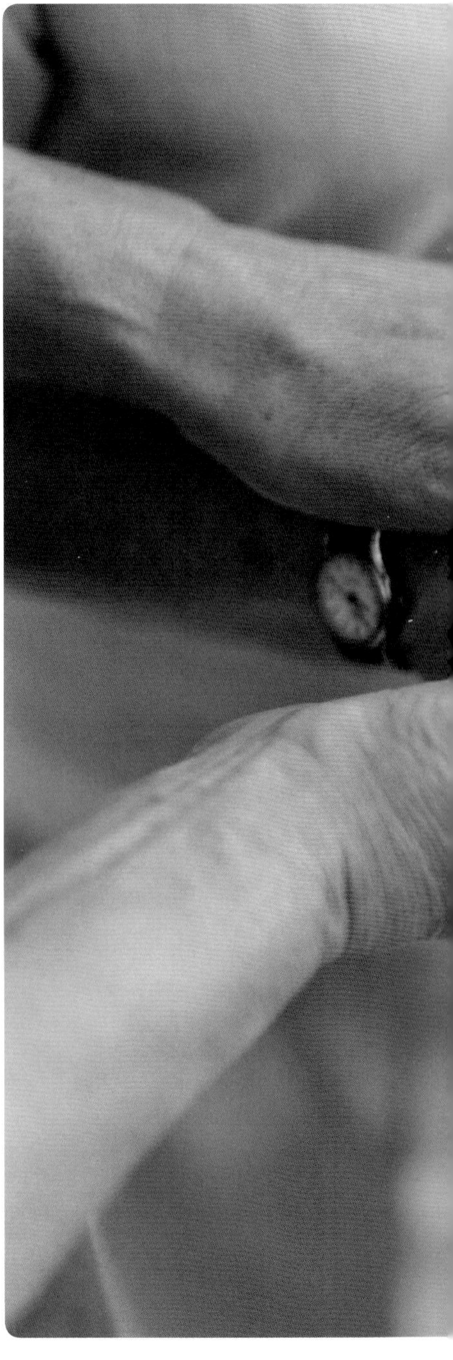

阿茲海默症（→）

阿茲海默症一開始會造成與記憶及學習有關的內嗅皮質、海馬迴神經元壞死。所以患者會開始忘記事物，之後則會逐漸無法記住新事物。

隨著疾病惡化，大腦皮質的病變範圍會越來越廣。顳葉受損（神經元死亡）後，就會開始忘記遙遠過去的記憶，無法順利發出言語；頂葉受損後，將無法掌握物體位置、方向、大小；枕葉受損後，即使看到原本認識的人或東西，也無法判斷那是什麼。

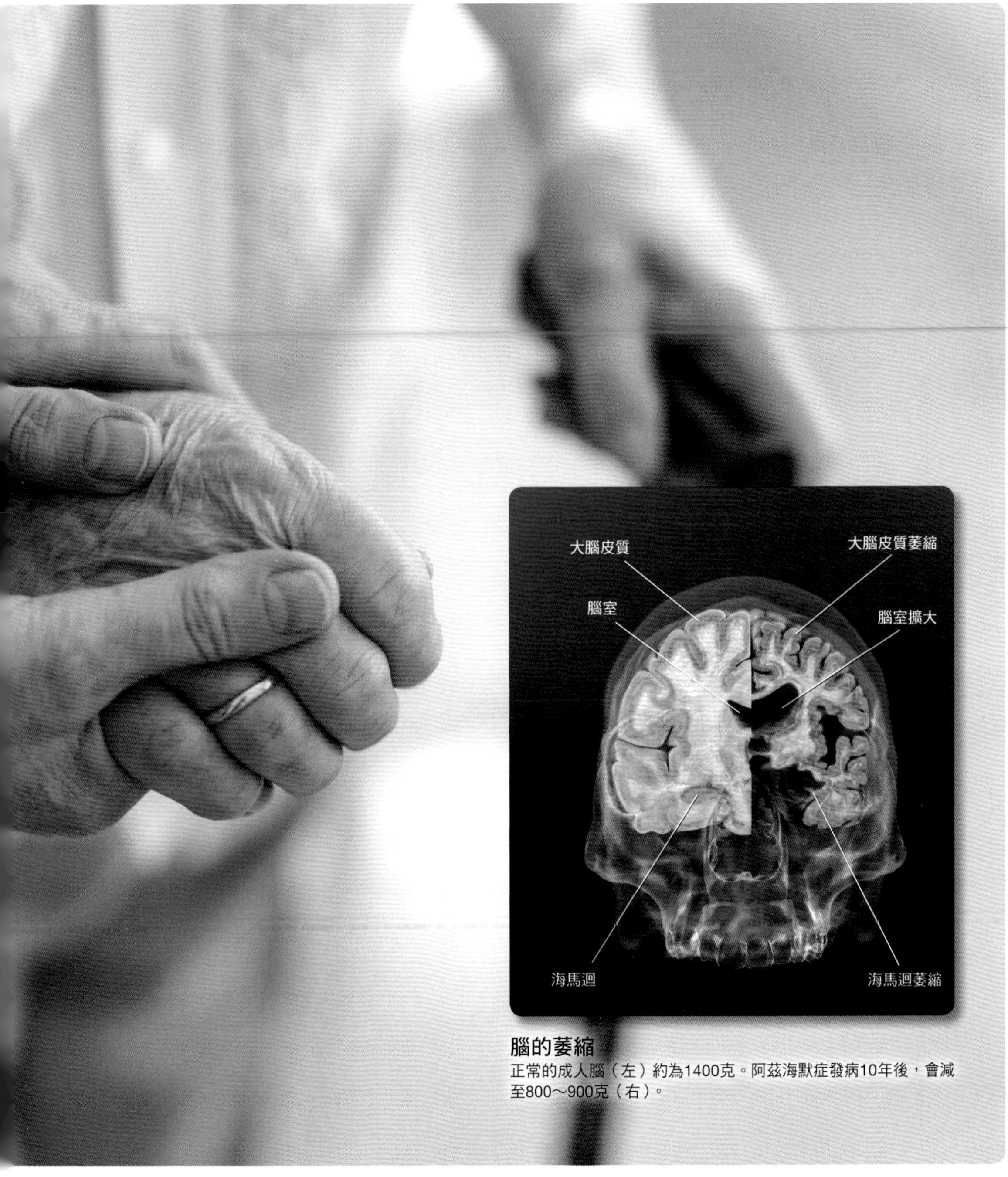

腦的萎縮

正常的成人腦（左）約為1400克。阿茲海默症發病10年後，會減至800～900克（右）。

類澱粉蛋白β與tau蛋白會造成神經元死亡

「類澱粉蛋白β假說」認為，阿茲海默症的病因在於腦中累積過多的類澱粉蛋白β。

類澱粉蛋白β的原料是神經元突觸細胞膜上的「類澱粉β前驅蛋白」（Amyloid-β Precursor Protein，APP）。APP完成原本的任務之後※，會被「β分泌酶」（beta secretase）、「γ分泌酶」（gamma secretase）等酵素切斷，轉變成類澱粉蛋白β，釋放至細胞外（下圖）。

正常情況下，切出來的類澱粉蛋白β會由腦內的「清道夫」微神經膠細胞（microglia）清除（參考第14頁）。但隨著年齡增加，微神經膠細胞的清除功能會越來越低，使腦內類澱粉蛋白β的濃度越來越高。於是類澱粉蛋白β逐漸凝集在一起，形成巨大的凝集塊狀「老年斑」（senile plaque），附著在神經元周圍，傷害神經元，最終導致細胞死亡。

堆積在神經元內的tau蛋白

除了類澱粉蛋白β之外，腦內還可能會累積其他「垃圾」。神經元擁有樹突與軸突這兩種長長的「腳」。神經元內布滿了道路般的「微管」（microtubule），可用來將存放營養物質或神經傳

類澱粉蛋白β的堆積（↓）
若類澱粉蛋白β在腦內堆積，附著在神經元上，便會造成神經元死亡，阻礙訊息傳導。這可能是阿茲海默症的病因（類澱粉蛋白β假說）。

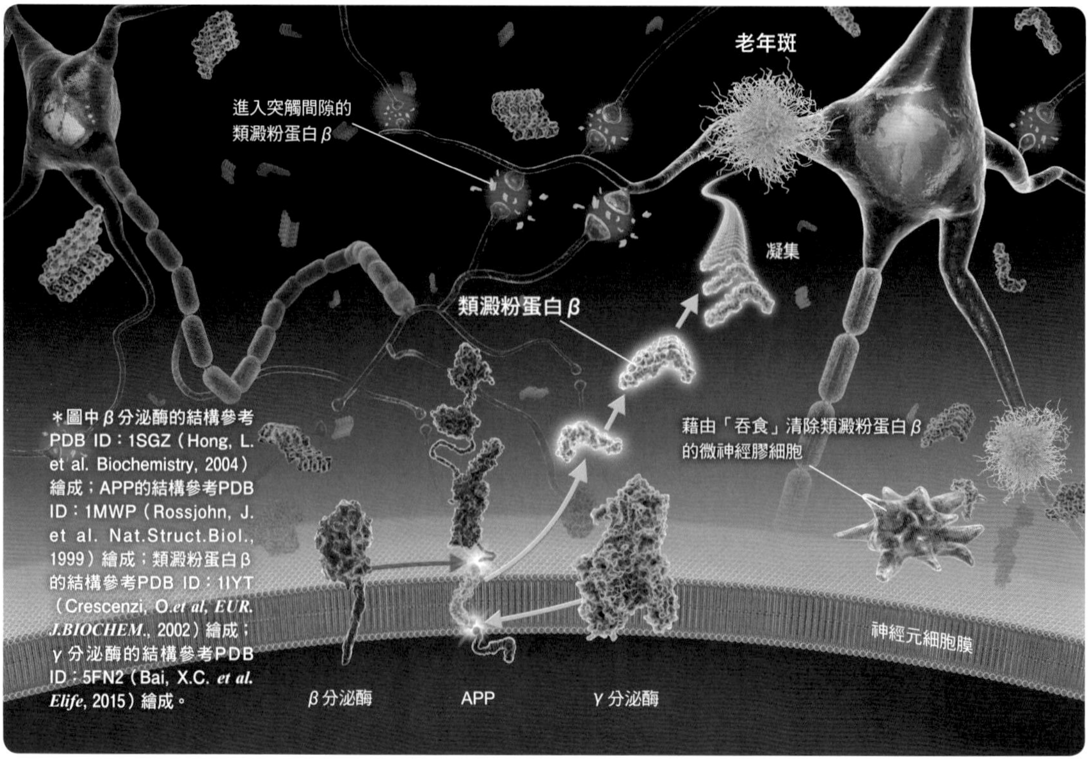

＊圖中β分泌酶的結構參考PDB ID：1SGZ（Hong, L. et al. Biochemistry, 2004）繪成；APP的結構參考PDB ID：1MWP（Rossjohn, J. et al. Nat.Struct.Biol., 1999）繪成；類澱粉蛋白β的結構參考PDB ID：1IYT（Crescenzi, O. *et al, EUR. J.BIOCHEM.*, 2002）繪成；γ分泌酶的結構參考PDB ID：5FN2（Bai, X.C. *et al. Elife*, 2015）繪成。

導物的「突觸囊泡」（synaptic vesicle）運送至這些腳的末端（右頁圖）。

軸突內名為「tau蛋白」的蛋白質可穩定微管，然而隨著類澱粉蛋白β的累積以及年紀增長，tau蛋白會陸續與微管分離。於是，tau蛋白逐漸凝集在一起，微管則開始崩解，使得神經元沒辦法將營養送至軸突的末端，造成軸突萎縮，最後導致神經元死亡。這種變化稱作「神經纖維糾結」（neurofibrillary tangles）。

更糟的是，神經元會吐出凝集成塊狀的tau蛋白，將其傳染給健康的神經元，使更多神經元出現神經纖維糾結的狀況。神經纖維糾結會持續長達20年左右，從內嗅皮質蔓延至海馬迴，擴散至整個大腦皮質。隨著這個過程的進展，病患會陸續出現各種阿茲海默症的症狀，並逐漸惡化。

※：APP原本的作用可能與神經元的成長及修復有關，詳情仍不明。

tau蛋白的堆積（↓）

tau蛋白異常導致神經元死亡的示意圖。脫離軸突微管的tau蛋白，會在神經元各處凝集，使軸突萎縮，導致神經元死亡。

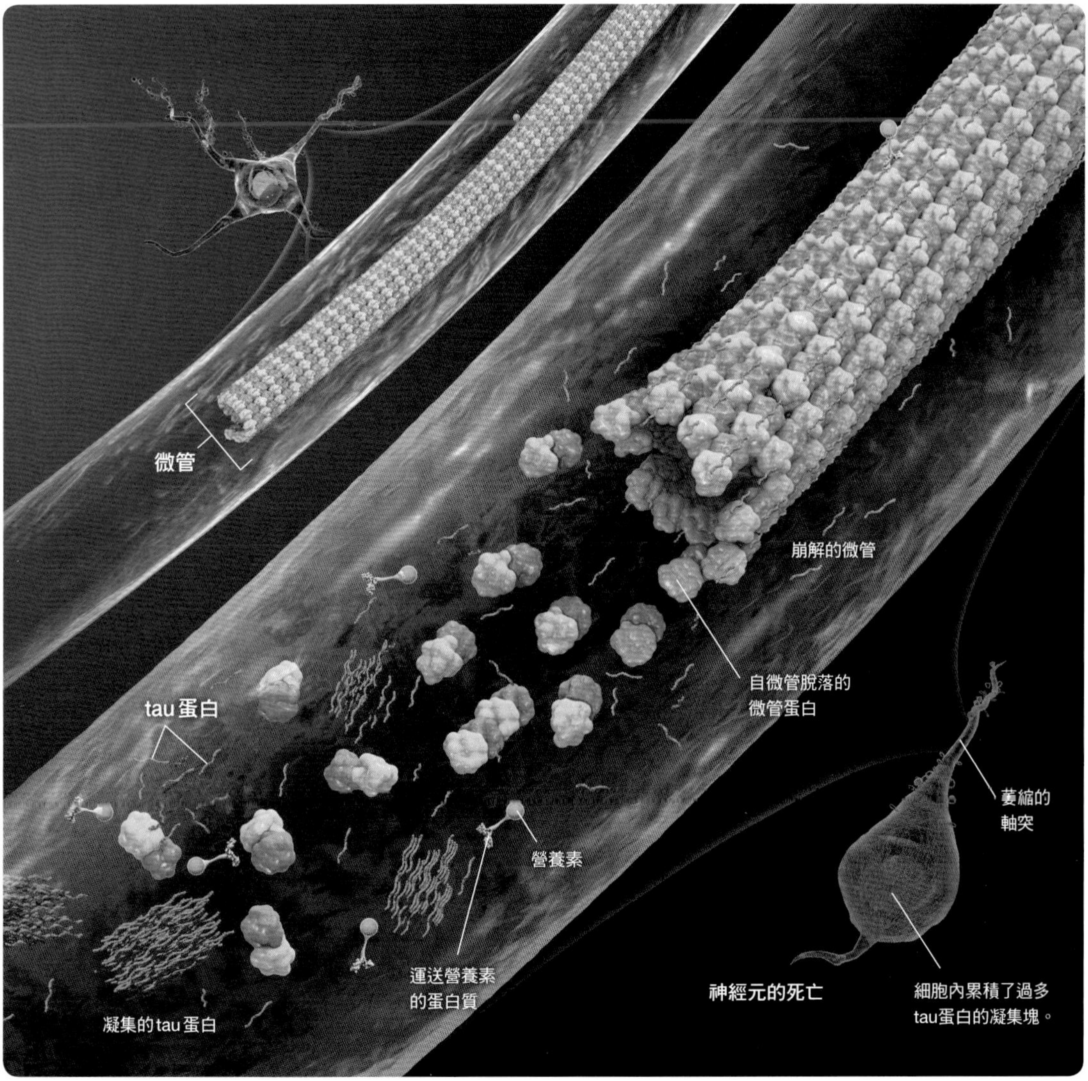

＊微管蛋白結構參考PDB ID：3J2U（Asenjo, A.B et al. Cell, 2013）繪成。

從對症療法到根本治療藥物的開發

目前並沒有能夠防止腦部神經元死亡，或者促進其再生的治療方式。因此阿茲海默症的主流療法為使用「多奈派齊」〔donepezil，商品名：愛憶欣（Aricept）®〕或「美金剛胺」〔memantine，商品名：美憶（Memary）®〕等對症藥物，延緩症狀惡化。

2021年7月，美國食品藥物管理局核准了新藥「阿杜卡努單抗™」（Aducanumab，商品名Aduhelm）的有條件製造、販賣。阿杜卡努單抗可有效減少腦內類澱粉蛋白β，被認為可有效治療早期阿茲海默症※。

此外，仍然有許多阿茲海默症的對因治療（etiological treatment）藥物正在開發中，各研究團隊分別朝著不同方向研究，譬如防止類澱粉蛋白β累積、防止tau蛋白凝集、抑制發炎反應等等，也有不少藥物中止開發。

另一方面，原本用於治療嬰兒晚上哭鬧、抽筋的漢方藥「抑肝散」，被認為能有效減緩阿茲海默症的幻覺、妄想、遊蕩等精神行為症狀（behavior and psychological symptoms of dementia，BPSD）。

※編註：2023年1月6日，美國核准了阿茲海默症新藥「侖卡奈單抗」(Lecanemab，商品名：Leqembi)，安全性優於阿杜卡努單抗。

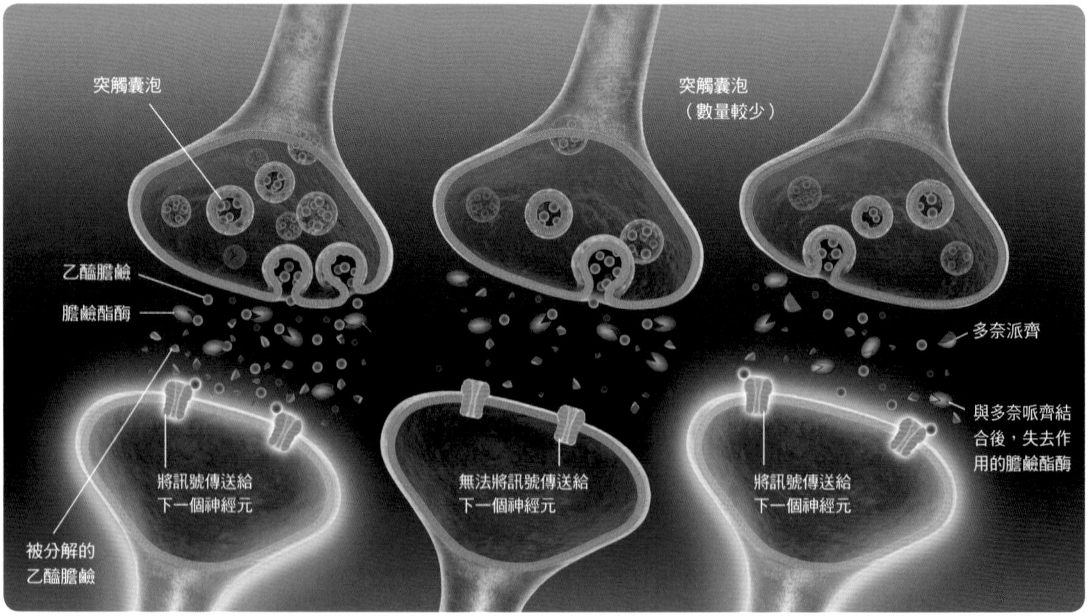

鹽酸多奈派齊

神經元可釋放神經傳導物「乙醯膽鹼」至突觸間隙，將訊號傳遞給下一個神經元（左）。阿茲海默症病患的神經元所製造的乙醯膽鹼較少（釋出至突觸間隙的乙醯膽鹼量較少），使神經間出現訊息傳遞障礙（中）。膽鹼酯酶（cholinesterase）功能為分解乙醯膽鹼（編註：避免神經過度興奮），而鹽酸多奈派齊可以抑制膽鹼酯酶的作用。故服用多奈派齊，可提高神經元間的資訊傳遞效率（右）。

失智症症狀分類（→）

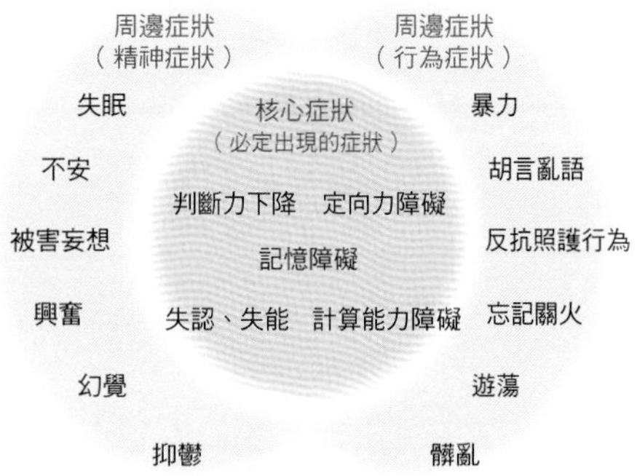

阿茲海默症的新藥開發（↓）

目前仍有許多開發中的新藥，目標是阿茲海默症的對因治療。新藥種類繁多，希望能從各種不同途徑防止神經元死亡，包括防止類澱粉蛋白β累積、tau蛋白凝集、抑制發炎反應等，其中也有不少藥物中止開發（或開發困難）。

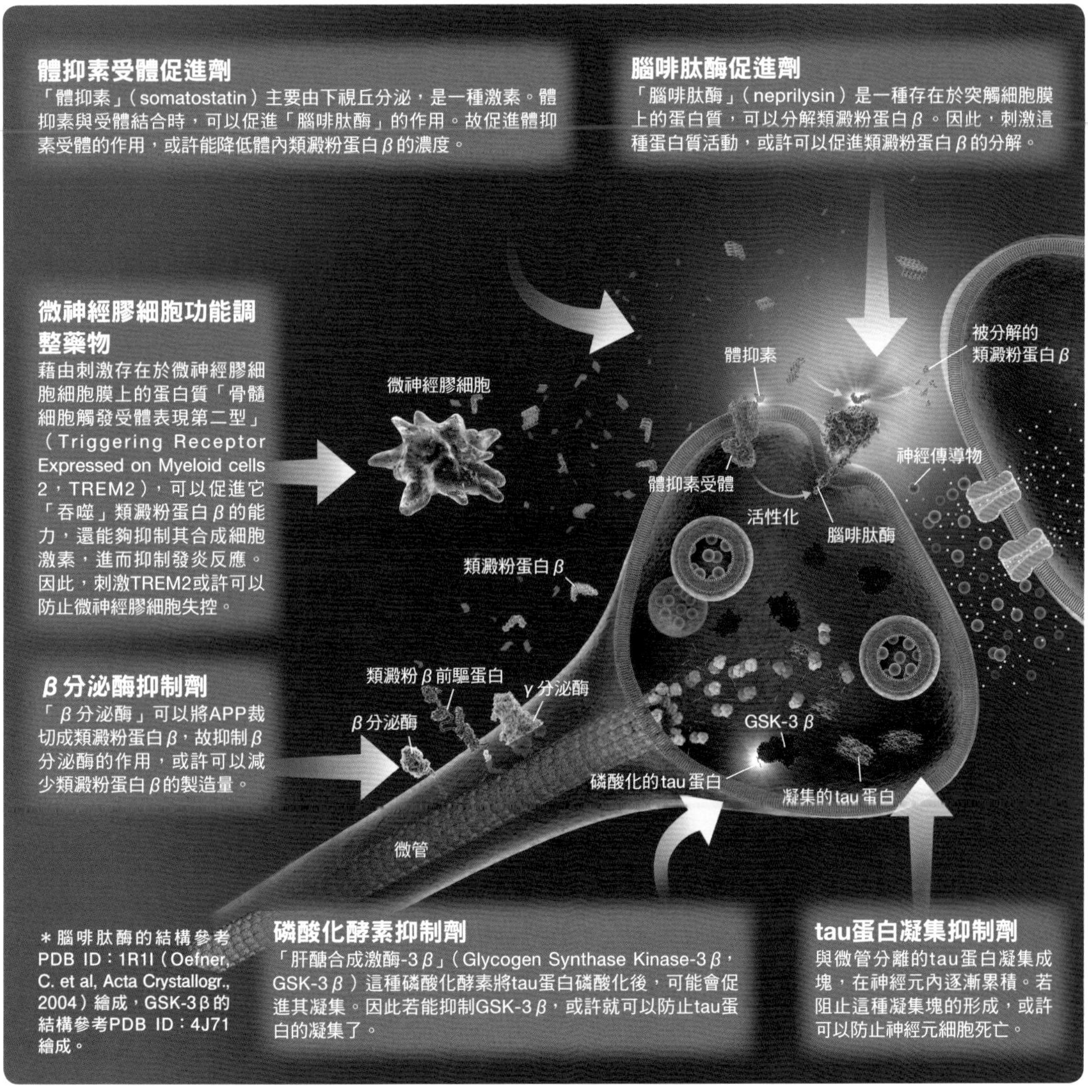

體抑素受體促進劑

「體抑素」（somatostatin）主要由下視丘分泌，是一種激素。體抑素與受體結合時，可以促進「腦啡肽酶」的作用。故促進體抑素受體的作用，或許能降低體內類澱粉蛋白β的濃度。

腦啡肽酶促進劑

「腦啡肽酶」（neprilysin）是一種存在於突觸細胞膜上的蛋白質，可以分解類澱粉蛋白β。因此，刺激這種蛋白質活動，或許可以促進類澱粉蛋白β的分解。

微神經膠細胞功能調整藥物

藉由刺激存在於微神經膠細胞細胞膜上的蛋白質「骨髓細胞觸發受體表現第二型」（Triggering Receptor Expressed on Myeloid cells 2，TREM2），可以促進它「吞噬」類澱粉蛋白β的能力，還能夠抑制其合成細胞激素，進而抑制發炎反應。因此，刺激TREM2或許可以防止微神經膠細胞失控。

β分泌酶抑制劑

「β分泌酶」可以將APP裁切成類澱粉蛋白β，故抑制β分泌酶的作用，或許可以減少類澱粉蛋白β的製造量。

磷酸化酵素抑制劑

「肝醣合成激酶-3β」（Glycogen Synthase Kinase-3β，GSK-3β）這種磷酸化酵素將tau蛋白磷酸化後，可能會促進其凝集。因此若能抑制GSK-3β，或許就可以防止tau蛋白的凝集了。

tau蛋白凝集抑制劑

與微管分離的tau蛋白凝集成塊，在神經元內逐漸累積。若阻止這種凝集塊的形成，或許可以防止神經元細胞死亡。

＊腦啡肽酶的結構參考PDB ID：1R1I（Oefner, C. et al, Acta Crystallogr., 2004）繪成，GSK-3β的結構參考PDB ID：4J71繪成。

情緒低落到會造成日常生活困擾的「憂鬱症」

在我們的日常生活中，如果碰到痛苦或困難的事，就會情緒低落，覺得「沒有幹勁」、「對任何事物都提不起興趣」。若這個狀態持續2週以上，並出現失眠、活力減退等症狀，影響到日常生活的話，就會被診斷為「憂鬱症」。

另一方面，如果患者有這種憂鬱狀態（抑鬱狀態），以及情緒高昂、行動力高的躁狀態，且每隔數個月～數年出現一次，則會被診斷為「雙極性情感疾患」（bipolar disorder，又名躁鬱症）※。憂鬱症是壓力使腦無法順利運作，進而導致身心失調的狀態。相對地，一般認為壓力並不是雙極性情感疾患的直接原因，而且目前兩者的發病機制皆不明瞭。

近年來，被診斷成「新型憂鬱症」的人逐漸增加。新型憂鬱症病患基本上也會有憂鬱狀態，但碰上自己喜歡的事或感興趣的事時，也會表現出欲求，與典型的憂鬱症並不相同。順帶一提，新型憂鬱症並非正式病名，有的時候會稱作「非典型憂鬱症」，但目前專家之間還沒有共識。

※：雙極性情感疾患可以分成躁狀態嚴重的「Ⅰ型」，與躁狀態較輕微的「Ⅱ型」。

憂鬱症的病因與症狀（→）

圖中畫出了憂鬱症發病的各種原因。不論年齡、性別，任何人都有可能得到憂鬱症，可以說是「心理上的感冒」。

另外，若兄弟姊妹等近親有憂鬱症，那麼本人憂鬱症發病率會是一般人的1.5～3倍。但另一方面，目前還沒有找到會直接影響到憂鬱症發病的基因，故一般認為憂鬱症可能與環境因素有很大的關係。

小孩子的憂鬱

在學校遭霸凌，學校生活過得不順利等等，可能會讓孩子進入憂鬱狀態，進而出現蝸居在家、拒學的情況。另外，過度專注於讀書、社團活動所造成的「倦怠」（burnout）也可能引發憂鬱症。

過度工作的憂鬱

除了遭裁員、就職／轉職失敗等環境變化之外，晉升之類乍看之下很正面的環境變化，也可能因為不能適應工作內容或人際關係的變化而出現憂鬱症。

老年的憂鬱（↓）

有些人在退休、孩子獨立後，會失去生活目標，易觸發憂鬱症。配偶生病、死亡，也可能成為致病原因。另外，失智症與腦中風的某些症狀與憂鬱症類似，有時候要診斷老年人得到的是哪一種疾病並不容易。

典型憂鬱症與新型憂鬱症的比較

	典型憂鬱症	新型憂鬱症
抑鬱感	幾乎一整天都有抑鬱的感覺。	碰到好事時，抑鬱感會好轉。
活動慾望	幾乎所有活動都提不起勁。	做自己喜歡的事時會比較有精神。
睡眠變化	早上會很早醒來，有失眠情形。	會在半夜時醒來，有睡眠過度的情形。
食慾變化	食慾、體重減少。	食慾或體重增加。
罪惡感	責怪自己。	責怪他人。
情緒變化	集中力、決策能力下降。	出現衝動、煩躁的情緒。

典型憂鬱症與新型憂鬱症的比較表。新型憂鬱症的患者相對較年輕、人際關係上比較敏感、比起責怪自己，較常責怪他人。

女性的憂鬱

結婚、懷孕、生產、教養孩子等所產生的過重責任感；家事、婆媳關係等家庭內的紛爭所帶來的壓力；為了把工作和家事做得更完美而過度努力，這些原因都可能讓女性進入憂鬱狀態，進而使憂鬱症發作。

由身體製造，用於對抗壓力的「糖皮質素」

當我們感受到壓力的時候，腦的下視丘就會分泌「促腎上腺皮質素釋素」（corticotropin-releasing hormone，CRH，參考第138頁）。CRH進入下視丘下方的腦垂腺後，可刺激腦垂腺釋放「促腎上腺皮質素」（adrenocorticotropic hormone，ACTH）。順著血液巡迴全身的ACTH可以刺激腎上腺皮質，使其釋放出「糖皮質素」（glucocorticoid），作用於肝臟與免疫細胞，使身體做好面對壓力的準備。

一般來說，壓力消失後，糖皮質素的分泌量會跟著減少。不過，如果長期處於壓力狀況下，糖皮質素的分泌會慢性增加。這種狀態會傷害到腦的神經元，特別是海馬迴，造成記憶力下降。

此外，憂鬱症的人會頻繁出現負面感情，這是因為壓力使負責感受恐懼與不安的杏仁核活躍了起來。杏仁核通常由「背外側前額葉」（dorsolateral prefrontal cortex）控制。但若長時間處於壓力下，這個部分的功能就會減弱，使杏仁核失控。

身體面對壓力時的應對機制（→）

糖皮質素可以作用於肝臟，使血糖（葡萄糖量）上升。這可以增加腦的能量來源，提升資訊處理的能力。作用於免疫細胞時，可抑制免疫反應，進而抑制發炎，減輕身體的痛苦。作用於血管時，可提升血壓，使氧氣容易送至全身，進而提升運動能力。

海馬迴萎縮

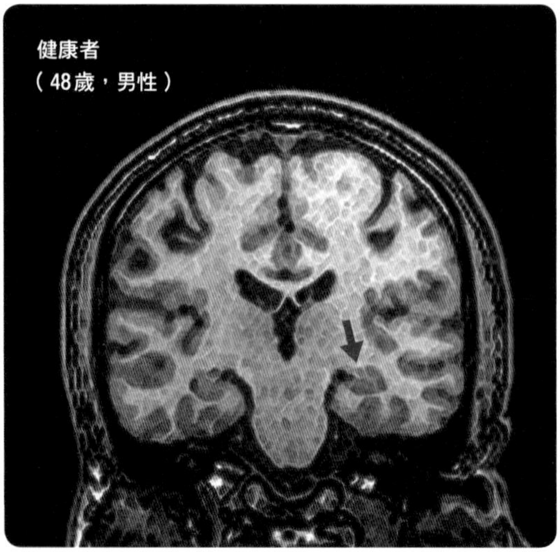

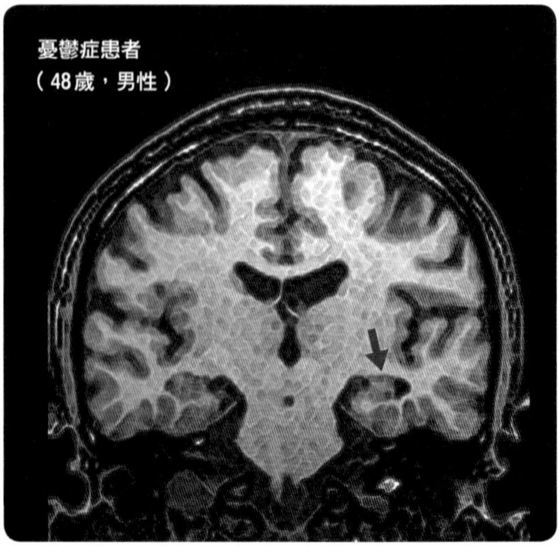

＊圖像提供：日本帝京大學醫學部 精神神經科學講座．功刀浩

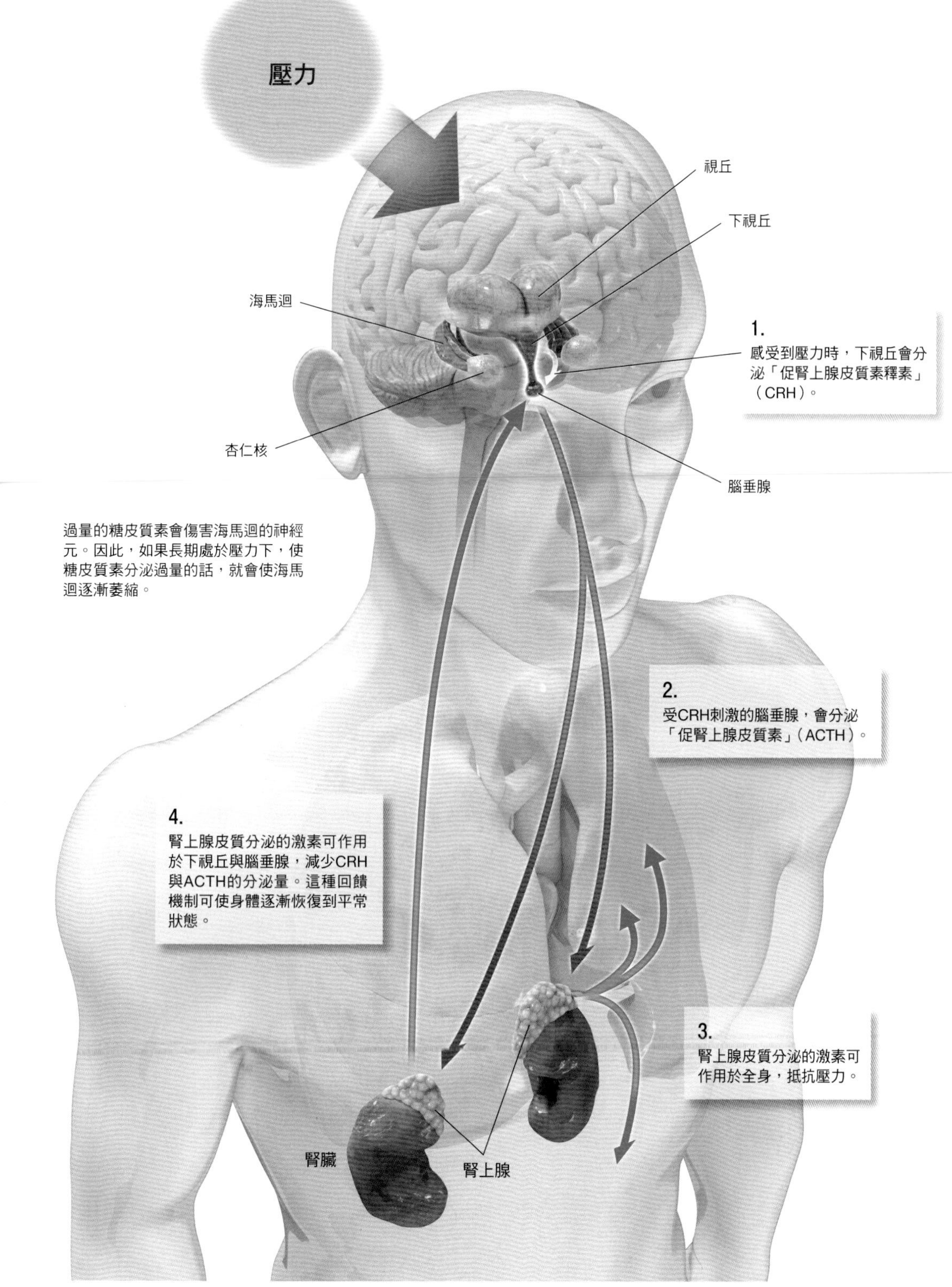
壓力
視丘
下視丘
海馬迴
1.
感受到壓力時，下視丘會分泌「促腎上腺皮質素釋素」（CRH）。
杏仁核
腦垂腺
過量的糖皮質素會傷害海馬迴的神經元。因此，如果長期處於壓力下，使糖皮質素分泌過量的話，就會使海馬迴逐漸萎縮。
2.
受CRH刺激的腦垂腺，會分泌「促腎上腺皮質素」（ACTH）。
4.
腎上腺皮質分泌的激素可作用於下視丘與腦垂腺，減少CRH與ACTH的分泌量。這種回饋機制可使身體逐漸恢復到平常狀態。
3.
腎上腺皮質分泌的激素可作用於全身，抵抗壓力。
腎臟
腎上腺

組合多種方法治療憂鬱症

感覺器官接收到的資訊可在神經元內轉換成電訊號，神經元之間則是靠神經傳導物來傳遞訊息。會影響到情緒的神經傳導物，包括多巴胺、正腎上腺素以及血清素，這些物質統稱為「單胺」（monoamine）。

1950年代，研究團隊試著從結核病的治療藥物「異菸鹼異丙醯肼」（iproniazid）、抑制幻覺與妄想的抗精神病藥物「伊米帕明」（imipramine）、高血壓治療藥物「利血平」（reserpine）的作用，瞭解憂鬱症的機制，並以此來開發治療藥物。研究結果指出，「腦內單胺不足」時，就會進入憂鬱狀態。若能抑制單胺回收或分解，拉長單胺在突觸間隙發揮效果的時間，或許就能治療憂鬱症了，這種說法稱為「單胺假說」。現代憂鬱症藥物（抗憂鬱藥）全都是基於這個假說開發出來的。

憂鬱症的治療

休養是治療憂鬱症最有效的療法。不過某些情況下，可以進行諮詢（精神治療）或藥物治療。

藥物治療中所使用的抗憂鬱藥有很多種，包括醫療界從1950年代開始就在使用的「三環類抗憂鬱藥」（tricyclic antidepressants）與1970年代的「四環類抗憂鬱藥」（tetracyclic antidepressants）等藥物，現在則多使用副作用較少的SSRI、SNRI、NassA等。

「SSRI」（selective serotonin reuptake inhibitor，選擇性血清素再回收抑制劑）可抑制突觸間隙回收血清素，增強血清素的效果。「SNRI」（serotonin and

經顱磁刺激（TMS治療）

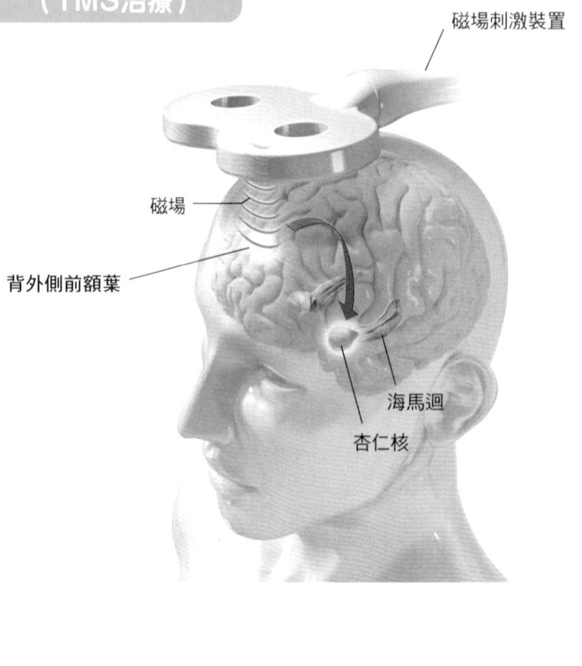

抗憂鬱藥（SSRI）的藥物機制

健康者的神經元可釋放血清素至突觸間隙，藉此將訊號傳送給下一個神經元。神經元會再藉由「血清素轉運蛋白」（serotonin transporter）回收血清素，重複使用。

另一方面，憂鬱症患者的神經元釋放出來的血清素量較少，故無法充分傳遞神經元的訊息，阻礙了神經元的活動。SSRI可以抑制血清素轉運蛋白回收血清素，故可讓突觸間隙內的血清素濃度上升，提升神經元間的訊息傳送效率。

norepinephrine reuptake inhibitors，血清素與正腎上腺素再回收抑制劑）則可抑制血清素與正腎上腺素的再回收，藉此增強兩者的效果。

「NassA」（noradrenergic and specific serotonergic antidepressants，正腎上腺素與專一性血清素抗憂鬱劑）可增強血清素與正腎上腺素的效果，鎮靜效果比SSRI與SNRI還要強。

用磁場活化神經元

2008年美國FDA核准「經顱磁刺激」（transcranial magnetic stimulation，TMS）治療法，近來漸受矚目。從頭上施加強力磁場，使腦內產生微弱電流，活化特定神經元（背外側前額葉，參考第160頁），藉此抑制杏仁核過度活動。

舉例來說，服用SSRI後，會增加突觸間隙的血清素含量，促進神經元成長。這可以增加蛋白質「腦源性神經營養因子」（brain-derived neurotrophic factor，BDNF）的量，進而改善病況。目前已確認TMS治療可以增加BDNF的量。

TMS治療無法取代精神治療與藥物治療，但若加以善用，或許能夠將抗憂鬱藥物的服用量降至最低。

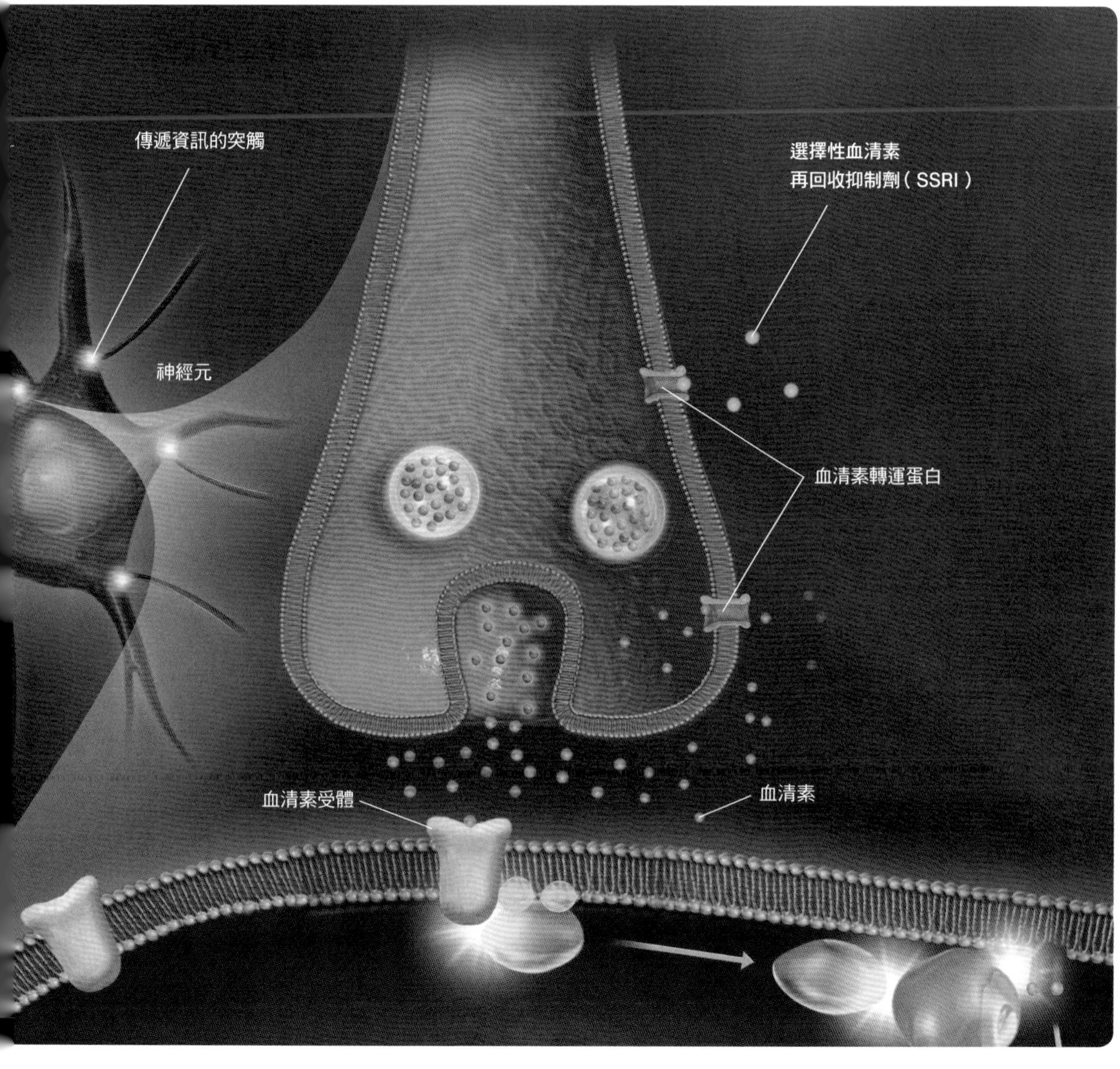

近在你我身邊，無法戒除的「依賴症」

對某些事物過度依賴，進而造成工作、家庭等社會生活的障礙，便稱作「依賴症」。依賴對象有很多種，大致上可以分成酒、香菸、藥物等「物質」，以及賭博、遊戲、異性等「行為、人際關係」等。

能造成物質依賴的東西很多，有些可能會讓你意想不到。舉例來說，市面上販賣的感冒藥、止咳藥，醫療機構開立處方中的助眠藥、止痛藥等，若這些物質含有特定成分，便會讓人在非必要時自行服用（濫用），且停不下來。

此外，咖啡或營養飲料內含有的「咖啡因」，有讓腦興奮的作用。適量飲用的話不會有問題，但若攝取過多，就會產生耐受性，量不夠多便無法讓腦興奮（所以飲用量會逐漸增加）。若在有耐受性的狀態下停止攝取咖啡因，就會產生頭痛、噁心、集中力衰退等戒斷症狀。而為了減輕戒斷症狀的痛苦，患者會再次攝取咖啡因。

1. 剛開始飲用時
喝下一罐能量飲料時，可以明顯感受到心搏上升，祛除睡意的效果。

不可忽視的咖啡因依賴（→）

若攝取過多咖啡因，最後會導致死亡。一杯咖啡約含有90毫克的咖啡因，一瓶能量飲料則含有約100～160毫克的咖啡因。成人若在短時間內攝取200～1000毫克的咖啡因，就可能會出現中毒症狀。

3. 停止攝取時會產生戒斷症狀（→）
停止攝取咖啡因後，會出現戒斷症狀，如頭痛、噁心、想睡、集中力減退、疲勞感等，此時還可能併發極度想攝取咖啡因的精神依賴。如果再度攝取咖啡因，可以暫時舒緩戒斷症狀，卻會讓身體依賴情況更為嚴重。

2. 開始出現耐受性

若是長期攝取，身體會對咖啡因產生耐性，要喝更多罐能量飲料才能袪除睡意。部分飲用者會開始出現初期中毒症狀，如食欲不振、顫抖等，有些人甚至會出現嚴重症狀。

4. 過量攝取導致中毒（↓）

覺得光是喝能量飲料還不夠，而開始服用含有更多咖啡因的「咖啡因錠劑」。過量攝取咖啡因錠劑，或是與能量飲料合併使用時，將會導致心律不整、低血壓、痙攣等咖啡因中毒症狀，嚴重時甚至可能導致死亡。

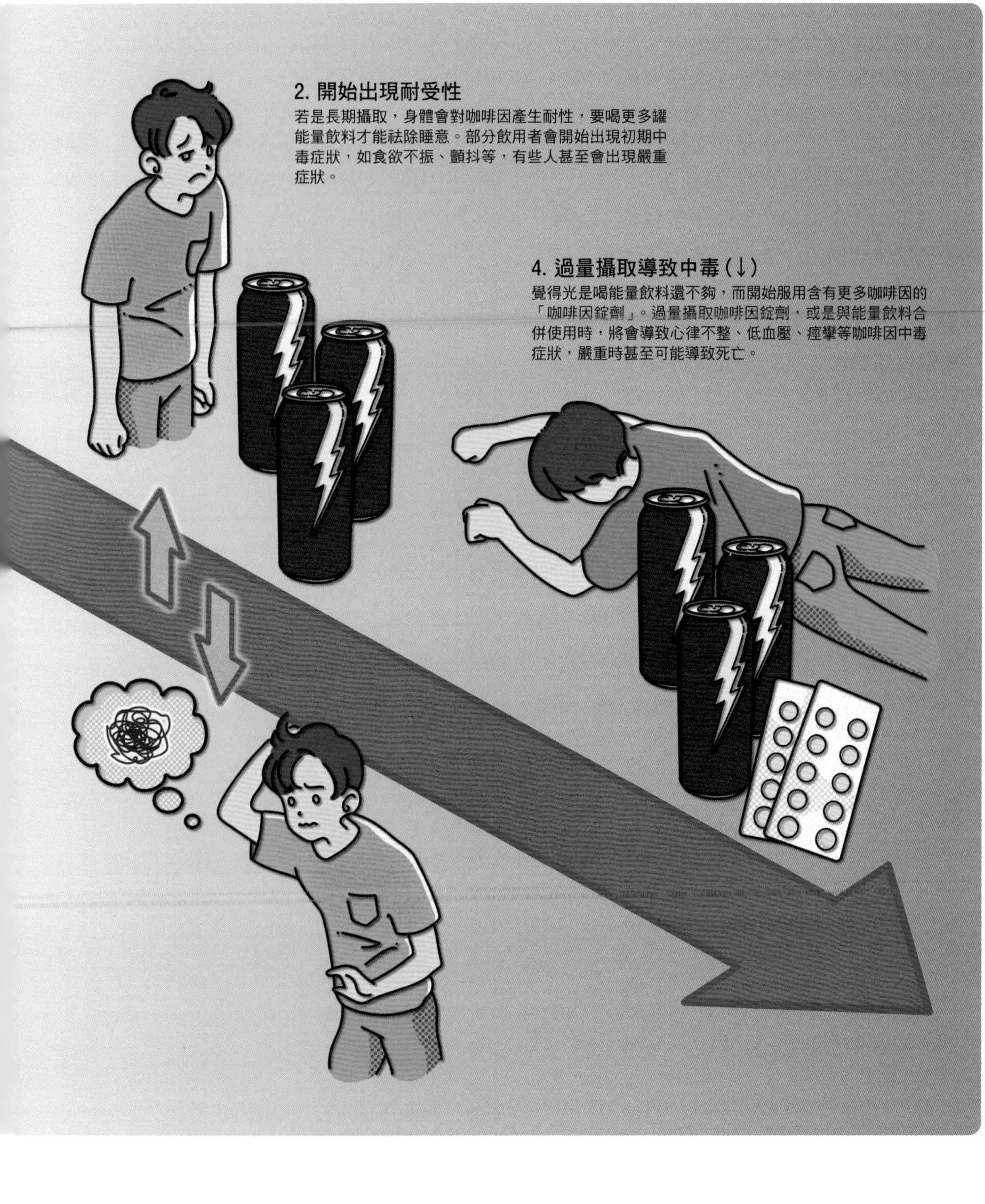

「再一下下就好」，熱衷與依賴症的界線在哪裡？

由2018年日本厚生勞動省的調查指出，日本的國中生與高中生中，約有93萬人有病態的網路依賴情況；而所有國高中生中，約有4成——250萬人距離病態的網路依賴只差一步。而且其中有一半的學生，曾因為使用網路過度導致課業成績退步。

應該不少人都有過「再一下下就好」之類的想法吧？也有不少人沒辦法放下手機、或者一直在意社群軟體的「讚」數。事實上，依賴症並沒有明確的定義。通常我們會以「是否造成病患本人生活困擾」，判斷是否該進行依賴症治療。

以藥物依賴為主題的依賴症研究專家，日本國立精神與神經醫療研究中心的松本俊彥博士指出，罹患依賴症後，患者的「重要事物排行」會出現變化。譬如患者過去可能相當重視家庭、夢想、健康等事物，但在罹患依賴症後，依賴對象就會升到第一名，遠遠勝過其他事物。

網路依賴症

隨著智慧型手機的普及，網路依賴症患者迅速增加，成為了世界性的問題。其中又以孩子特別容易出現網路依賴症，並可能因此而出現課業成績下降、睡眠不足、容易與朋友產生衝突等不良影響。

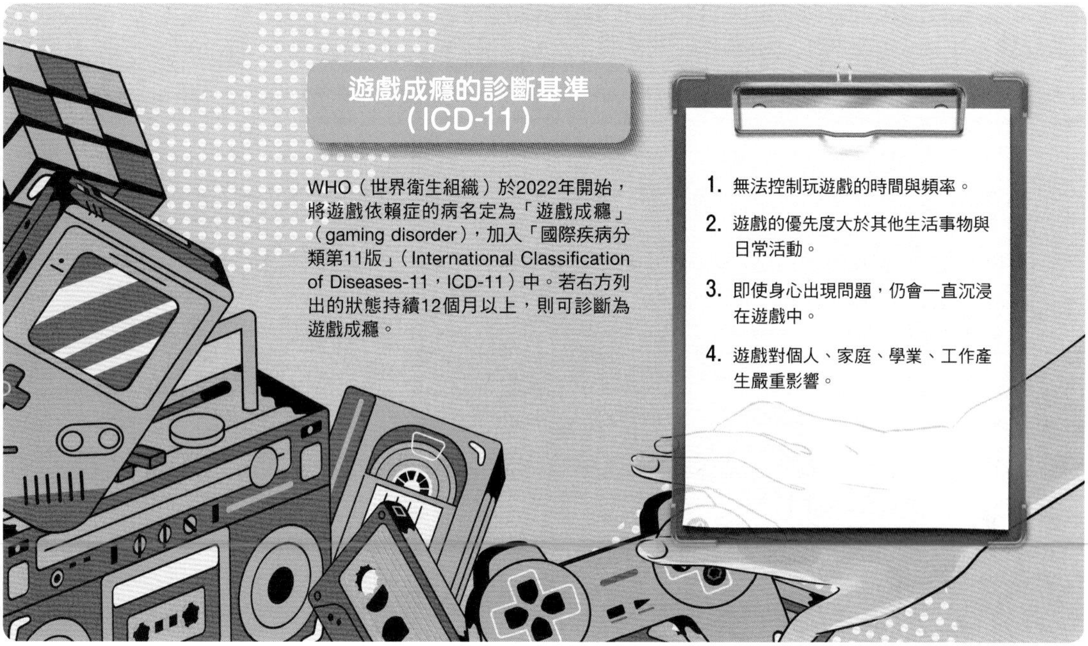

遊戲成癮的診斷基準（ICD-11）

WHO（世界衛生組織）於2022年開始，將遊戲依賴症的病名定為「遊戲成癮」（gaming disorder），加入「國際疾病分類第11版」（International Classification of Diseases-11，ICD-11）中。若右方列出的狀態持續12個月以上，則可診斷為遊戲成癮。

1. 無法控制玩遊戲的時間與頻率。
2. 遊戲的優先度大於其他生活事物與日常活動。
3. 即使身心出現問題，仍會一直沉浸在遊戲中。
4. 遊戲對個人、家庭、學業、工作產生嚴重影響。

重要事物排名變化（遊戲依賴症的情況）

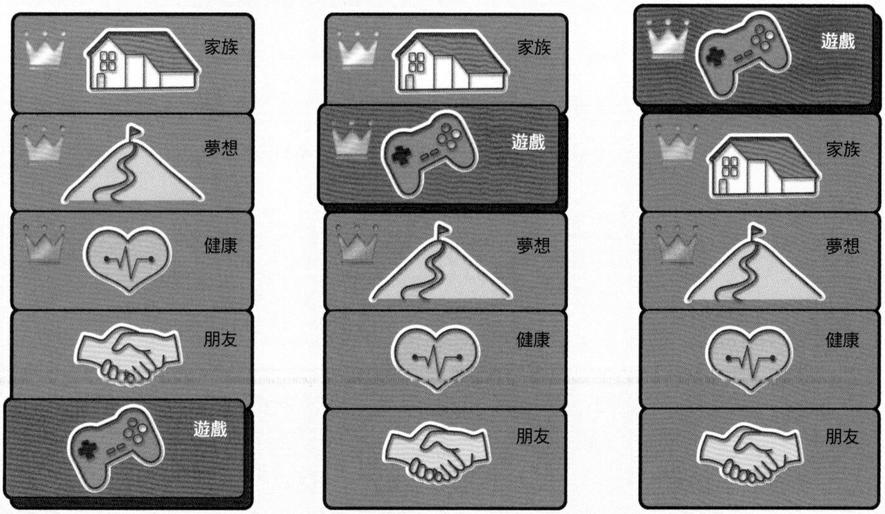

興趣階段

- 為了紓解壓力。
- 不會影響生活。

有依賴症徵候

- 大致上還是可以抑制自己的依賴感。
- 偶爾會影響日常生活。

依賴症

- 一整天都在想著遊戲。
- 浪費時間與金錢。
- 嚴重影響社會生活。

＊某些資料顯示，網路成癮病患中，約有9成也是遊戲成癮病患（由網路遊戲造成）。

遭藥物「破壞」的腦再也無法恢復原狀

在人類（動物）滿足慾望，或者認為慾望即將被滿足時，會活化腦中的「酬賞系統」（reward system）神經迴路。

酬賞系統與多巴胺密切相關。多巴胺產生的快感會成為刺激與記憶，讓我們為了要再次獲得快感，反覆進行相同的行動。而在多次獲得依賴對象的過程中，腦會逐漸「習慣」快感，要是拿掉這個依賴對象，就會有強烈的不快感，且會一直想著依賴對象。這種狀態就是「依賴症」。

使額葉功能惡化的「藥物濫用」

譬如古柯鹼、大麻等藥物，其化學結構使它們能直接影響酬賞系統的中樞，讓個體想要攝取更多藥物（右頁圖）。

一般而言，藥物濫用會讓大腦邊緣系統的功能出現嚴重障礙。此外，藥物依賴症的研究權威，美國國立藥物濫用研究所沃科夫（Nora Volkow）博士的研究指出，藥物濫用會造成大腦額葉功能嚴重受損。這種功能障礙會造成多巴胺受體中的「D2受體」減少，而減少得越多，額葉的功能就受損得越嚴重。

另一方面，額葉的前額葉皮質與抑制衝動行為直接相關。若是前額葉皮質功能減弱，就比較不會有「不能做這種事」的想法。

掌控價值變化的「眼窩額葉皮質」

依賴症也會造成「眼窩額葉皮質」（orbitofrontal cortex）功能受損。眼窩額葉皮質位於額葉下方，兩眼上方的位置。

眼窩額葉皮質掌控與生存密切相關的功能。舉例來說，假設你現在喉嚨覺得很渴，喝下了1000cc的水。在這之後，即使有人把一杯水放到你面前，你也不會想喝。這是因為，水在你口渴的時候很有價值，但在喝完1000cc水之後，價值就沒那麼高了。眼窩額葉皮質就是掌控這種價值變化的腦部區域。

沃科夫博士的研究指出，這個區域的功能受損，與D2受體的減少有關。如果眼窩額葉皮質無法正常運作，那麼即使個體已經喝了充分的水，仍然會一直想喝下更多的水（無法改變自己的行動，而會一直喝下去）。

這種現象也可以說明某些依賴症患者的行為。就和一直喝水的例子一樣，有時依賴症患者只是單純無法停止自己的動作，而非覺得持續接觸依賴對象是很快樂的事。

另外，罹患其他精神疾病或強迫行為疾患的人也會有類似的行動。譬如有些人會一直洗手，即使知道手已經很乾淨了，仍無法停止洗手的動作（這也是眼窩額葉皮質功能受損所造成）。

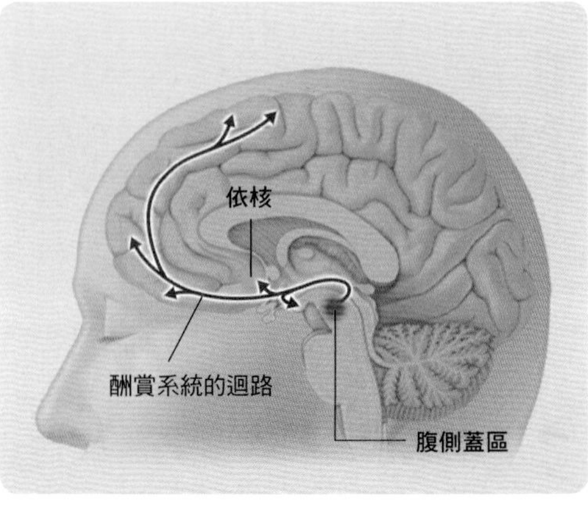

酬賞系統與多巴胺（→）

由中腦的「腹側蓋區」與大腦基底核的「依核」連接而成的神經迴路，為酬賞系統的核心。

腹側蓋區製造的多巴胺會釋放至前額葉、大腦邊緣系統（海馬迴、杏仁核、紋狀體等）、依核。並由此產生快感。其中，依核與藥物依賴之間有密切關聯。

依賴症有治療方法嗎

依賴症的治療包括藥物療法以及精神療法（心理療法）。譬如在治療酒精依賴症患者時，可以使用能夠抑制飲酒慾望的「斷酒藥」、只要喝下少許酒就會進入宿醉狀態的「抗酒藥」、能抑制飲酒慾望同時抑制飲酒滿足感的「減酒藥」。這些藥物可以增加患者對飲酒的反感，自然減少飲酒量。

而海洛因與其他鴉片類藥物的依賴症在治療時，除了精神療法（心理療法）之外，還有效果優異的藥物療法※。不過，藥物沒辦法讓「受損」的腦恢復原狀，這才是藥物依賴症的恐怖之處。

※：但古柯鹼、甲基安非他命、大麻等毒品，目前不存在有效的藥物療法。

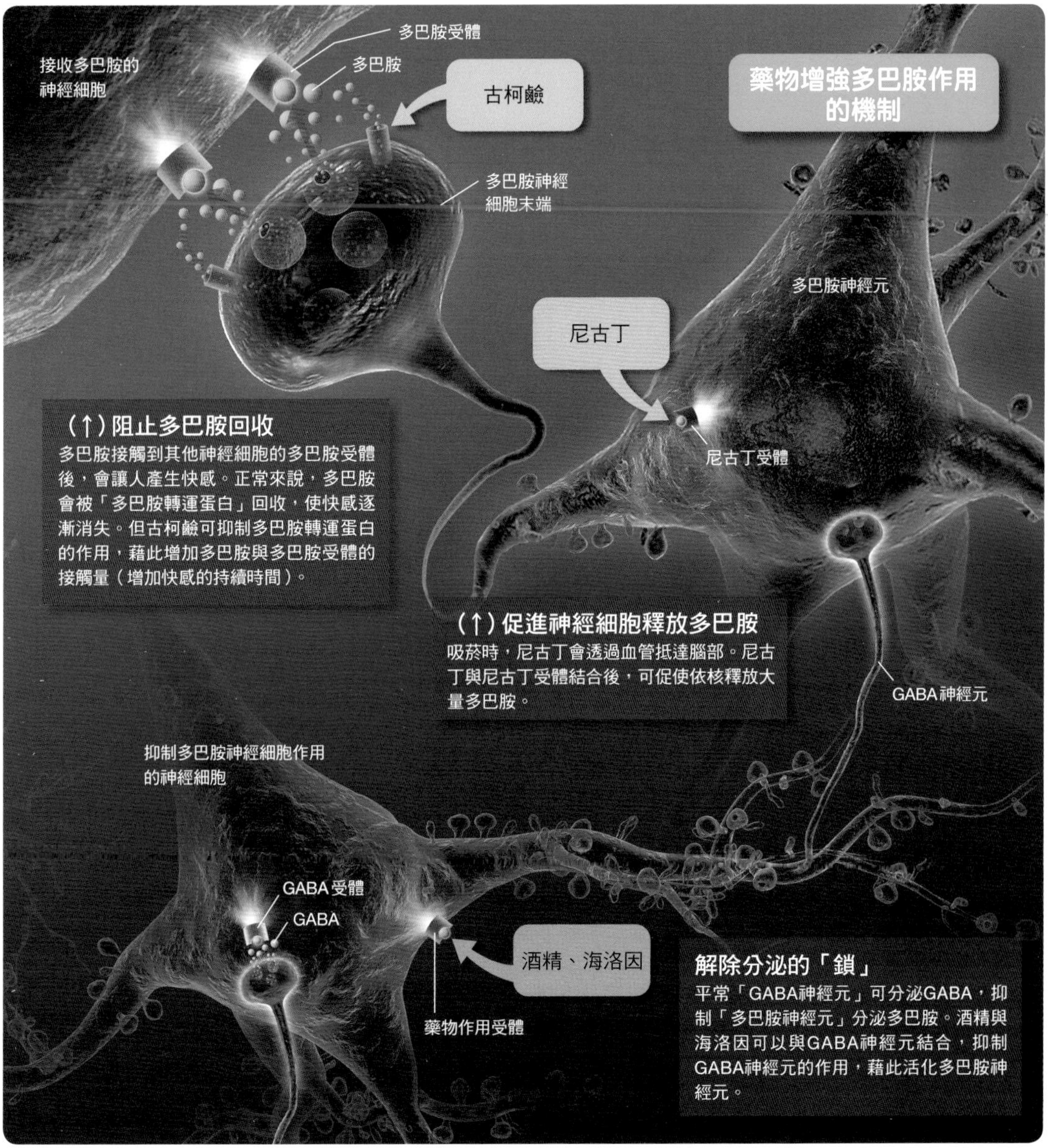

＊本節內容參考了刊載於《Newton月刊》（2014年2月號）的沃科夫博士訪談（當時的頭銜）。

COLUMN

藥物發揮效果的機制

當我們頭痛時，會想要服用藥物以壓抑症狀。此時體內究竟發生了什麼事呢？

頭痛有很多類型，譬如「偏頭痛」（migraine）可能是由腦血管發炎造成。發炎時，腦血管細胞中的蛋白質「環氧合酶」（cyclooxygenase，COX）製造出「前列腺素」（prostaglandins），這會作用於附近的「痛覺傳遞神經」，加強痛覺傳遞，造成頭部疼痛。

世界上最常使用的解熱鎮痛藥「阿斯匹靈」（aspirin，乙醯水楊酸）能與COX結合，阻礙其作用，減少前列腺素製造量，進而緩解頭痛。

不會讓人嗜睡的花粉症治療藥物作用機制

到了春天，許多日本人會被「花粉症」（pollinosis）所困擾。花粉進入體內後，會刺激某些免疫細胞（肥大細胞）釋放「組織胺」（histamine）。組織胺附著於鼻腔黏膜細胞表面的「組織胺受體」（histamine receptor）後，會讓鼻腔製造許多鼻水。

另一方面，腦內的組織胺則與集中力、判斷力、維持清醒狀態有關。花粉症治療藥物（抗組織胺藥物）的有效成分會封住這些受體，最後造成集中力下降，讓人想睡覺。

於是藥廠開發出了「第二代抗組織胺藥物」，其結構會使藥物無法通過血腦屏障（blood-brain barrier），所以在抑制花粉症的同時，也不會讓人想睡覺。

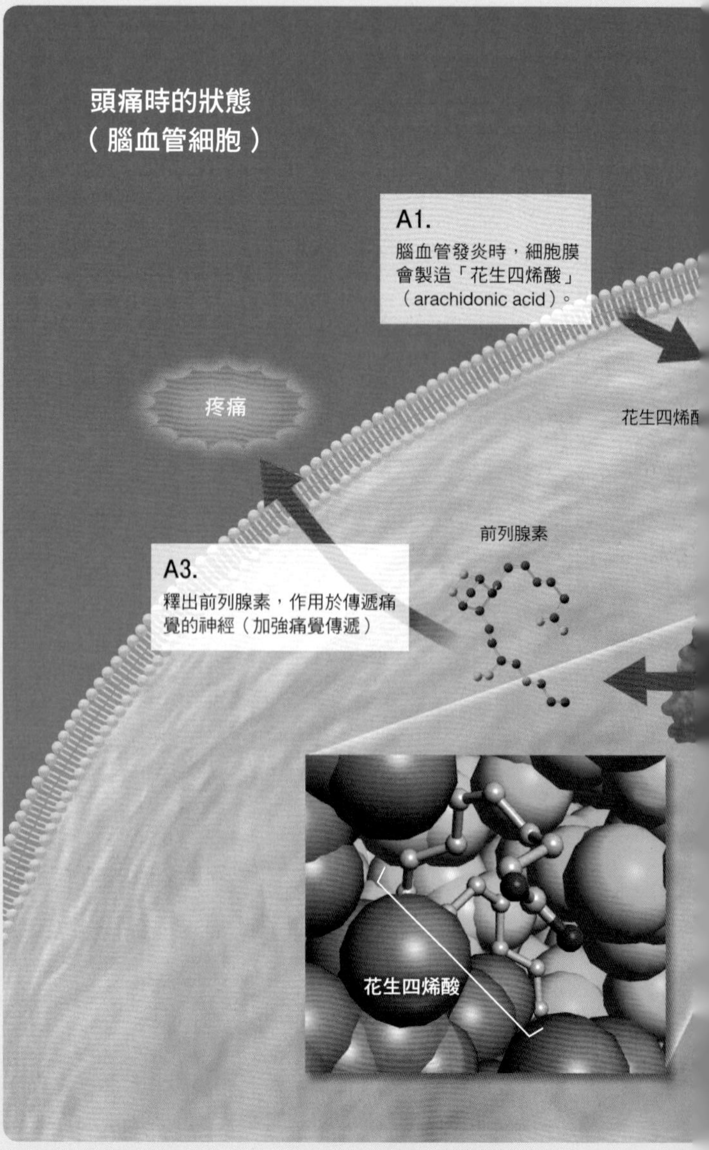
頭痛時的狀態
（腦血管細胞）
A1.
腦血管發炎時，細胞膜會製造「花生四烯酸」（arachidonic acid）。
疼痛
花生四烯
前列腺素
A3.
釋出前列腺素，作用於傳遞痛覺的神經（加強痛覺傳遞）
花生四烯酸

刺激交感神經的「麻黃鹼」

有些運動選手會使用「禁藥」(doping）提高自身運動能力。禁藥有很多種，譬如「麻黃鹼」(ephedrine，交感神經刺激藥物）可促進腦內釋放正腎上腺素，進而提升集中力與瞬間爆發力，並舒緩疲勞。

禁藥違反了近代體育競賽的基本理念「公平競爭」，還會對競技者的健康造成嚴重傷害。譬如麻黃鹼會讓人產生身體上、精神上的依賴，並可能會因為幻覺、被害妄想等傷害他人，因此嚴禁濫用。

＊許多藥物會作用在腦以外的地方。

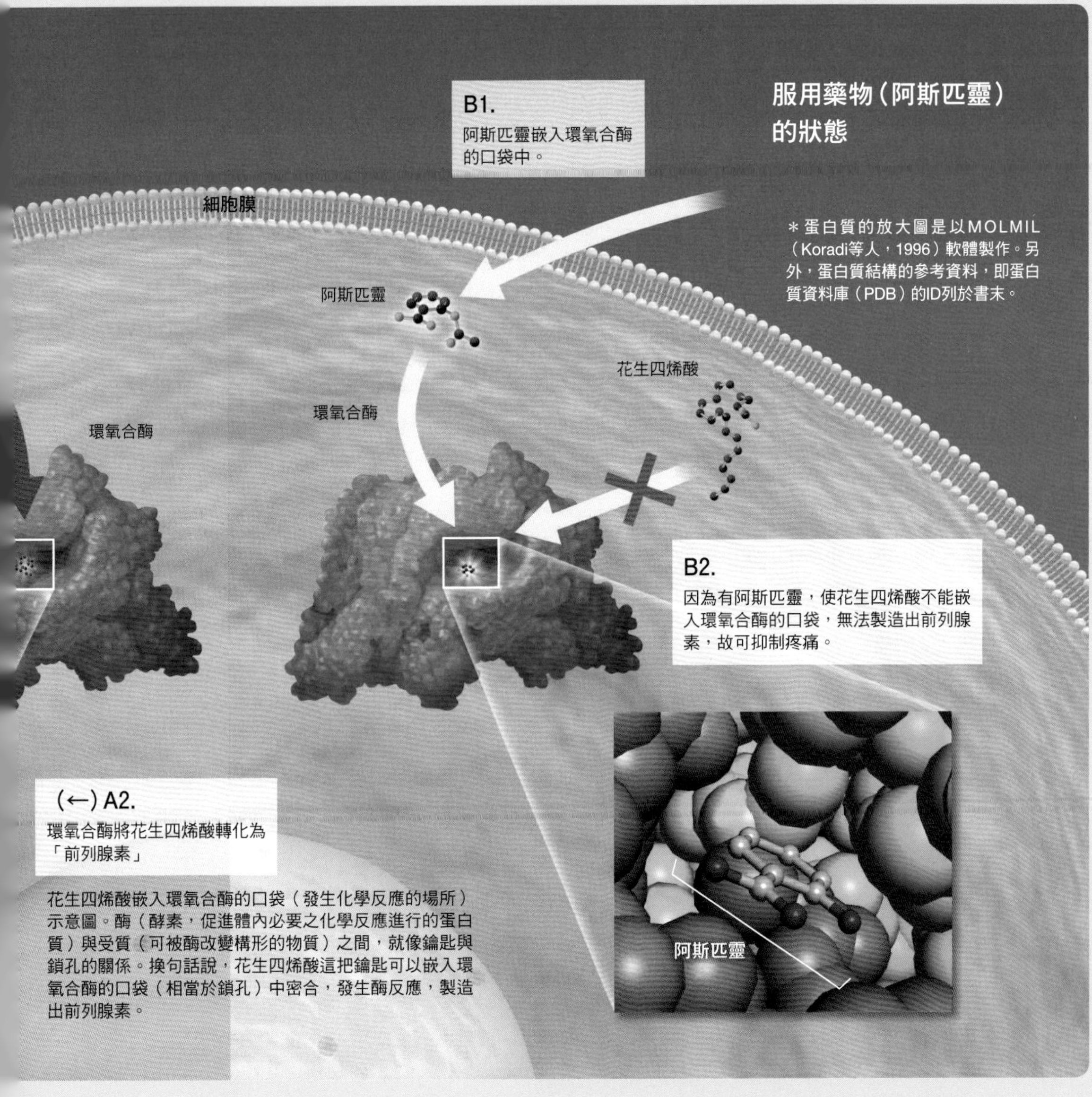

B1.
阿斯匹靈嵌入環氧合酶的口袋中。
服用藥物（阿斯匹靈）的狀態
細胞膜
＊蛋白質的放大圖是以MOLMIL（Koradi等人，1996）軟體製作。另外，蛋白質結構的參考資料，即蛋白質資料庫（PDB）的ID列於書末。
阿斯匹靈
花生四烯酸
環氧合酶
環氧合酶
B2.
因為有阿斯匹靈，使花生四烯酸不能嵌入環氧合酶的口袋，無法製造出前列腺素，故可抑制疼痛。
(←) A2.
環氧合酶將花生四烯酸轉化為「前列腺素」
阿斯匹靈

花生四烯酸嵌入環氧合酶的口袋（發生化學反應的場所）示意圖。酶（酵素，促進體內必要之化學反應進行的蛋白質）與受質（可被酶改變構形的物質）之間，就像鑰匙與鎖孔的關係。換句話說，花生四烯酸這把鑰匙可以嵌入環氧合酶的口袋（相當於鎖孔）中密合，發生酶反應，製造出前列腺素。

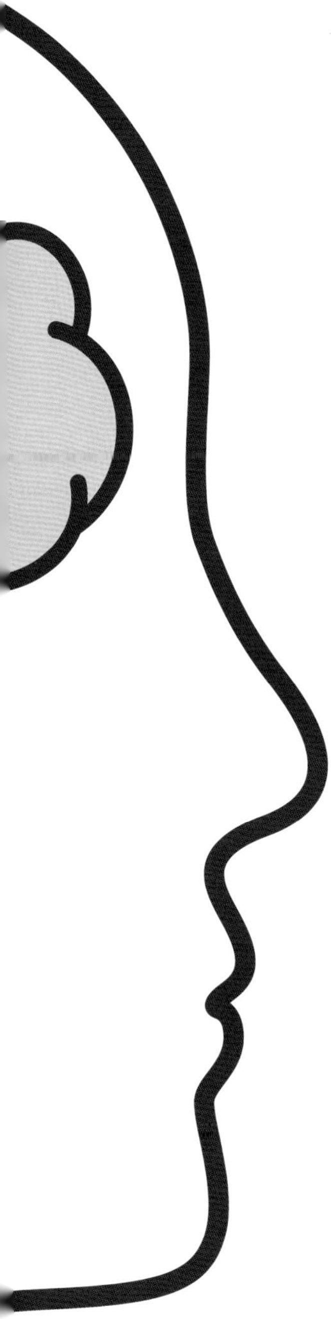

5

腦與心的關係

The Brain-Heart connection

匿名性越高時，人們的社會行動會越自由

人們自古以來就知道，在自身利益可能受損的情況下，人類也可能會做出利他行為；而在不會被他人批評的狀況下，則傾向採取利己行為（重視自身利益）。

所謂的利益，在腦科學中稱作「酬賞」（reward）。金錢財物自然是一種酬賞，除此之外，只要是可以獲得快感的刺激，包括認同、鼓勵的言語等，都可以算是酬賞（損失或懲罰則屬於「負酬賞」）。譬如許多人在匿名性高的網路（社群網站等）中與他人交流

時，會展現出與平時不同的言行。雖然人們會在公司或學校展現出社會性行為，卻會在難以用社會規範要求的環境中，展現出最大化自身酬賞的言行。

日本人與「他人的眼光」

社會心理學家山岸俊男博士曾做過一個耐人尋味的實驗，他邀多名日本人與美國人做問卷調查，並贈送 1 枝原子筆作為禮物。受測者須從 5 枝原子筆中選擇 1 枝（其中 1 枝筆的顏色與其他筆不同）。多數美國人會毫不猶豫地選擇「少數派」顏色，多數日本人則不出所料地選擇「多數派」顏色。而且，即使在沒有他人眼光的地方，請他們做出相同選擇，行動也不會有明顯差異。

※參考文獻：Toshio Yamagishi, *et al.*, Preferences Versus Strategies as Explanations for Culture-Specific Behavior. *Psychol Sci. U S A.* 2008 Jun;19(6):579-84.

究竟是「經意識思考後的結果」還是「習慣造成的結果」

表現出利他行為的人，以及表現出利己行為的人，腦的運作有什麼不一樣的地方嗎？山岸博士的團隊在一項實驗中進行了「最後通牒賽局」（ultimatum game）與「獨裁者賽局」（dictator game）（參考右頁上方的說明），並由功能性磁振造影（MRI）的觀察結果得知，越是選擇利己行動的人，腦的背外側前額葉（與深思熟慮下做出的決策有關）的皮質就越厚。

實驗結果也顯示，表現出利己行為的人，在最後通牒賽局中或許能公平分配利益，在獨裁者賽局中卻會做出自我利益最大化的行為。

人類的兩項腦部運作機制，會影響我們選擇自己的社會性行動。其中一項機制與「制約」（conditioning）類似，經多次學習後，可使行動習慣化；另一項機制則會在社會性行動與酬賞有關時發揮作用。實驗中，表現出利他行為的人會依照直覺做出行動，相對地，表現出利己行為的人則會控制原本習慣化的行動，透過有意識的思考，做出最大化酬賞（比起眼前的金錢利益，會把眼光放在長期的自身評價上）。

專欄 COLUMN 決策系統

人類的決策與腦中兩個系統有關。一個是與大腦基底核、多巴胺神經迴路有關的「無模型系統」。無模型系統會讓人在無意識中，執行「由過去經驗累積而成『與酬賞有關之行動』」（＝習慣）。

另一個系統則是主要與前額葉有關的「有模型系統」。這個系統會遵照自身意識做出決定，故會思考「什麼樣的行動能獲得最多酬賞」，再依此做出決策。

最後通牒賽局與獨裁者賽局

「最後通牒賽局」是一個經濟學上的實驗，參與者須將獲得的錢分給自己（提案者）與另一位參與者（回應者）。僅提案者可提案分配方式，回應者可選擇接受或拒絕分配方式。若回應者拒絕，則兩個人都拿不到錢。也就是說，對提案者而言，「滿足對方」是最大化自身利益的方法。

另一方面，「獨裁者賽局」中，一樣由提案者提案分配方式，但另一位參與者沒有拒絕權力。換言之，提案者可以僅考慮自身利益。

＊參考文獻：Toshio Yamagishi, *et al.*, Cortical thickness of the dorsolateral prefrontal cortex predicts strategic choices in economic games. *Proc Natl Acad Sci U S A.* 2016 May 17;113(20):5582-7.

為什麼你會做出某種行為呢？

對於吃過很多次酸梅的人來說，即使沒有真的吃到，只要腦中回想起，就會自動分泌唾液，這種現象屬於「古典制約」（classical conditioning）。

舉例來說，常在電視廣告上看到藝人喝下罐裝咖啡時，露出滿意的表情。這種喝咖啡時的滿意表情，對我們來說就是一種「酬賞」（期待感）。當實際在店裡看到這個商品時，就會不自覺地想要喝那種咖啡，這就是古典制約的一個例子。

另一方面，在店內選擇罐裝咖啡時，會先預測之後得到的酬賞（看起來很好喝、真的好喝），再依據這種酬賞而做出行動（選購特定咖啡），腦可以學習這個過程（感覺到價

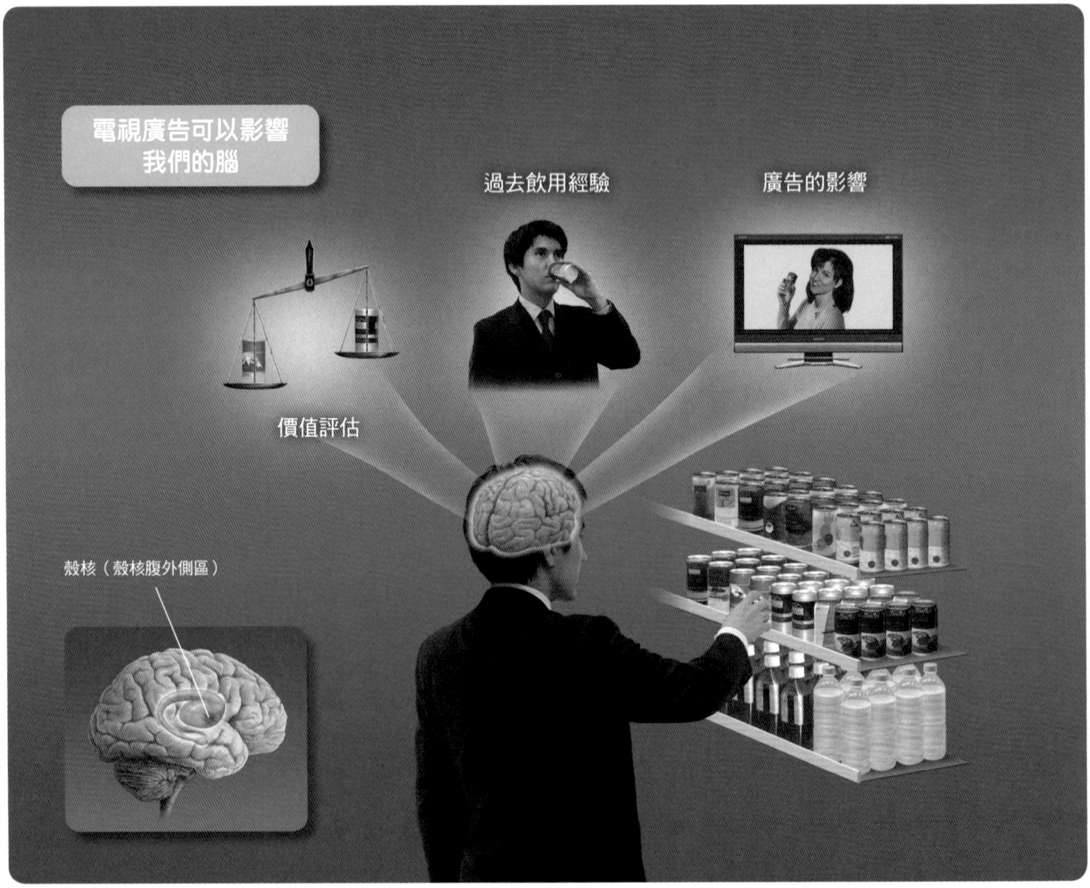

我們挑選罐裝咖啡時看似若無其事，但決策過程其實會受各種資訊影響。加州理工學院下條信輔教授團隊的研究指出，古典制約與操作制約聯合活動時，位於大腦基底核紋狀體的部分「殼核」會開始活動。

值），並增加行動頻率，達到「操作制約」（operant conditioning）的效果。

古典制約與操作制約基本上為不同現象，不過在這兩種制約的組合下，我們會在不知不覺中（多次）選擇購買特定的罐裝咖啡。

酬賞的預測誤差與強化學習

腦（紋狀體）會在事前預測酬賞價值。實際獲得的比事前預測酬賞多越多，即酬賞預測誤差越大，個體獲得的快感就越大（多巴胺越多）。腦可偵測這個誤差，並「調整」預測以縮小誤差（強化學習）。

這點可以說明為什麼當手上的咖啡比想像中還要好喝時，就會再次購買這種咖啡。順帶一提，「工作後的啤酒特別好喝」表示在付出努力或是嘗過痛苦回憶後，酬賞預測誤差會變得比較大。

專欄 COLUMN

巴夫洛夫的狗

若連續提示特定刺激與特定酬賞（或懲罰），並反覆執行這個操作，個體就會將刺激與酬賞連結起來。這種「古典制約」概念，是由俄羅斯生理學家巴夫洛夫（Ivan Pavlov，1849～1936），於「巴夫洛夫的狗」實驗中發現。在狗聽到節拍器的聲音時，給予食物，然後反覆進行相同操作，那麼之後狗在聽到節拍器的聲音時，即使沒有食物也會分泌唾液（條件反射）。

另一方面，操作制約則以美國心理學家史金納（Burrhus Skinner，1904～1990）的實驗為代表。他準備了一個內有桿子的箱子，拉下桿子後就會跑出乳酪。他將老鼠放入箱內後，老鼠便會學習桿子與酬賞的關係，自發性地增加拉桿子的次數（＝酬賞強化了行動）。

＊操作制約的發現者為美國心理學家桑代克（Edward Thorndike，1874～1949）。

「幹勁」的差別在哪裡？

感到「房間亂七八糟」而自動自發開始打掃，與被別人指責房間髒亂後才開始打掃，兩者行為相同，做事時的心情卻不一樣，為什麼會有這樣的差異呢？

前者為「內在動機」(intrinsic motivation)，後者為「外在動機」(extrinsic motivation)。內在動機源自慾望與興趣，行為本身就是目的(＝因為想做所以去做)。外在動機則是因為他人評價、金錢、懲罰等自身以外的原因而去做一件事，是以酬賞或逃避某些事為目的。一般來說，因內在動機而去做的事，會比因外在動機而去做的事還要持久。

不少人雖然小時候喜歡踢足球，長大想當職業足球選手，後來卻因為覺得無聊而放棄。這是因為原本足球是自發性的活動，酬賞是快樂，但當足球變成「工作」之後，內在動機轉變成了外在動機，幹勁就會跟著下降，這叫作「逐漸削弱效應」(undermining effect)。

動機與自我決定感

日本玉川大學的松元健二博士團隊在實驗中，檢測受測者在「①『自我決定感』高」或「②低」的情況下處理問題時，腦部的活動變化。受測者接受「碼表測驗」，須多次挑戰在「5秒」時按停碼表。①的受測者可從兩種碼表中選擇自己喜歡的碼表來做實驗，②的情況下則不能選擇。於是九成以上的受測者在①的情況下，也就是自我決定感較高時，成功率較高，比較會積極面對問題處理。

依照自己的想法做出行動時，腦會比較正面

松元博士的實驗結果顯示，不管是自我決定感高或是自我決定感低的狀態，腦的「紋狀體前部」與「前額葉腹內側部」都會活化。不過，前額葉腹內側部只有在自我決定感高的狀況下，才會在問題處理失敗時活化。這表示，如果是自己決定要做的事，那麼即使失敗，腦也會把它視為應積極面對的「正面的事」。

進行「得失評估」時會有「偏向」

請試著回答右頁問題1。這個問題並沒有正確答案，請憑直覺回答。

在一個以25名美國研究所學生為對象的實驗中，受試者須回答許多這類問題。當受試者碰上類似1-1的問題時，約有80～90%的機率會選A；但碰上類似1-2的問題時，也有相當的機率會選擇B。由此可以看出，人們在某個選項可保證獲利時，會選擇「可保證獲利的選項」；在某個選項會保證損失時，會選擇「賭賭看其他選項」。

不管是哪一個選項，計算出來的期望獎金總額（期望值）都是「150萬日圓」，然而人們卻傾向選擇特定選項，這是為什麼呢？

再請試著回答問題2，這與剛才提到的傾向有關。不同研究得到的答案略有不同，如果沒收金額是1萬日圓的話，參加賭局的條件為有機會拿到2～3萬日圓的獎金。也就是說，在一個贏或輸的機率都是50%的賭局中，贏時獲得的獎金需為輸時損失獎金的2～3倍，一般人才願意參加這個賭局。

問題1、2都是人在面對不確定狀況，只能交給運氣來決定而做的判斷。在這樣的情況下，多數人會有共通的選擇「偏向」。

問題1「益智問答節目與獎金」

問題1-1

參加益智問答節目的你，獲得了100萬日圓的獎金。主持人提出兩個選項如下：「這是獲得Bonus的機會！請從A與B中選擇一個選項。」

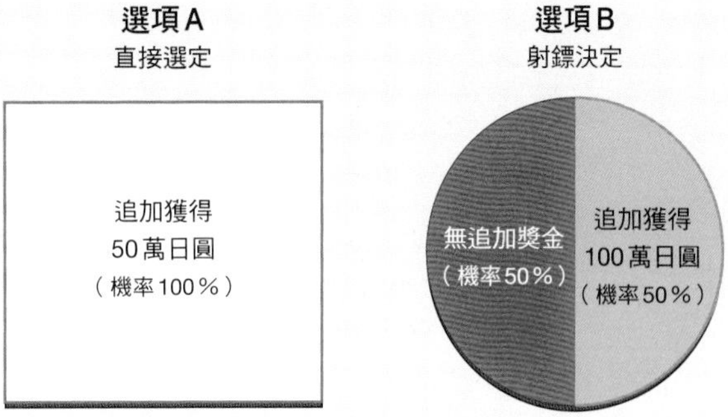

問題1-2

參加另一個益智問答節目的你，獲得了200萬日圓的獎金。主持人卻對你說：「可惜我不能無條件給你獎金！請從A與B中選擇一個選項。」

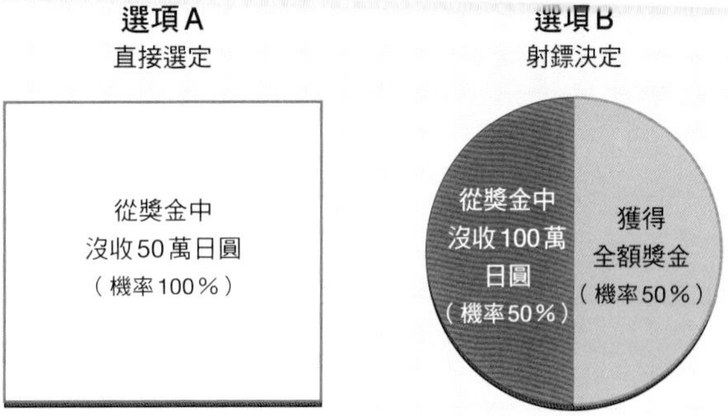

問題2「擲硬幣遊戲」

擲一枚硬幣時，落定後出現正面和背面的機率各為50%。假設出現正面時算你輸，要沒收你的1萬日圓；出現背面時算你贏，可以獲得獎金。如果是你的話，賭贏時的獎金金額最低要多少，才願意參加賭局呢？

問題 1 的期望值

期望值是由每個「可能數值」（這裡為金額）與該數值的「機率」相乘後加總的結果。以問題1-1為例，選擇A的期望值為「100萬日圓＋50萬日圓×1＝150萬日圓」（這裡的1是100%的意思）；選擇B的期望值為「100萬日圓＋（0日圓×0.5＋100萬日圓×0.5）＝150萬日圓」（這裡的0.5是50%的意思）。同理，問題1-2選擇A的期望值為「200萬日圓－50萬日圓×1＝150萬日圓」；選擇B的期望值為「200萬日圓－（100萬日圓×0.5＋0日圓×0.5）＝150萬日圓」。兩者結果其實相同。

經濟現象與人心相關

「行為經濟學」是一門基於人類現實中的行為模式發展，用於解釋經濟現象，較貼近現實的經濟理論。

專長為行為經濟學的明治大學教授友野典男指出，在對未來不確定的狀況下，人類常會依照「展望理論」（prospect theory）做出決定。展望理論假定多數人有三個重要的共通點。第一點為「參考點效應」（reference-point effect）：人們在判斷事物價值時，不是看絕對值，而是看該事物與基準值之間的差異；第二點為「規避損失」（loss aversion）：比起獲利，人們更重視損失；第三點為「敏感度遞減」（diminishing sensitivity）：絕對值越大，對得失變化的敏感度就會越小。接下來用前節的問題為例，逐一說明這些性質吧。

人往往會把「損失」看得比「獲得」還要嚴重

在問題1-1中，判斷基準（參考點）為獲勝獎金「100萬日圓」；問題1-2中，參考點為獲勝獎金「200萬圓」。而前者的選項A與B為「獲得」；後者的選項A與B為「損失」（參考點效應）。

在問題1-1中，多數人會選擇

行為經濟學的基礎「展望理論」概要

展望理論中，會將人的價值函數與機率加權函數相乘，推論在不確定狀況下的判斷。

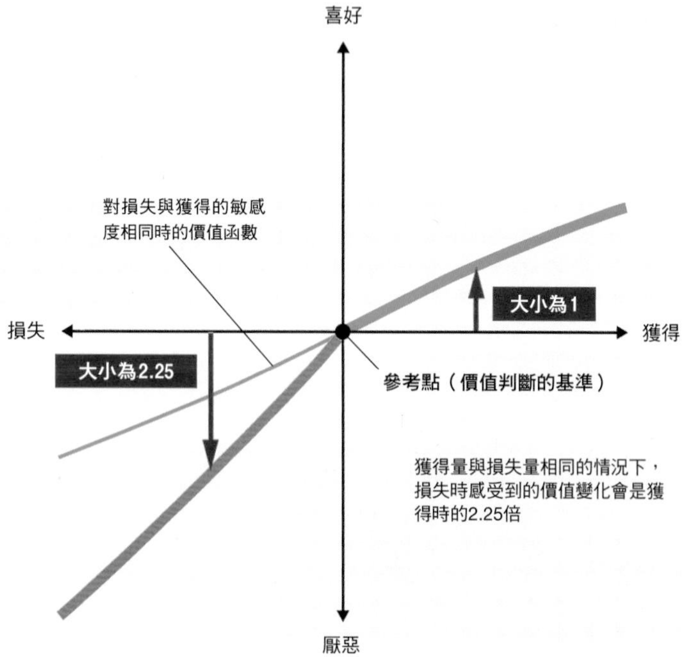

1. 價值函數

本圖表示發生某件事時，個體感覺到的價值大小。參考點右側為獲得時的感覺，左側為損失時的感覺。前者的感覺變化（喜好敏感度）維持一定，後者的感覺變化（厭惡敏感度）則會比實際狀況（＝得失相同時）還要大。

「A：獲得50萬」；但在問題1-2中，卻會避免選擇「A：沒收50萬」。同樣是「50萬日圓」，卻會有判斷上的「偏向」，將損失看得比獲得嚴重（規避損失）。

提倡行為經濟學理論的康納曼（Daniel Kahneman，1934～）博士認為，每個人對於「損失比獲得還要嚴重多少」的看法各不相同，而中間值約為2.25（以同樣金額來說，即損失所失去之價值，是獲得時價值的2.25倍，如下圖1）。這個數值與問題2得到的答案沒有相差太多。

另外，若改變問題2的條件，就可以實際感受到「敏感度遞減」了。舉例來說，參加問題2中「獎金大於沒收金額」的擲硬幣遊戲，當手頭上的錢很少時，會覺得一次遊戲的獎金或沒收金額都很大。但手頭金額增加到數十萬日圓或數百萬日圓時，就會覺得一次遊戲的獎金或沒收金額都變小了。

評估機率的方式也有個人「偏向」

你是否曾經覺得，發生機率非常低的事故或疾病，很有可能會發生在自己身上呢？展望理論指出，人對於機率的看法有所「偏向」，也會連帶影響判斷。

這種偏向會導致我們「高估」罕見事件發生的機率，也會「低估」常見事件發生的機率。舉例來說，即使彩券中頭獎的機率不到1000萬分之1，仍有很多人購買彩券，就是因為一般人會高估中獎機率，主觀認為中獎機率比實際機率高出許多的關係。

康納曼博士的實驗結果顯示，高估與低估的分界約在35%（下圖2）。基於這樣的結果，一般人會將問題1-1選項B，獲得追加獎金的「50%」低估成「44%」，使得選項B的期望值降低（續見次頁）。

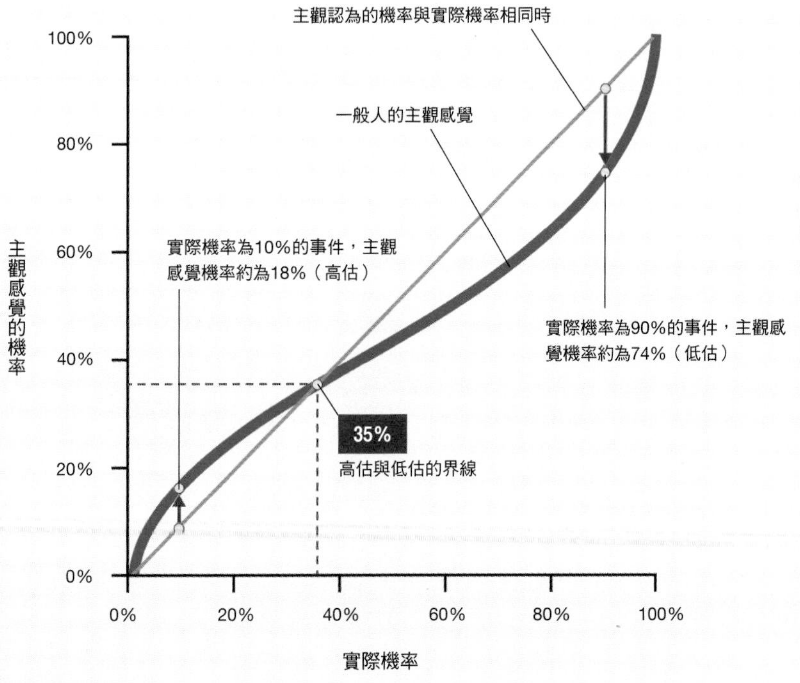

2. 機率加權函數
一般人會高估較低的機率，「認為罕見事件沒那麼罕見」；卻會低估較高的機率，「認為常見事件沒那麼常見」。

一定也有人在做問題1、2時，選擇了和多數人不同的選項。康納曼博士的研究中也提到，確實有許多人做出與大多數人不同的選擇。友野教授說，每個人的價值函數形狀各有不同，金額或其他條件不同時，也會影響到人們對價值的看法，但在心理學領域中，至今仍無法完全釐清不同人之間為何會有這樣的差異。

另一方面，腦科學與神經科學中，已經開始研究人們在做決策時，腦會如何運作，每個人的腦部運作方式又有什麼不同。

在一篇發表在2007年美國科學期刊《*Science*》的論文中，對16名學生（受試者）提出許多類似問題2「50%機率獲得獎金，50%機率沒收賭注」般的問題，並以不同金額的排列組合提問。請學生依直覺回答是否要加入賭局，計算出每個人會把「損失」看得比「獲得」嚴重多少。

最後得到的中間值為1.93（厭惡損失的程度是喜好獲得的程度的1.93倍），與康納曼博士得到的2.25相當接近。不過，該項研究得到的數值分布範圍很廣，小至0.99，大至6.75。對某些人來說，損失與獲得的影響幾乎相同（0.99），卻也有人極端地討厭損失（6.75），可說是什麼人都有。

分析實驗中由fMRI測得的腦部活動結果，可以知道「哪些腦部區域造成這種規避損失之個人差異」。其中最受人注目的是紋狀體與前額葉。把損失看得比獲得嚴重越多的人，這些部位就越活躍。做決策時的偏向之所以有個人差異，就是因為不同人的這些腦部區域活躍程度各有不同。

你的「公平」和我的「公平」相同嗎？

近年來，有某些團隊研究人們在更為複雜的狀況下如何做出決策。資訊通信研究機構腦資訊通訊融合研究中心的主任春野雅彥先生，研究的就是「不公平的決策」的個人差異。春野先生等人的實驗中，會請受試者回答如右頁問題3般的題目。

春野研究團隊以不同金額的排列組合，出了許多類似的題目。64名大學生（受試者）的回答中，25人從頭到尾都選擇了選項A；14人從頭到尾都選擇了選項B；也有少數幾人從頭到尾都選擇了選項C。也就是說，若排除選擇沒有一致性的人，那麼受試者中約有65%以「社會優先」，34%以「個人優先」，1%以「競爭優先」。

接著，研究團隊挑出以社會優先與個人優先的39名受試者，請他們逐一看三種分配情形中的某一種，並勾選出自己對這種分配情形的好感程度（好感程度分成四個等級）。同時研究團隊會以fMRI裝置觀測他們的腦部活動。結果顯示，社會優先的人看到分

以一般店家常看到的「打折」為例，店家會讓我們看到打折前後的價格（參考點），使顧客產生「賺到」的印象（參考點效應），進而促使我們購買商品。此外，依照友野教授的說法，限時限量搶購之所以很有用，就是因為我們對「購買機會」也會產生規避損失的行為。

配額度相差很大的情況時，杏仁核整體會比較活躍（相較之下，個人優先的人比較不會出現這種現象）。而杏仁核越活躍的人，看到分配額度相差很大時，就越嫌惡這樣的情況。

春野先生在2014年發表的研究結果顯示，社會優先者與個人優先者的杏仁核與紋狀體特定迴路活躍程度有所差異。可見我們在判斷分配情形是否公平時，直覺比理性還要重要。

用來判斷得失的兩個「系統」

那麼，腦究竟是用什麼方式判斷得失的呢？

多數的學者認為，腦內有兩個「資訊處理系統」，包括「基於情緒與直覺，迅速做出判斷的系統」，以及「基於邏輯，花時間推論、進行判斷的系統」（參考第176頁的專欄）。前者包括杏仁核與紋狀體等「原始腦」，後者則包括前額葉等「新皮質腦」。

我們的判斷或行動會受到各種控制情緒或直覺的「不合理的系統」影響。早期人類生活在許多無法預測的危險中。有些人認為在這種情況下，某些看似規避損失的行為，其實是有利於生存的「合理」做法。

另外，早期人類族群比現在還要小，常需要和同一群人交流，可能因此逐漸發展出了不完全以自己的利益為優先的「合理」決定。春野先生的團隊認為，此時的記憶或許就是「社會優先者」在人類族群中的比例相對較高的原因。

※：實驗中，使自己與對手的差額絕對值最小、總額最大的選項A稱作「社會優先」（重視社會性）；使自己獲得金額最大的選項B稱作「個人優先」；使自己與對手的差額最大的C稱作「競爭優先」。

問題3 「分配遊戲」

假設某個第三方會提供金錢，請你將這些錢分配給你和一個你不認識的人。分配方式有三種，「A：使兩人獲得金額的差額最小，合計金額最大」（本例中，兩人差額為0日圓，合計金額為200日圓）、「B：使自己獲得的金額最大」（這個例子中為110日圓）、「C：使兩人獲得金額的差額最大」（本例中為80日圓）。受試者須選擇自己最能認同的分配方式。

接著，挑出一直選擇A與B的受試者，給他們逐一看三種分配情形中的某一種，並勾選出自己對這種分配情形的好感程度，反覆執行這個步驟。同時研究人員會以fMRI觀測腦部活動，定位出腦部判斷公平性的位置（照片為示意圖）。

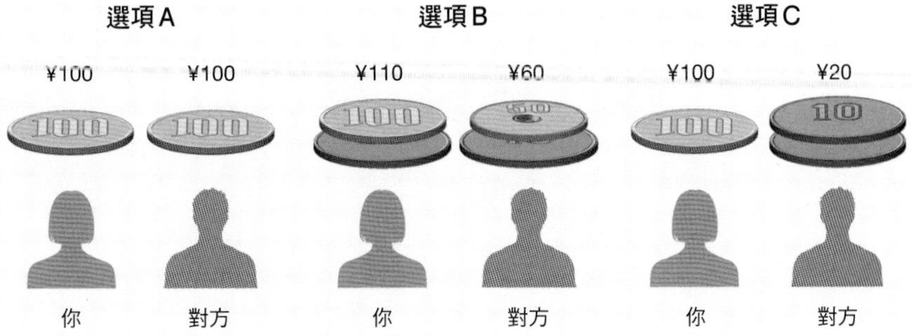

哪個是假的，哪個是真的？「視錯覺」

下圖為流傳已久的「繆氏錯覺」（Müller-Lyer illusion）。圖中有兩條長度相同的線段，一條線段的箭頭朝內，另一條線段的箭頭朝外。觀看者會覺得後者的線段較長，是一種與視覺有關的錯覺（視錯覺）。

從很久以前開始，化妝或服飾就會在無意中使用視錯覺。舉例來說，鮑伯頭[*1]就是種可以讓臉看起來小一點的視錯覺髮型。沿著眼瞼的方向擦上睫毛膏或貼上假睫毛，可發揮前例中的箭頭功能，透過繆氏錯覺，讓眼睛看起來更大。

此外，若觀看的圖像中有部分區域被遮蔽住，那麼腦的視覺能力可自動推論、填補被遮蔽區域的樣子（非感官補整[*2]）。不過，這種補整作用未必正確，會被看得到的部分影響，故也可能會產生視錯覺。

舉例來說，右頁圖B中，a圖的體型看起來比b還要瘦，但兩張人像的體型其實完全相同，只是遮住的區域不一樣而已。之所以會有這種錯覺，是因為a圖中用較纖瘦的部分去補整被遮住的部分；b圖中則是用較粗胖的部分去補整被遮住的部分。

繆氏錯覺

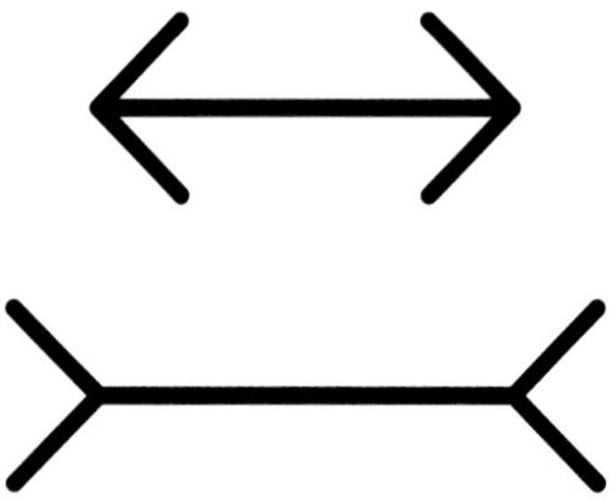

A. 眼線的視錯覺

像**d**這樣擦睫毛膏或貼假睫毛，會因為繆氏錯覺而讓眼睛看起來比較大。另外，像**b**這樣強調雙眼皮與眼輪匝肌（臥蠶），會因為「德勃夫視錯覺[※]」（Delboeuf illusion）讓眼睛看起來比較大。

※：當獨立的圓與雙層同心圓的內圓大小相同時，會產生雙層同心圓內圓比較大的視錯覺。

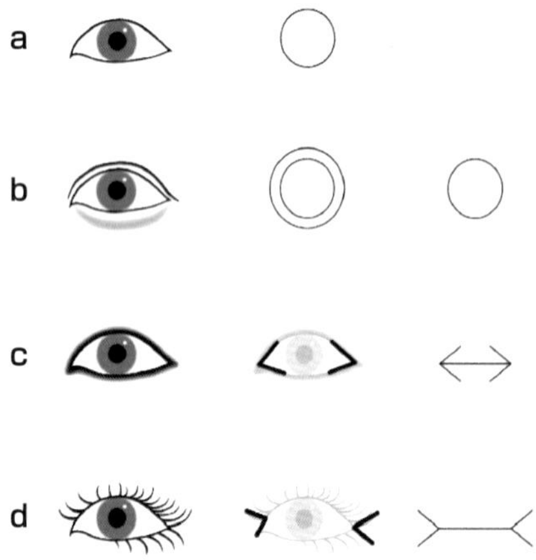

C. 哪位女性的腳比較長？

日本大阪大學的森川和則博士與齋藤文的實驗結果顯示，比較同一個人穿著裙襬長度分別為「膝蓋以上」、「膝蓋」、「膝蓋以下」的情況後，會發現當裙襬在「膝蓋以上」時，腳看起來最長。這可能是因為，當看得到的腳越長，就會覺得被裙子遮住的部分也越長，為一種視錯覺（可視為非感官補整）。

*編註1：鮑伯頭（bob head）是1950年代英國髮型設計師維達沙宣（Vidal Sassoon）所設計的髮型，整體長度在肩膀以上，厚度集中在枕骨部位，從旁邊觀看呈圓弧狀。

*編註2：非感官補整（amodal completion）基於我們將被遮住的物體感知為連貫整體的能力，這種能力取決於物體的結構特徵以及腦中的知識或之前接觸的記憶。

B. 那個比較瘦？

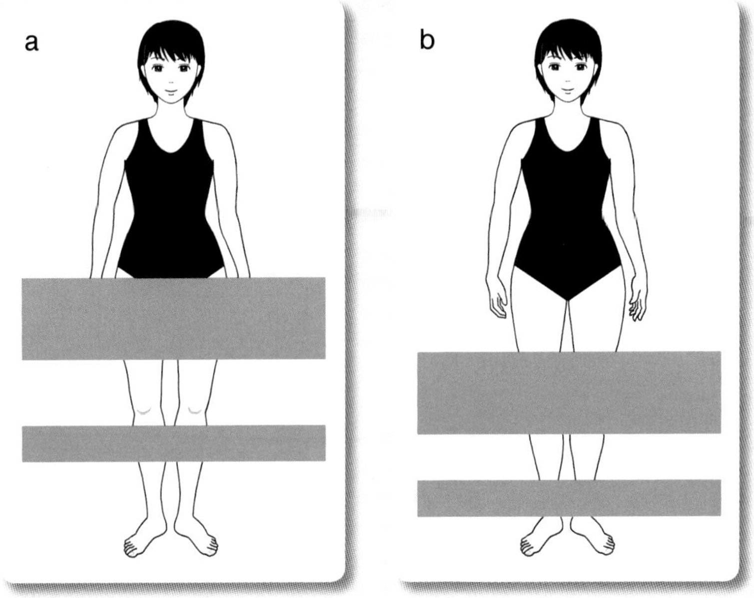

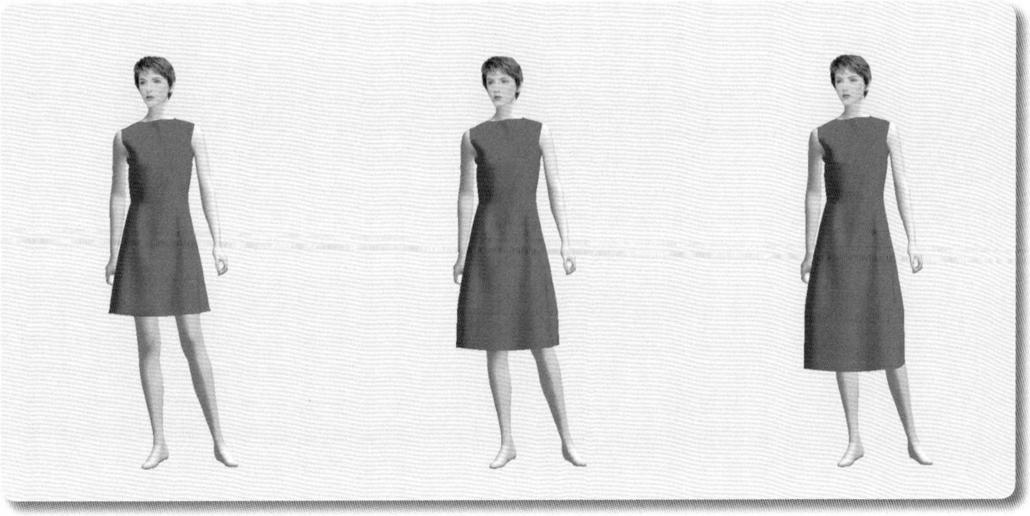

＊參考文獻：A參考《影像資訊媒體學會期刊》Vol.69, No.8, pp.842-847(2015)，B與C參考《心理學評論》55卷3號，pp.348-361(2012)

明明是靜止畫，卻看起來會動的「動態視錯覺」

右圖為日本立命館大學北岡明佳教授的作品「有光澤的旋轉蛇2」。雖然這是一幅靜止畫面，然而圖中各個圓形有的看起像在順時鐘旋轉，有的看起來則像在逆時鐘旋轉※。如果不要專注看某一點，而是自由移動視線或看向視野邊緣，那麼蛇的「移動」量也會增加。

只要用四種亮度不同的顏色，以一定規律在圖中重複排列，就會產生這種「動態視錯覺」。北岡教授稱這類視錯覺圖形為「弗雷澤—威考克斯視錯覺」（Fraser-Wilcox illusion）。

「弗雷澤」源自遺傳學家暨畫家的Alex Fraser，「威考克斯」源自畫家Kimerly Wilcox。1979年10月，兩人的論文＜錯覺性運動的感知＞（perception of illusory movement）刊載於英國科學期刊《*Nature*》。這是與遺傳學有關的論文，也被認為是動態視錯覺研究的開始。

※：已知約每30人中有１人在看這張圖時，不覺得圖有在動。

有光澤的旋轉蛇2

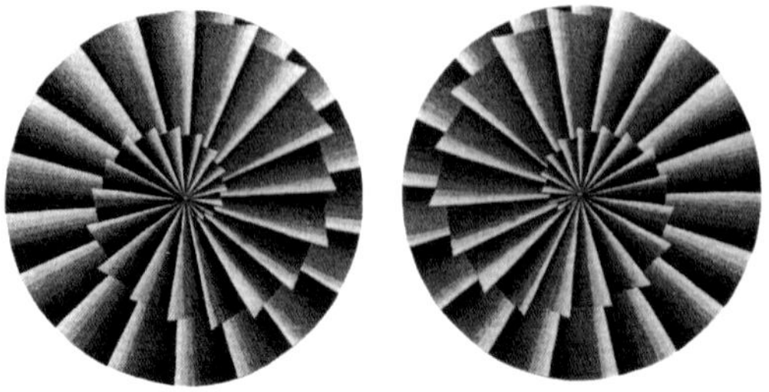

電扶梯視錯覺

弗雷澤與威考克斯將上圖（兩人稱這張視錯覺圖片為「電扶梯視錯覺」）拿給受試者看，並詢問這張圖的運動狀態看起來如何。有四個選項，分別是「沒有在動」、「從暗處往亮處移動」、「從亮處往暗處移動」、「可看到兩種方向的移動」。兩人後來還找來親子與雙胞胎作為受試者，最後的結論是「基因決定了受試者看到的運動狀態」。

＊Fraser and Wilcox, 1979

被動態視錯覺圖形欺騙的腦

看到動態視錯覺圖形時，我們的腦會有什麼反應呢？

日本東北大學的栗木一郎副教授、京都大學的蘆田宏副教授、東京大學的村上郁也教授、北岡教授※團隊做了一個實驗，他們用fMRI觀察人在看到兩個圖形（下圖A、B）時的腦內運作。結果發現，與不會動的B相比，受測者在觀看動態視錯覺圖形，也就是A時，腦內的「中顳葉視覺區」（middle temporal visual area，MT+）會變得比較活躍。

另一方面，受測者在觀看A與B時，初級視覺皮質的活動並沒有明顯差異。初級視覺皮質是我們看東西時，最先處理視覺資訊的腦部區域。如果初級視覺皮質釋出「這張圖在動」的訊號，作為高級視覺區的MT+區才會感受到視錯覺。但實驗結果顯示，初級視覺皮質並沒有運作（不覺得圖有在動）。

重新設計實驗後再次驗證

於是蘆田副教授改用其他方法來做研究。他先讓受試者看3秒左右的視錯覺圖形，然後

實驗1

實驗以「固定視線」、「引導視線」、「可自由移動視線」等三種方法進行。不管是哪種方法，受試者看A的時候，MT+區的活動都會變得比較活躍。

A. 視錯覺圖形

B. 非動態圖形（沒有視錯覺）

fMRI只能大致「看到」腦內情形，可能會被腦看到各種事物（運動、顏色或形狀）時的反應干擾。為了偵測到受試者對「運動」的反應，研究團隊重新設計實驗（→實驗2）。

在0.5秒後，看1.5秒的另一個圖形。這另一個圖形有兩種，可能是與第一個圖形方向相同的a模式圖形，或是相反的b模式圖形。同時，研究團隊會用fMRI觀察受試者的腦部反應。最後確認到，MT+區與初級視覺皮質皆有產生反應。

一連串的實驗結果可以從腦功能的分析瞭解到，我們確實會將原本為靜止圖像看成動態圖像。也就是說，人腦確實會被視錯覺圖形欺騙。

※：實驗當時的頭銜。

實驗2

如果腦會因為視錯覺而將靜態圖形看成動態圖形，那麼看到b模式圖形（旋轉方向與第一張圖相反的視錯覺圖形）時的反應，應該會比看到a模式圖形（旋轉方向與第一張圖相同的視錯覺圖形）時還要強才對。結果顯示，與a模式圖形相比，受試者看到b模式圖形時，初級視覺皮質的反應增強了20%，MT+區的反應增強了40%。這表示腦可以偵測到「圖的旋轉方向相反」這件事。

a模式
看到①之後，再讓受試者觀看旋轉方向相同的②。

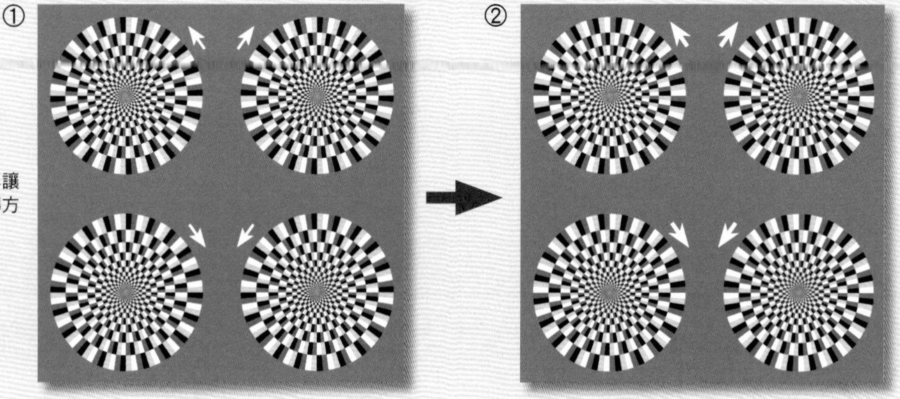

旋轉方向與①相同

b模式
看到①之後，再讓受試者觀看旋轉方向相反的②。

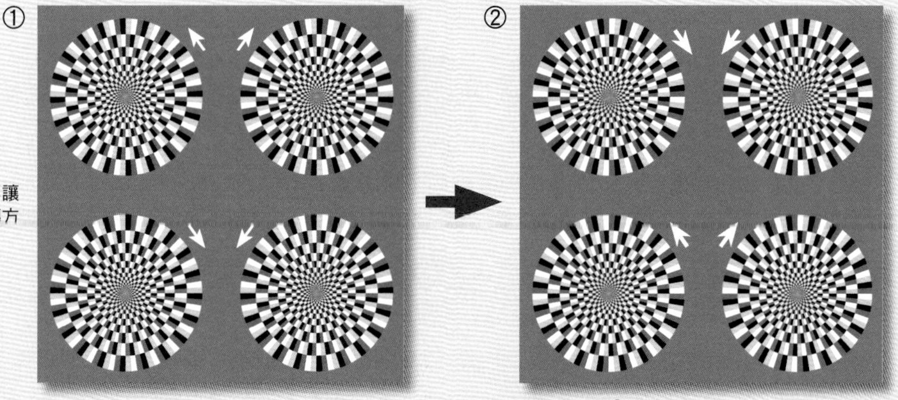

旋轉方向與①相反

一連串的實驗結果顯示，當看到動態視錯覺圖形時，視覺資訊會先傳送到初級視覺皮質進行「局部動態資訊」的分析，再傳送到MT+區整理出包括旋轉在內的「整體動態資訊」。

以電腦重現人類般的智慧

常聽到的「AI」（artificial intelligence）即人工智慧，也就是擁有相當於人腦功能的智慧，可以進行推論、解決問題的技術。這個名詞誕生於約70年前的1956年。於美國達特茅斯學院（Dartmouth College）召開的研究會議中決定，以「AI」稱呼思考方式與人類相仿的智慧電腦。這表示，其實目前AI尚未真正實現。

不過，目前已有相當聰明的AI。譬如可以依照房間狀態自動調整風速與溫度的空調、與職業棋士打得平分秋色的日本將棋軟體、自動駕駛時用於辨識圖像的系統等等。

目前的AI研究主流為「機器學習」（machine learning）。如名所示，是電腦在學習後變得更「聰明」的過程。機器學習有很多種方法，譬如「深度學習」（deep learning）就是使用類神經網路（演算法*）的概念來實現。

*編註：演算法（algorithm）從一個初始狀態和初始輸入開始，經過一系列有限而清晰定義的狀態，最終產生輸出並停止於一個終態。

在西洋棋比賽中打敗人類的AI

1967年第一次有電腦參加西洋棋競賽。當時「Mac Hack」這個程式的棋力相當於較強的業餘選手。1997年，IBM公司的超級電腦「深藍」（Deep Blue）打敗了西洋棋的世界冠軍。2017年，Google開發的AI「AlphaZero」打敗了當時的西洋棋AI世界冠軍「Stockfish」，君臨西洋棋AI的頂點。

＊上方插圖的AI外形為示意圖

AI歷史

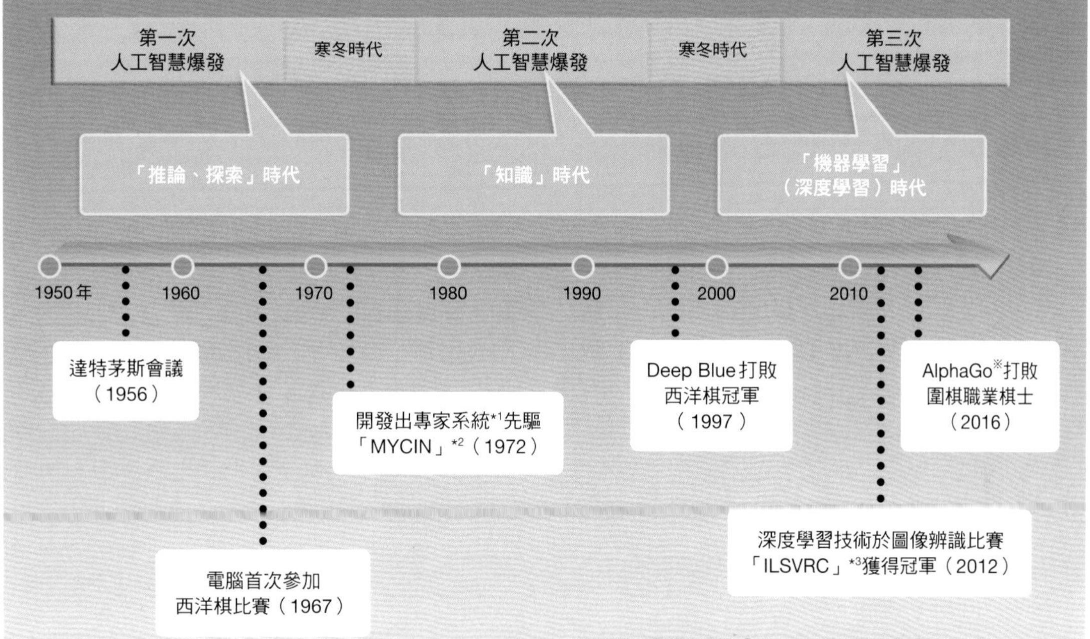

※：用於圍棋比賽的「AlphaGo」進化版為「AlphaGo Zero」。
將AlphaGo Zero從圍棋延伸到將棋與西洋棋的進化版為「AlphaZero」。

在第二次人工智慧爆發以前，人類須教導電腦規則，或者告訴電腦知識，才能讓電腦表現出這些知識。因此知識的累積有其極限，電腦沒有辦法回答出「不曾教導給電腦的知識」。相對於此，現代（第三次人工智慧爆發）的AI，可透過機器學習，自己學習知識。另外，機器學習在大數據（龐大且複雜，無法用過去的技術管理、分析的資料群）的分析上也能發揮很強的威力。

深度學習

AI的深度學習可自動篩選出圖像的特徵。

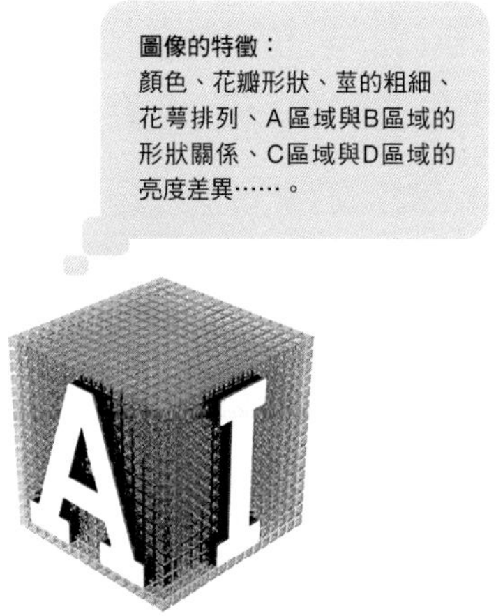

*編註1：專家系統（expert system）具有專門知識和經驗的計算機智能程式系統，以知識推理技術來模擬通常由領域專家才能解決的複雜問題。
*編註2：MYCIN使用人工智能來識別引起嚴重感染的細菌，並推薦使用何種抗生素，同時根據患者的體重調整劑量。該系統名稱源於抗生素（例如金黴素aureomycin）一詞的後綴 -mycin。
*編註3：ILSVRC是 ImageNet公司舉辦的「大規模視覺辨識挑戰賽」（ImageNet Large Scale Visual Recognition Challenge）。

可調整「連結強度」讓自己變聰明的AI

「類神經網路」(neural network)可透過程式，在電腦上重現人腦運作機制。一個「人工神經元」(artificial neuron)可接收多個數值，然後以某些方式計算後，再輸出一個數值。一般會將多個人工神經元分成數層，層與層彼此相連，改變輸入數值時，會連帶得到不同結果，藉此處理資訊。

深度學習的類神經網路中，有很多層人工神經元。訓練深度學習的類神經網路時，會讓AI讀取大量圖像，使其從圖像中自動篩選出圖像特徵。而AI篩選出來的特徵，多為像素與像素間的複雜關係，很難用明確的語言表達，或我們未能完全理解的部分。

因此，比起人類教導AI的特徵，AI可以用自行篩選出來的特徵做出更為精準的預測。此外，隨著網路的普及、擴張，可以使用的圖像資料也爆發性成長(更方便用於機器學習)，專為進行AI計算而設計的處理器開發也飛速成長，這些都是AI性能大幅成長的重要因素。

人工神經元的示意圖

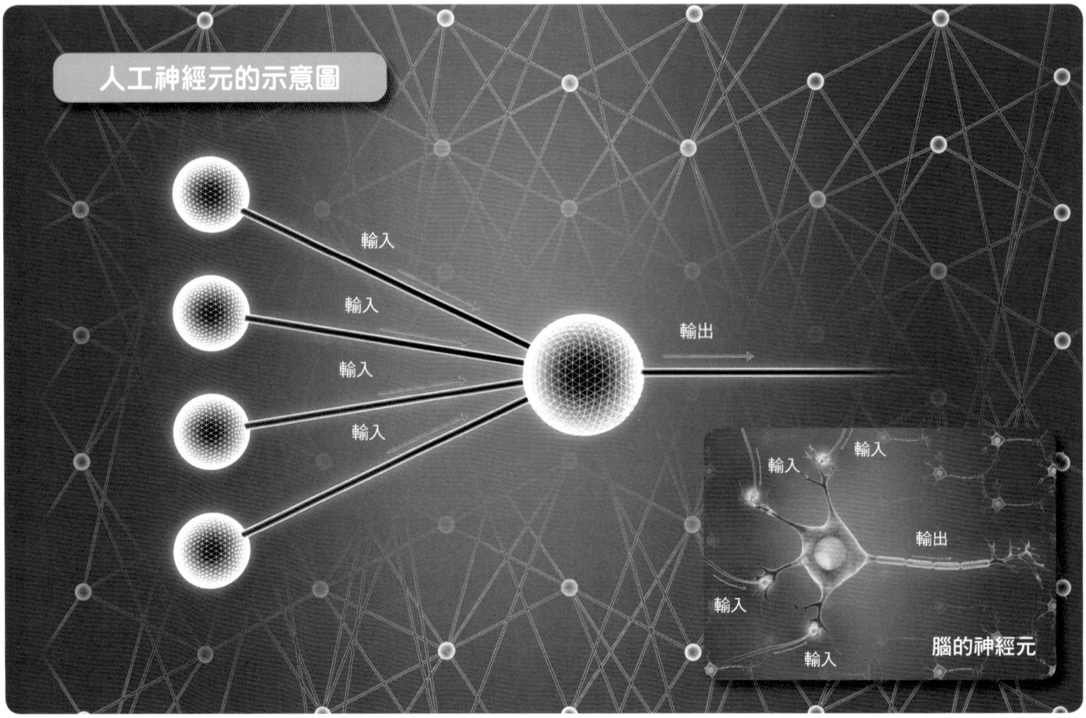

類神經網路的學習方式（例）

1.
將圖像分成9個區域，再將每個區域的紅色含量輸入至輸入層。

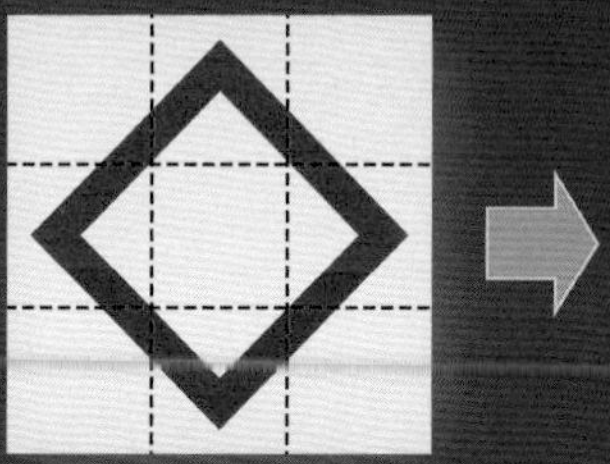

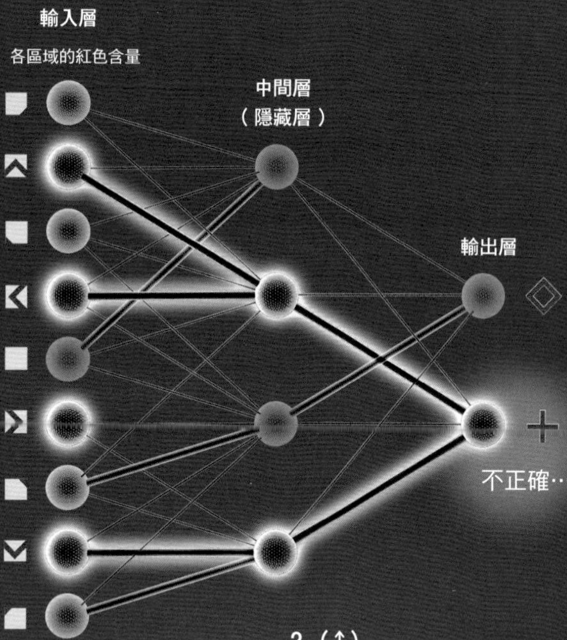

2.（↑）
資料輸入至輸入層後，經中間層處理，再傳送至輸出層。人工神經元之間的連結強度稱作「權重」*值（以線的粗細表示），各組神經元連結的權重各不相同。中間層與輸出層的人工神經元在接收前一層神經元傳來的輸入值時，會將這些訊號值乘上權重，經多次計算後，再將計算結果輸出。

　在訓練之前，權重數值為亂數。所以來自輸入層的訊號來到輸出層時，輸出層的人工神經元可能會做出錯誤判斷，譬如判斷圖像為「＋」。於是，AI會自行改變權重的值。

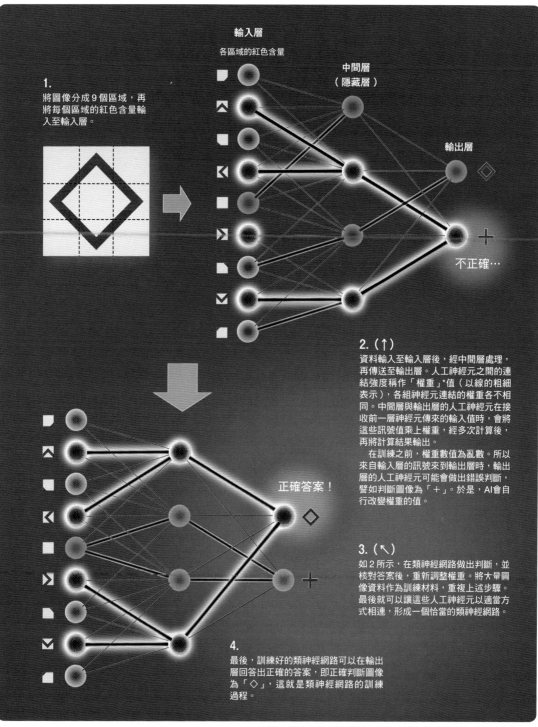

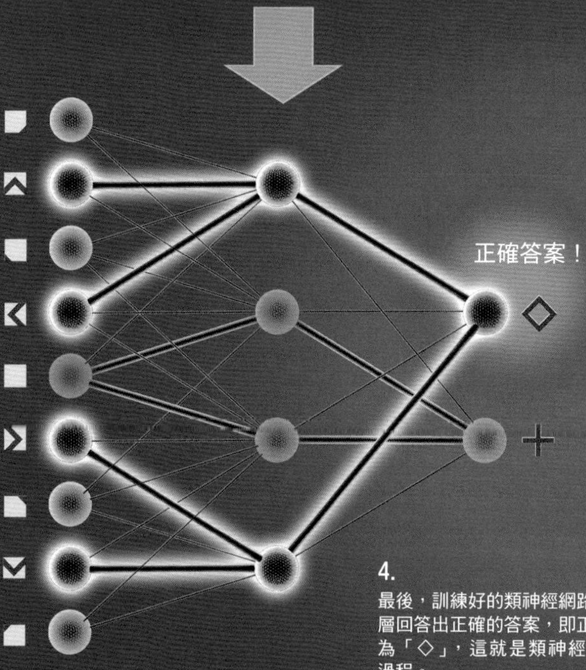

3.（↖）
如2所示，在類神經網路做出判斷，並核對答案後，重新調整權重。將大量圖像資料作為訓練材料，重複上述步驟。最後就可以讓這些人工神經元以適當方式相連，形成一個恰當的類神經網路。

4.
最後，訓練好的類神經網路可以在輸出層回答出正確的答案，即正確判斷圖像為「◇」，這就是類神經網路的訓練過程。

*編註：權重是指該指標在整體評價中的相對重要程度，也就是「份量」。例如圖中紅色含量較高的區域，以較粗的線連結。

機器學習（深度學習）識別草莓的機制

機器學習初期階段

1. 輸入圖像
輸入草莓圖像。這些圖像須人為加上「草莓」這個正確答案的標籤。

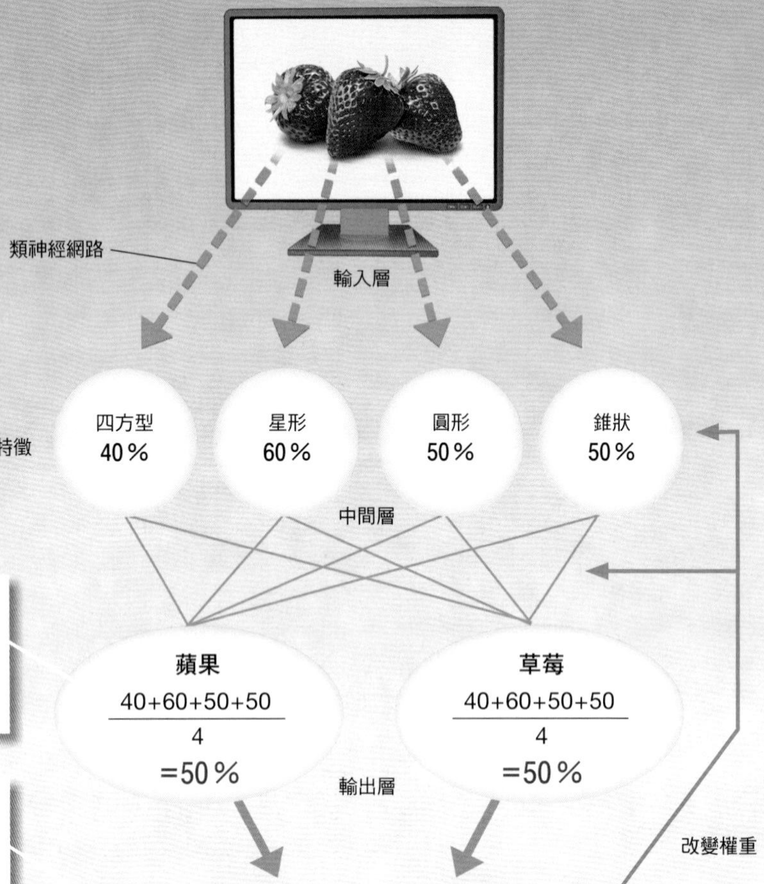

2. 分類
在初期階段，類神經網路尚未篩選出可以作為蘋果與草莓分類的特徵，不曉得適當的權重是多少，於是便將所有數值加總起來平均。

3. 輸出結果
比較蘋果與草莓的機率，決定輸出結果。這個例子中，無法判斷圖像是蘋果還是草莓。

草莓的機率為50%

4. 核對答案
對照輸出結果與圖像上的標籤（正確答案）。AI可自行調整線段連接方式（權重），縮小兩者的誤差。此過程會改變篩選出來的特徵，這就是機器學習，相當於人腦的報酬預測誤差、強化學習。如果是深度學習，便會由輸出層往輸入層的方向回溯，調整所有中間層的權重。

	蘋果	草莓
輸出的答案	50%	50%
正確答案	0%	100%
誤差	**50**	**50**

誤差合計：100

機器學習訓練結束後

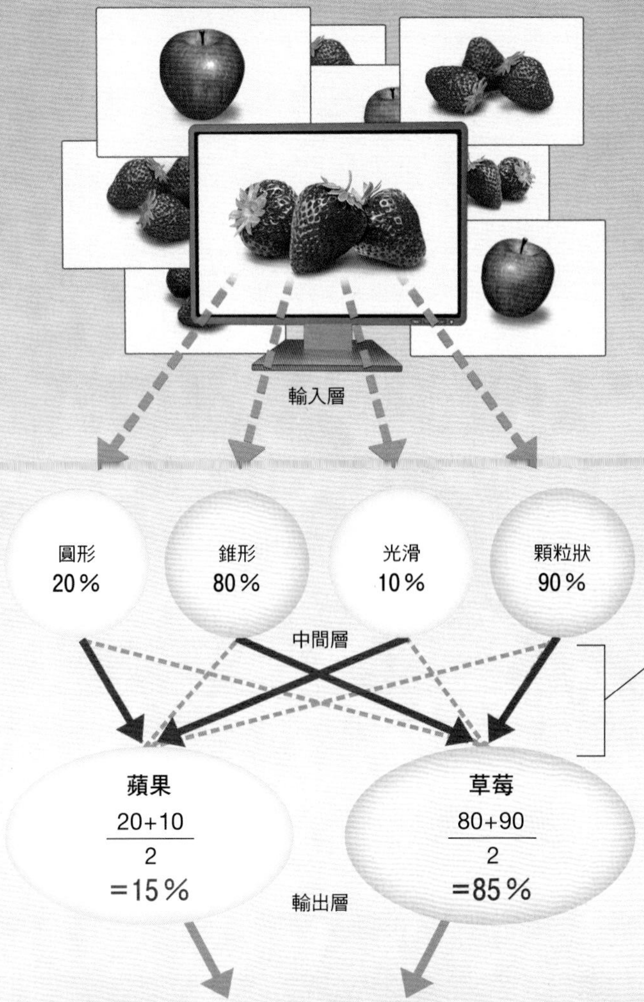

5. 輸入多個圖像

為了讓AI進行機器學習，須輸入大量蘋果與草莓的圖像。此時須以人工方式為每個圖像加上正確答案，即為蘋果的圖像加上「蘋果」標籤，為草莓的圖像加上「草莓」標籤。

將「錐形」、「顆粒狀」等特徵連接到草莓之路徑權重設為1，連接到蘋果之路徑權重設為0。

相對地，將「圓形」、「光滑」等特徵連接到蘋果之路徑權重設為1，連接到草莓之路徑權重設為0。

**6.
學習後可篩選出適當特徵並賦予適當權重**

將大量圖像一個個輸入訓練、分類、核對答案，可逐漸縮小誤差。本例中，原本誤差合計為100，經過機器學習後，可降到30。

經過這些計算後，AI便可為蘋果與草莓進行適當分類。

草莓的機率為85%

	蘋果	草莓
輸出的答案	15%	85%
正確答案	0%	100%
誤差	**15**	**15**

誤差合計：30

從腦中「讀取」出眼睛看到的蘋果

假設有個人正在看著蘋果。即使我們試著研究這個人的腦，也無法在腦內找到「蘋果的圖像」。

眼睛所看到的蘋果資訊會轉換成電訊號，傳送至腦內。人腦會以特定的神經迴路活動來表現蘋果這項資訊。若能解讀出這些密碼般的神經細胞活動，應能讀取出蘋果圖像才對。實現了這個想法的人，就是日本京都大

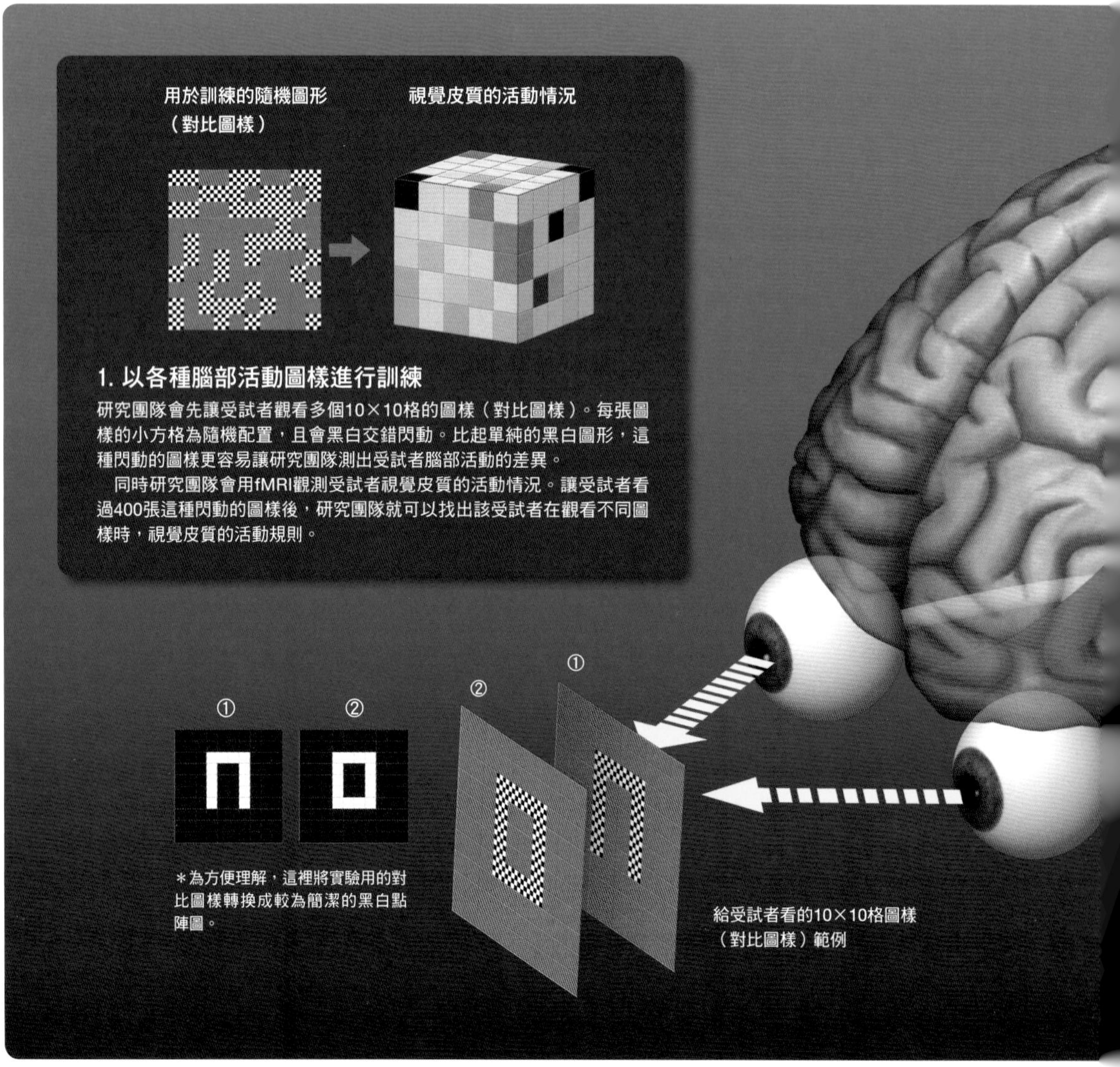

1. 以各種腦部活動圖樣進行訓練

研究團隊會先讓受試者觀看多個10×10格的圖樣（對比圖樣）。每張圖樣的小方格為隨機配置，且會黑白交錯閃動。比起單純的黑白圖形，這種閃動的圖樣更容易讓研究團隊測出受試者腦部活動的差異。

同時研究團隊會用fMRI觀測受試者視覺皮質的活動情況。讓受試者看過400張這種閃動的圖樣後，研究團隊就可以找出該受試者在觀看不同圖樣時，視覺皮質的活動規則。

＊為方便理解，這裡將實驗用的對比圖樣轉換成較為簡潔的黑白點陣圖。

給受試者看的10×10格圖樣（對比圖樣）範例

學資訊研究所的神谷之康教授。

神谷教授與他的團隊要求受試者觀看幾張隨機選出的點陣圖，並將受試者的視覺皮質分成幾個區域，用「圖形識別演算法」（pattern recognition algorithm）來分析腦部活動，最後成功找出受試者觀看圖像與腦部活動之間的規則。之後他們便利用這些規則，直接從腦中「讀取」到受試者看到的圖像。

神谷教授現在正在挑戰讀取出人在睡眠時作的「夢」，這項研究未來或許能幫助理解心靈與意識的形成機制。

※：實驗中使用MRI裝置（fMRI）讀取受試者看到圖像時的腦部活動，再於螢幕上重現出圖像。

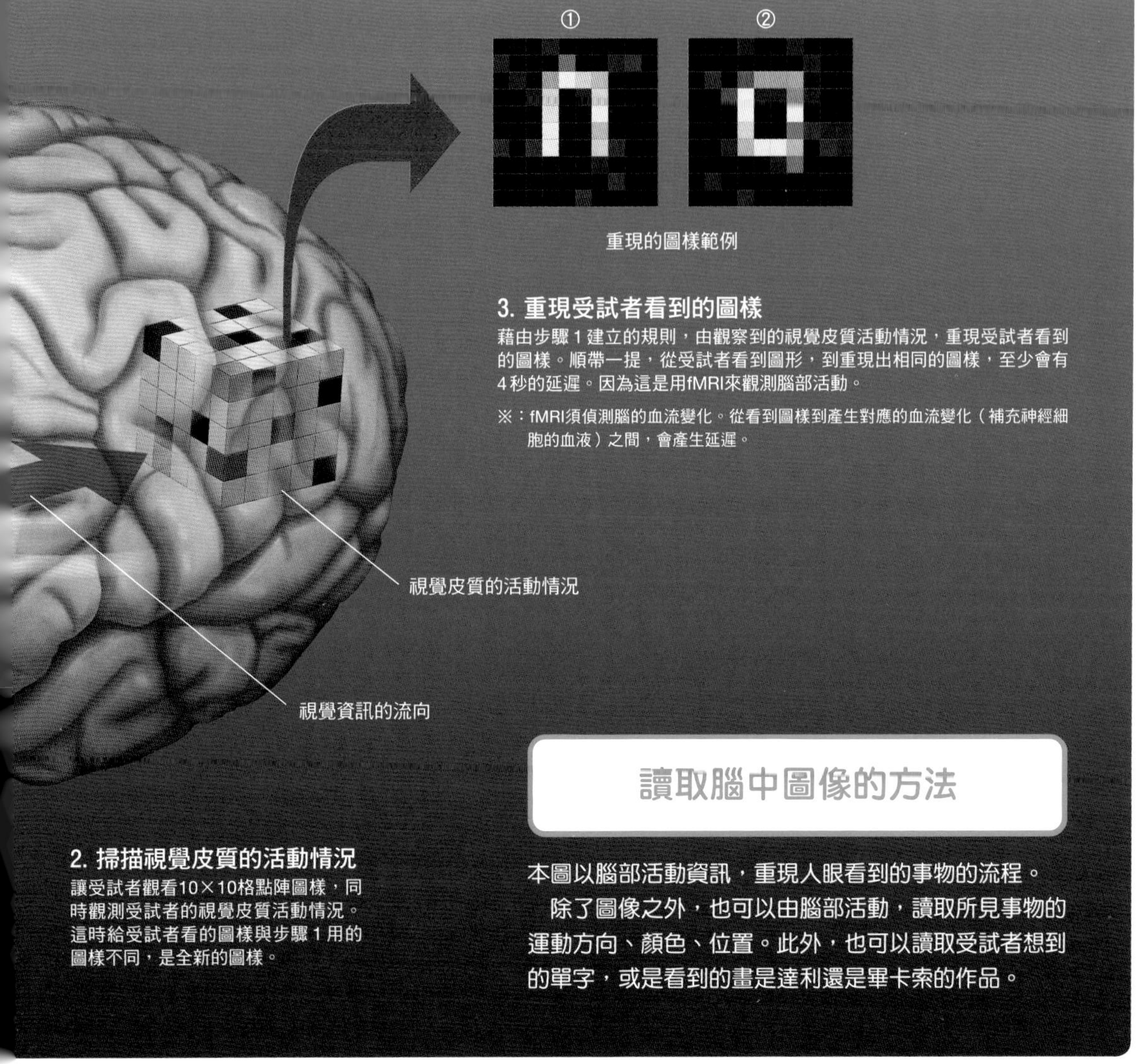

3. 重現受試者看到的圖樣

藉由步驟1建立的規則，由觀察到的視覺皮質活動情況，重現受試者看到的圖樣。順帶一提，從受試者看到圖形，到重現出相同的圖樣，至少會有4秒的延遲。因為這是用fMRI來觀測腦部活動。

※：fMRI須偵測腦的血流變化。從看到圖樣到產生對應的血流變化（補充神經細胞的血液）之間，會產生延遲。

2. 掃描視覺皮質的活動情況

讓受試者觀看10×10格點陣圖樣，同時觀測受試者的視覺皮質活動情況。這時給受試者看的圖樣與步驟1用的圖樣不同，是全新的圖樣。

讀取腦中圖像的方法

本圖以腦部活動資訊，重現人眼看到的事物的流程。

除了圖像之外，也可以由腦部活動，讀取所見事物的運動方向、顏色、位置。此外，也可以讀取受試者想到的單字，或是看到的畫是達利還是畢卡索的作品。

基本用語解說

BMI、BCI
腦機介面（BMI：Brain-Machine Interface或BCI：Brain-Computer Interface）技術可即時觀測腦部活動，判斷人的思考，用以操控機器（譬如與其他人交流）。

fMRI
功能性磁振造影（functional Magnetic Resonance Imaging）可觀測腦部活動，並將其影像化，是觀測體內結構的「MRI」裝置的應用。fMRI捕捉到的是神經元活動時的血液流動變化，而非神經元活動本身。

IQ
智商（Intelligence Quotient）。美國心理學家特曼曾製作過IQ測驗（史丹佛—比奈智力量表），IQ超過140的人會被稱作「天才」。

大腦
佔了人腦的大部分，是控制語言、思考、感覺、記憶等智力活動的中樞，也是讓人類的智慧遠勝其他動物的關鍵。大腦表面包括神經細胞密集分布的「大腦皮質」（灰質），上面佈滿皺褶。皺褶由腦溝與腦迴構成。

大腦皮質（灰質）
神經元密集分布的區域，如名所示，顏色偏灰。大腦、小腦、脊髓都有灰質，而大腦與小腦的灰質特別稱作皮質。

大腦基底核
位於大腦中心部位，是神經元集中處。左右大腦半球各有一個。

大腦邊緣系統
為於大腦內側，胼胝體前後與上方部分稱作扣帶皮質。

大腦髓質（白質）
位於大腦皮質內側，顏色偏白。是神經元伸出的軸突束，並不是神經元本體。

小腦
控制手腳運動（步行）、姿勢維持、平衡感、眼球運動等。

中腦
可作為視覺或聽覺資訊的中繼，也有控制運動的功能。

布羅德曼分區
德國的解剖學家布羅德曼將大腦皮質分成六層結構，依照各層厚度差異，將人類大腦分成43「區」，並發表了他的研究結果。這種分區稱作「布羅德曼分區」，至今仍用於表示腦的各部位。

血腦障壁
腦的微血管周圍有「膠細胞」包覆著，且構成血管壁的內皮細胞間結合力相當強。這樣的結構可形成「障壁」，嚴格控制血液與腦之間的物質進出。離子、糖、胺基酸皆無法自由通過這個障壁，故須由特殊的運輸蛋白運送這些分子進出。

杏仁核
大腦邊緣系統的部分結構，位於海馬迴內側（左右）。掌控痛苦、煎熬等不愉快的「情感」。

初級腦功能與高級腦功能
大腦皮質中，感覺皮質與運動皮質等「初級皮質」可處理來自感覺器官的資訊，或是將脊髓下達的運動命令傳遞出去（初級功能）。初級皮質以外的區域稱作「聯合區」。聯合區由神經元網路彼此相連而成，可進行思考、判斷、行動、言語等高級功能（高級腦功能）。

延腦
連接腦與脊髓的部分，可調節呼吸與血液流動。

枕葉
位於大腦後方區域，大部分為控制視覺訊號的視覺皮質。

突觸間隙
位於神經元末端的結構。訊號發送方（軸突末端）會將神經傳導物釋放至突觸間隙，接著神經傳導物會附著於訊號接受方（樹突末端）突觸上的「受體」，使訊號接受方的神經元內產生電訊號。

原始腦與新皮質腦
依照在演化過程中的出現順序，可將人腦分成「原始腦」與「新皮質腦」。前者位於腦（大腦）深處，包括與本能有關之活動的「大腦邊緣系統」及「腦幹」（中腦、橋腦、延腦、間腦）等。後者位於腦的表面，包括可表現出人類精神活動的「大腦皮質」等。

海馬迴
位於大腦邊緣系統的海馬迴，可促進將日常體驗記憶於大腦皮質。與海馬迴有關的記憶多為相對較新的記憶，回憶長期持續的記憶時可不經過海馬迴，這些「古老記憶」會長期保存於大腦皮質。

　與海馬迴有關的是情節記憶與語意記憶；程序性記憶則保存於大腦基底核的紋狀體與小腦。不過這些記憶都與大腦皮質有關。

神經元
構成腦部的神經細胞。包括細胞核所在位置的「細胞體」，以及細胞體伸出的「樹突」及「軸突」。

　腦約有1000億個神經元，構成了一個網路。資訊在神經元內會以電訊號來傳遞訊息，神經元間則會透過化學訊號（神經傳導物）來傳遞訊息。

神經神話
「我們只使用了整個腦的10%」、「腦的關鍵能力在3歲前便已決定」等與腦有關的坊間說法。

紋狀體
由殼核與尾狀核構成，是大腦邊緣系統的代表，與運動、習慣、決策有關。

胼胝體
連接大腦左右半球的神經束。

脊髓
從腦延伸到脊椎骨內部的神經組織，就像腦一樣，可以處理來自感覺器官的資訊，控制體內部分組織的運作與運動。因此脊髓與腦同被稱作「中樞神經」。

細胞體
神經元的一個部位。樹突末端產生的電訊號（傳來的資訊）可經由細胞體傳遞到軸突。

每個神經元分別有數千～數萬個突觸，每個突觸的電訊號會持續不斷地傳遞到細胞體。細胞體會將這些訊號加總起來，當加總結果超過一定量時，就會產生電訊號經軸突送出（觸發）。

頂葉
位於大腦上方區域，整合感覺資訊的頂葉聯合區位於此處。部分區域用於處理視覺，在掌握物體位置或方向上扮演著重要角色。

軸突
神經元的一個部位。可像「纜線」般連接彼此距離遙遠的神經元，譬如大腦左右半球的神經元、腦中心與表面的神經元等。

軸突表面的「鈉離子通道」開啟後，帶有電荷的「鈉離子」會從軸突外側大量流入，使軸突內部產生局部電流。感應到這個電流的相鄰鈉離子通道會跟著開啟，使更多鈉離子流入。在連鎖反應下，可將電訊號傳遞到末端。順帶一提，這個傳遞速度最快可達每秒100公尺。

間腦
由視丘與下視丘構成。視丘匯集了嗅覺以外的感覺資訊。視丘匯集感覺資訊後，會傳遞到大腦。下視丘為自律神經系統與內分泌系統（激素）的中樞，可控制體內環境的平衡。

感覺皮質
接收與感覺有關資訊的大腦區域。負責視覺的是「視覺皮質」、負責聽覺的是「聽覺皮質」、負責皮膚觸壓覺、溫痛覺的是「體覺皮質」。順帶一提，「體覺」為皮膚感覺與感受肌肉肌腱、關節運動的「本體感覺」的合稱。

腦功能分區
大腦皮質的不同區域，分別負責不同功能的概念（例：視覺區負責從眼睛獲得的資訊，聽覺區負責從耳朵獲得的資訊）。另外要注意的是，腦中各部位、區域會聯合工作，所以腦功能分區並不嚴格。

腦波
透過頭表面的電極讀取到的電訊號波動。這些電波來自神經元的活動（靠近大腦表面的多個神經元所產生的電訊號總和）。

腦室
腦位於顱骨內，浸在無色透明的腦脊髓液中。這些由腦脊髓液填滿的空洞稱作「腦室」。

葉
以大腦皮質上較大的皺褶為界，可將大腦分成額葉、頂葉、顳葉、枕葉等四個區域，每個葉分別有不同功能。「葉」（lobe）是用於表示內臟中一個塊狀區域的解剖學用語。

酬賞系統
人（動物）腦在慾望被滿足，或是慾望應可被滿足的時候會活化的神經迴路。酬賞系統與多巴胺密切相關。

潘菲爾德的皮質小人
加拿大的腦外科醫生潘菲爾德用電刺激癲癇患者大腦皮質表面的各個部位，並觀察患者的哪些身體部位會產生「反應」，再將這種對應關係畫成圖，就是所謂的「潘菲爾德的皮質小人」。

膠細胞
支撐神經元立體結構、提供營養給神經元之細胞的總稱，可分為「星狀膠細胞」、「寡樹突膠細胞」、「微神經膠細胞」等三種。微神經膠細胞可修復或除去受損神經元，不過目前仍不清楚其詳細機制。

樹突棘
當腦受到刺激，譬如學習、體驗新事物時，與學習或體驗有關的神經元中，突觸接受方（樹突）的「樹突棘」結構就會增大，提高該突觸傳遞訊號的效率，強化特定神經元之間的連結，或者生成新的連結。這種連結本身就是所謂的「記憶」。

橋腦
連接中腦等結構與延腦的部位。

額葉
掌控身體運動的運動皮質位於大腦額葉，可控制步行等動作。也負責理性思考與感情控制。前額葉被認為是額葉中階級較高的組織。

顳葉
負責處理聽覺資訊的聽覺皮質，位於顳葉。可理解語言意義、識別人臉與物體。

索引

A～Z

二畫

三畫

四畫

五畫

六畫

七畫

八畫

九畫

十三畫

十四畫

十五畫

十六畫

十七畫

十八畫

十九畫

二十畫以上

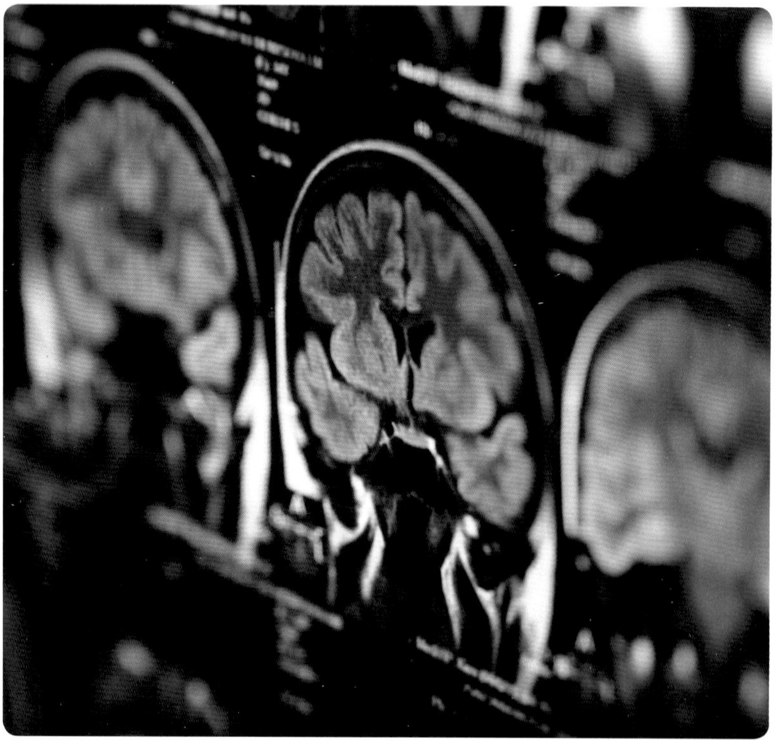

Staff

Editorial Management	木村直之	Cover Design	小笠原真一，北村優奈（株式会社ロッケン）
Editorial Staff	中村真哉，上島俊秀	Design Format	小笠原真一（株式会社ロッケン）
Writer	薬袋摩耶	DTP Operation	亀山富弘

Photograph

018-019	beeboys/stock.adobe.com
024	Ljupco Smokovski/stock.adobe.com
036	Paylessimages/stock.adobe.com
038-039	the faces/stock.adobe.com
044	digitale-fotografien/stock.adobe.com
045	Science Photo Library/アフロ
054-055	beeboys/stock.adobe.com
057	luckybusiness/stock.adobe.com, moodboard/stock.adobe.com
063	東京大学 ニューロインテリジェンス国際機構 河西春郎
068	Jakub Krechowicz/stock.adobe.com
071	Wellcome Collection.
078-079	Shutterstock/アフロ，Agencia EFE/アフロ
080	Shutterstock/アフロ，アフロ
082～085	OHA 184.06 Harvey Collection. Otis Historical Archives, National Museum of Health and Medicine.
086	LAFORET Aurélien/stock.adobe.com
087	AP/アフロ
088-089	（A）中瀬 潤，（B）麻布大学名誉教授 高槻成紀，（C）東京大学名誉教授 樋口広芳，（脳）東都大学 杉田昭栄
092	satou y1/stock.adobe.com, hit1912/stock.adobe.com, Michael/stock.adobe.com
100	polkadot/stock.adobe.com
106	ryanking999/stock.adobe.com
108	toyosaka/stock.adobe.com
112-113	korchemkin/stock.adobe.com
114	fizkes/stock.adobe.com
122-123	LoloStock/stock.adobe.com
130-131	milatas/stock.adobe.com
136	Tom Takezawa/stock.adobe.com
137	lalalululala/stock.adobe.com
145	理化学研究所 生命機能科学研究センター 渡辺恭良
152-153	pikselstock/stock.adobe.com
160	帝京大学医学部 精神神経科学講座 功刀浩
166	yamasan/stock.adobe.com
174-175	takasu/stock.adobe.com
179	Rido/stock.adobe.com
183	Alliance/stock.adobe.com
187	metamorworks/stock.adobe.com
206	merydolla/stock.adobe.com

Illustration

005	Knut/stock.adobe.com
006-007	svtdesign/stock.adobe.com
008～011	Newton Press
012～015	Newton Press・黒田清桐
016-017	Newton Press
020-021	Newton Press
022-023	Newton Press（※を加筆改変）
025	Newton Press
026	カサネ・治
026-027	月本事務所（AD：月本佳代美，3D監修：田内かほり）
028～038	Newton Press
040-041	木下真一郎
042-043	Newton Press
046-047	is1003/stock.adobe.com
048～055	Newton Press
056	奥本裕志
057	alexandertrou/stock.adobe.com
058-059	Newton Press, Pongsak/stock.adobe.com
060～063	Newton Press
064-065	カサネ・治
066-067	Newton Press
069	Newton Press（※を加筆改変）
070～077	Newton Press
081-082	Newton Press
084	Dr. Weiwei Men of East China Normal University (Reproduced by permission of Oxford University Press on behalf of The Guarantors of Brain.)
085	Newton Press
086	YY apartment/stock.adobe.com
090-091	Bro Vector/stock.adobe.com
093-094	Newton Press
095	Newton Press, ClareM/stock.adobe.com
096～102	Newton Press
102-103	Newton Press（※を加筆改変）
104～112	Newton Press
115～117	Newton Press（分子モデル：4S0V, credit①，MSMS molecular surface (Sanner, M.F., Spehner, J.-C., and Olson, A.J. (1996) Reduced surface: an efficient way to compute molecular surfaces. Biopolymers, Vol. 38, (3),305-320)）
118-119	荻野瑶海
120-121	Jemastock/stock.adobe.com
124～130	Newton Press
132	Newton Press・3000ad/stock.adobe.com・razihusin/stock.adobe.com・spyarm/stock.adobe.com
133	Newton Press, 星野スウ/stock.adobe.com
134～145	Newton Press
145	Fumika Shibata/stock.adobe.com, hanabunta/stock.adobe.com, logistock/stock.adobe.com
146-147	shopplaywood/stock.adobe.com
148-149	Newton Press（※を加筆改変）
150-151	Newton Press
153	Newton Press（頭蓋骨：鶴見大学歯学部クラウンブリッジ補綴学講座）

154	木下真一郎・Newton Press（PDB ID：1SGZ，1MWP，1IYT，5FN2を元にそれぞれ作成）
155	Newton Press（PDB ID:3J2Uを元に作成）
156-157	Newton Press
157	Newton Press（PDB ID：1R1I，4J71を元にそれぞれ作成）
158-159	Newton Press
161-162	Newton Press（※を加筆改変）
162～165	Newton Press
167	Newton Press, guguart/stock.adobe.com
168-169	Newton Press
170-171	Newton Press（PDB ID:1PRHを元に作成）
172-173	lvnl/stock.adobe.com
176-177	Nuthawut/stock.adobe.com
178	Newton Press
180-181	matsu/stock.adobe.com
182	redgreystock/stock.adobe.com
183～185	Newton Press
186	robu_s/stock.adobe.com
187	Newton Press
188	Peter Hermes Furian/stock.adobe.com
188-189	大阪大学 森川和則
190	Nature Vol.281-18 October 1979, p565-566 Figure 1
190-191	©Akiyoshi Kitaoka 2009, ©KANZEN 2009
192-193	京都大学 蘆田宏
194	Lin/stock.adobe.com
195～197	Newton Press・Ian 2010/Shutterstock.com・Mikhail Abramov/Shutterstock.com
198-199	Newton Press・カサネ・治
200-201	Newton Press
204	Tartila/stock.adobe.com
205	Newton Press

※：BodyParts3D, ©ライフサイエンス統合データベースセンター licensed under CC表示－継承2.1 日本（http://lifesciencedb.jp/bp3d/info/license/index.html）

Galileo科學大圖鑑系列 23
VISUAL BOOK OF THE BRAIN
腦大圖鑑

作者／日本Newton Press
執行副總編輯／王存立
翻譯／陳朕疆
校對／林庭安
發行人／周元白
出版者／人人出版股份有限公司
地址／231028新北市新店區寶橋路235巷6弄6號7樓
電話／(02)2918-3366（代表號）
傳真／(02)2914-0000
網址／www.jjp.com.tw
郵政劃撥帳號／16402311人人出版股份有限公司
製版印刷／長城製版印刷股份有限公司
電話／(02)2918-3366（代表號）
香港經銷商／一代匯集
電話／(852)2783-8102
第一版第一刷／2024年1月
定價／新台幣630元
港幣210元

國家圖書館出版品預行編目資料

腦大圖鑑＝Visual book of the brain/
日本 Newton Press 作；
陳朕疆翻譯．-- 第一版．-- 新北市：
人人出版股份有限公司，2024.01
面；　公分．--（Galileo 科學大圖鑑系列；23）

ISBN 978-986-461-362-5（平裝）
1.CST：腦部

394.911　　112018041